中国科学院科学出版基金资助出版

全国高校地理信息科学教学丛书

空间数据可视化

吴立新　主编

邓　浩　赵　玲　李光强　余接情　编

科 学 出 版 社

北 京

内 容 简 介

本书系统讲解地理、测绘、IT 的交叉热点——空间数据可视化的基础理论、关键技术、开发实例与典型应用。本书共 6 章，包括绪论、可视化基础知识、空间数据可视化表达方法、空间数据可视化关键技术、空间数据可视化程序开发、空间数据可视化技术应用。本书旨在培养和帮助学生快速学习和掌握空间数据可视化的基本技能，扩大专业知识面，培养学生应用空间数据和地理信息进行二维、三维与动态可视化分析及扩展应用的综合能力。

本书可作为地理信息科学、地理空间信息工程、测绘工程、遥感科学与技术、地质工程、采矿工程、城乡规划、城市设计、风景园林、土地资源管理、工程管理、交通工程、数据科学与大数据技术等相关专业本科生、研究生教材，也可供相关专业科研人员参考。

图书在版编目（CIP）数据

空间数据可视化 / 吴立新主编. —北京：科学出版社，2019.7
(全国高校地理信息科学教学丛书)
ISBN 978-7-03-061770-5

Ⅰ. ①空… Ⅱ. ①吴… Ⅲ. ①空间信息系统-数据处理-高等学校-教材 Ⅳ. ①P208.2

中国版本图书馆 CIP 数据核字（2019）第 132416 号

责任编辑：杨 红 / 责任校对：何艳萍
责任印制：师艳茹 / 封面设计：陈 敬

科 学 出 版 社 出版
北京东黄城根北街 16 号
邮政编码：100717
http://www.sciencep.com
北京九天鸿程印刷有限责任公司 印刷
科学出版社发行 各地新华书店经销
*
2019 年 7 月第 一 版 开本：787×1092 1/16
2019 年 7 月第一次印刷 印张：15 1/2
字数：380 000
定价：79.00 元
（如有印装质量问题，我社负责调换）

"全国高校地理信息科学教学丛书"
编委会名单

丛　书　序

古往今来，人类所有活动几乎都与地理位置息息相关。随着科学技术的快速发展与普及，地理信息科学与技术以及在此基础上发展起来的"数字地球""智慧城市"等，在人们的生产和生活中发挥着越来越重要的作用。

近年来，我国地理信息科学高等教育蓬勃发展，为我国地理信息产业的发展提供了重要的理论、技术和人才保证。目前，我国已有近 200 所高校开设地理信息科学专业，专业人才培养模式也开始从"重理论、轻实践"向"理论与实践并重"转变。然而，现有的地理信息科学专业教材建设，一方面滞后于专业人才培养的实际需求，另一方面，也跟不上地理信息技术飞速发展的步伐。同时，新技术带来的教学方式和学生学习方式的变化，也要求现有教材体系及配套资源做出适应性或引领性变革。在此背景下，科学出版社与中国地理信息产业协会教育与科普工作委员会共同组织策划了"全国高校地理信息科学教学丛书"。该丛书从学科建设出发，邀请海内外地理信息科学领域著名学者组成编委会，并由编委会推荐知名专家或从事一线教学的教授担任各分册主编。在编撰中注重教材的科学性、系统性、新颖性与可读性的有机结合，强调对学生基本理论、基本技能与创新能力的培养。丛书还同步启动配套的数字化教学与学习资源建设，希望借助新技术手段为地理信息科学专业师生提供方便快捷的教学与实习资源。相信该丛书的出版，会大大提升该专业领域本科教材质量，优化辅助教学资源，对提高理论与实践并重的专业人才培养质量起到积极的引领作用。

我相信，在丛书编委会及全体编撰人员的共同努力下，"全国高校地理信息科学教学丛书"一定会促进我国新一代地理信息科学创新人才的培养，从而为我国地理信息科学及相关专业的发展做出重要的贡献。

中国科学院院士
中国工程院院士　　李德仁

丛 书 前 言

地理信息，在经济全球化和信息技术快速发展的 21 世纪，已然在人类经济发展与社会生活中扮演重要角色。自 1992 年 Michael F. Goodchild 提出地理信息科学应当是一门独立的学科以来，在学界的共同努力下，已经在空间数据采集与处理、地学数据挖掘与知识发现、空间分析与可信性评价、地学建模与地理过程模拟、协同 GIS 与可视化、地理信息服务、数字地球与智慧城市、虚拟地理环境、GIS 普及及高等教育等诸多研究方面取得了重要进展。与此同时，由于地理信息科学的概念以及研究背景、目标的复杂性，目前关于地理信息科学的核心理论框架体系，仍然存在不同的理解，需要广大学者深入探索与凝练。

在 2012 年教育部颁布的《普通高等学校本科专业目录（2012 年）》中，地理科学类专业中的"地理信息系统"更名为"地理信息科学"，标志着地理信息的高等教育进入一个崭新的发展阶段。随着我国各项事业及各相关部门信息化进程的加快，地理信息相关专业人才具有广泛的社会需求。地理信息科学专业人才应当具备坚实的地理学、测绘科学及现代信息技术基础知识、具有处理与分析地理信息的能力，能从事地理信息科学问题的研究与相关技术开发，能胜任包括城市规划、资源管理、环境监测与保护、灾害防治等领域的地理信息资源开发、利用与管理工作。地理信息科学专业人才的培养，对于全面提升我国地理信息产业与地理信息科学发展水平具有极其重要的作用。

中国地理信息产业协会教育与科普工作委员会，多年来通过多种途径，积极推进我国地理信息高等教育水平提高，所组织的全国高校 GIS 教育研讨会、全国高校 GIS 青年教师教学技能培训与大赛、全国大学生 GIS 技能大赛、全国 GIS 博士生论坛等活动，都已经成为国内有影响的品牌活动。高校专业教材是本科教学的重要资料，近十年来，我国已出版多套有关地理信息系统的系列教材，在专业教学中发挥了十分重要的作用，其中，由科学出版社出版的"高等学校地理信息系统教学丛书"，在我国 GIS 教育界产生了重要影响。在此基础上，科学出版社、教育与科普工作委员会联合组织编撰的"全国高校地理信息科学教学丛书"，拟面对学科发展的新形势，系统梳理、总结与提炼以往的学科研究及教学成果，编写出集科学性、时代性、实用性为一体的系列教材。

为保证本丛书顺利完成，在工作委员会及科学出版社的协调下，首先成立了由地理信息科学高等教育领域的知名学者组成的丛书编写委员会。其中，由我国该领域院士及知名学者任顾问，对丛书进行方向性指导，各教材主要编写人员既有我国地理信息科学领域的知名专家，又有新涌现的优秀青年学者，他们对地理信息科学的教育教学有很强的责任心，对地理信息学科的发展与创新开展了广泛而深入的研究；他们在学术研究和教学工作中亦能紧密联系、广泛开展学术与教学的交流合作。

　　本丛书将集成当前国内外地理信息科学研究领域的主要理论与方法，以及编著者自身多年的研究及教学成果，对今后相关研究工作有十分重要的参考价值。我们希望本丛书不仅适合于地理信息科学专业的在校学生使用，而且也可作为相关专业高校教师和研究人员工作和学习的参考书。本丛书的出版发行，盼能推动我国地理信息科学的科学研究与拓展应用，促进中国地理信息产业的发展。

国家级教学名师

中国地理信息产业协会教育与科普工作委员会主任

汤国安

2014 年 8 月 4 日

前　　言

空间数据可视化是复杂、海量空间数据及地理信息直观展现、多维分析、深度挖掘与扩展应用的重要手段，是多学科交叉的理论、方法和新技术。采用图形图像图表、符号颜色纹理、光照渲染透明，以及动画视频等多种表现形式，对空间数据及其变化进行二维、三维的直观表达和动态展现，不仅可增强人们对多维数据的视觉感知能力，而且有助于分析复杂空间数据的内在关联和隐含信息，探索获取其空间分布与变化规律。该技术已在地理、地矿、国土、测绘、城市、应急、交通等领域得到大量应用，彻底改变了地理及地学空间信息的传统表达方式与应用模式，开启了地理及地学空间数据处理、分析和应用的新局面。

本书旨在为地理信息科学、地理空间信息工程专业本科生提供一本合适的空间数据可视化教材，也为测绘工程、遥感科学与技术、地质工程、采矿工程、城乡规划、城市设计、风景园林、土地资源管理、工程管理、交通工程、数据科学与大数据技术等专业的本科生、研究生提供一本简明的教学参考书或研读资料。本书旨在帮助学生快速学习和掌握空间数据可视化的基本技能，并扩大专业知识面，培养学生应用空间数据和地理信息进行二维、三维与动态可视化分析及扩展应用的综合能力。

本书共 6 章。第 1 章绪论，阐述可视化技术及其发展脉络、空间数据及其可视化概况、空间数据可视化技术发展等知识要点；第 2 章可视化基础知识，介绍视觉感知与空间认知、色彩学与颜色映射、等值线绘制与高度映射技术、空间遮挡与透明度处理、可视化流程及预处理；第 3 章空间数据可视化表达方法，阐述空间数据曲面表达方法、空间数据三维表达方法、空间数据可视化技术、空间数据可视化制图等内容；第 4 章空间数据可视化关键技术，介绍地形可视化、地物可视化、交通数据可视化、网络数据可视化、点云数据可视化、社交数据可视化等的关键技术；第 5 章空间数据可视化程序开发，介绍可视化程序设计基础、IDL 开发技术、OpenGL 开发技术，以及扩展性的可视化技术进阶知识；第 6 章空间数据可视化技术应用，介绍空间数据可视化的代表性软件，以及空间数据可视化的典型应用。

本书是多位编著者通力合作的结晶。中南大学吴立新教授设计了全书的框架结构和章节内容，并对全书进行了统稿、缩编、修订、润色和定稿。中南大学李光强老师具体负责编写第 1章、第 3 章；中南大学赵玲老师具体负责编写第 2 章、第 6 章；中南大学邓浩老师负责编写第 4 章、第 5 章；中国矿业大学余接情老师参与了本书框架结构设计与书稿修改讨论，为本书 3.2.4节和 5.1.3 节提供了素材和修改意见；中南大学邹滨教授为本书 6.2.1 节提供了素材。

空间数据可视化是一门典型的交叉科学与技术，受相关学科与信息技术发展的影响和促进，呈现多样化快速发展态势。限于编者知识和水平，书中难免出现不足之处，将在以后修编时改进。本书编写过程中，引用和参阅了大量国内外论文和网站资料，不能逐一列注，遗漏之处敬请海涵，特此致谢。

吴立新

2019 年 5 月 31 日

目　　录

第1章 绪 论

可视化技术是一门运用计算机图形学和图像处理技术，从复杂的多维数据或科学计算结果中产生图形图像，并允许交互操作及直观处理的理论、方法和技术，涉及计算机图形图像、计算机辅助设计、计算机视觉及人机交互等。空间数据可视化是一套运用计算机图形学和图像处理技术，采用图形、图像、图表、符号、颜色、纹理、光照、渲染、视频等多种表现形式，对空间数据及其变化过程进行直观表达和动态展现，并允许交互操作及探索处理的理论、方法和应用新技术。该技术已在地理、地矿、国土、测绘、城市、应急、交通及社交网络等领域得到大量的具体应用，彻底改变了地理及地学空间信息的表达方式与应用模式。空间可视化技术在地理空间信息领域的应用，不仅实现了地理信空间信息由二维表达向三维表达的升级，而且实现了由三维表达向四维动态可视化表达及分析的跨越，开启了地理及地学空间数据处理、分析和应用的新局面。

1.1 可视化及其发展

科学技术的发展，特别是电子信息与计算机技术的迅猛发展，使人类生产和获取数据的能力呈指数级增加。相对于数字、文字数据，人类对图形图像信息有着更强的感知和分析能力。因此，采用可视化的表达形式，可增强人们对复杂、海量、多维数据的视觉感知能力，进而有助于进一步深入分析空间数据的隐含信息，探索获取潜在规律。

1.1.1 数字化与可视化

1. 数字化

早在 20 世纪 40 年代，美国数学家、信息论创始人香农(Claude Elwood Shannon)证明了"在一定条件下，用离散的序列可完全代表一个连续函数"的采样定理，为数字化技术奠定了理论基础。如今，数字化已成为信息技术的基础。各种数字、文字、图像、语音、虚拟现实和可视世界的信息，都可通过采样定理使用"0"和"1"进行表示、存储、处理和输出。数字化的重要作用具体表现在以下四个方面：

(1) 数字化是软件技术的基础。各种系统软件、工具软件、应用软件等，以及信号处理技术中的数字滤波、编码、加密、解压缩等，都是以数字化的数据为处理对象的。例如，传统图像经过数字化后，可使用数字形式进行存储；当图像传输中受到干扰时，可用数字滤波技术恢复其清晰状态。

(2) 数字化是信息社会的基础。数字化技术已经引发了一场广泛的产品革命，各种家用电器设备和信息处理设备都已向数字化方向转换，如数字电视、数字广播、数字电影、数字电话等。

(3) 数字化技术是信息传输的基础。在有杂波和易产生失真的外部环境和电路条件中，数字信号与模拟信号相比具有更好的稳定性、可靠性，适合远距离抗噪传输。

(4) 数字化技术是知识保存的基础。数字化是人类文明的新形式，是人类信息、知识存储和传播的新形式。当前，数字化书籍、数字化报刊、数字化图书馆、数字化博物馆等都已经走进人们的学习和生活中，数字社区、数字城市、数字政务等都已在现代城市管理中得到广泛应用。

2. 数据可视化

众多信息源持续产生的海量庞杂数据，远远超出了人脑分析、理解和解释的能力。计算机图形技术则能将抽象数据、分析结果、自然现象、概念模式等图形化，发展形成了数据可视化的技术和方法体系。数据可视化技术是利用计算机图形和图像处理技术，将数据转换成图形或图像并显示在屏幕上，允许人机交互处理，对显示数据进行分类和筛选，控制图形、图表的生成，还可对图形进行旋转、缩放等操作，从而以最佳的方式查看数据，利于感知和发现数据背后隐藏的规律。数据可视化主要涉及计算机图形学、图像处理、计算机视觉、计算机辅助设计等多个领域，已成为数据表示、数据处理、决策分析等系列问题研究与应用的综合技术，为复杂数据的系统分析、认知理解和知识发现提供了强有力的手段。数据可视化不仅包括科学计算数据的可视化，还包括工程数据和测量数据的可视化。

早在1987年，美国国家科学基金会在一份关于优先支持科学计算可视化的报告中，将可视化定义为"是一种将抽象符号转化为几何图形的计算方法，以便研究者能够观察其模拟和计算的过程和结果"。数据转换为图形或图像的过程包括：将已存储的数据项或科学分析的结果映射为屏幕上的图元，并将数据的各个属性以多维数据的形式进行表示，从不同维度观察数据，进而更加深入、全面地理解和分析数据。该报告指出可视化是一个技术工具，能够解释输入计算机中的图像数据和多维数据并生成图像，还包括人机协调一致地接收、使用和交流视觉信息的手段。

数据可视化技术主要包括数据空间、数据分析、数据可视化等内容。其中，数据空间是多维信息储存的空间；数据分析是对数据进行一系列的切片、处理等的分析，从多个角度对数据进行剖析；数据可视化是将大型数据以色彩化图形或图像形式进行呈现。数据可视化的应用十分广泛，几乎可以应用于自然科学、工程技术、金融、通信和商业等各种领域。按数据类型区分，数据可视化技术也可分为科学可视化、信息可视化、知识可视化、大数据可视化技术等分支。

1) 科学可视化

科学可视化侧重于将复杂函数或数学方程的计算结果转换成图形或图像，如多块磁铁相互靠近时产生的复杂磁场、核磁共振产生的人体器官的密度场。科学可视化提供的是数值型数据的图形化表现，以便可视化地对这些数据进行定性和定量分析。它常使用计算模拟、动画表达、表面渲染、分层切片等方式来展示错综复杂而又规模庞大的函数或数值。例如，图1-1为太阳风与地球磁场相互作用三维场的可视化结果。科学可视化是空间数据可视化的重要内容，空间数据可视化是科学可视化的重要主题。

2) 信息可视化

信息可视化主要用于呈现大规模非数值型数据，侧重于抽象数据集的显示与视觉表达(representation)。信息可视化以直观的方式传达抽象信息，发挥人类眼睛通往心灵深处的广阔带宽优势，增强人类对抽象数据的感知和理解。抽象数据包括数值和非结构化文本或高维空间中的点等非数值数据，主要方法有：分支图、树枝状图、图形绘制、热图、双曲树、多维标度等，如图 1-2 所示的文献引用分支图。

图 1-1　科学可视化示例

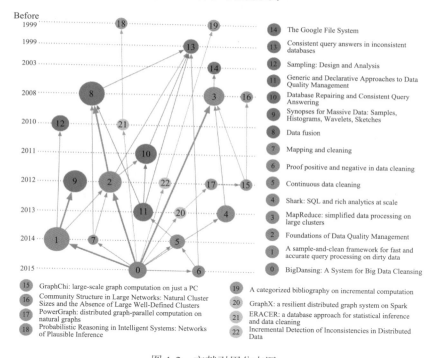

图 1-2　文献引用分支图

3) 知识可视化

知识可视化是用来构建、传达和表示复杂知识的图形图像方法。除了传达事实信息之外，知识可视化的目标还在于传输人类的知识，并帮助人们正确重构和形象化记忆相关知识。知识可视化方法主要有概念图、思维导图、因果图、语义网络、思维地图等，如图 1-3 所示。

4) 大数据可视化

大数据可视化技术是在科学可视化、信息可视化和知识可视化的技术基础上发展起来的。该技术以数据挖掘和知识发现为目标，旨在利用分析算法挖掘大数据中的隐含信息或关联知识，已发展成为一种面向文本、网络、时空、多维的新型数据可视化技术，如图 1-4 所示。

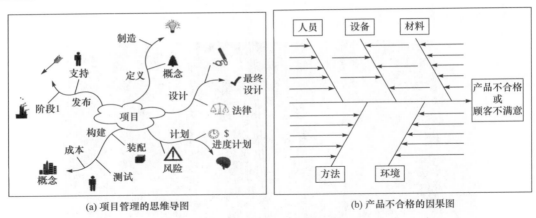

(a) 项目管理的思维导图　　　　　　　　　(b) 产品不合格的因果图

图 1-3　知识可视化示例图

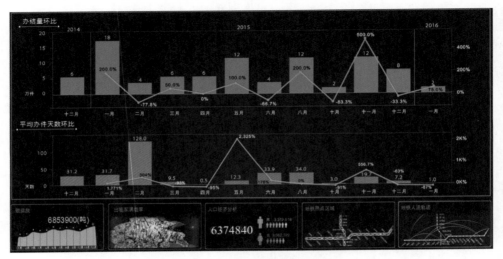

图 1-4　城市管理大数据可视化

1.1.2　可视化技术发展

　　20 世纪 50 年代以后，随着科学技术的不断发展，人类社会逐渐从工业时代进入信息时代，不仅带来了经济、科技和生活方式的转变，更重要的是人们的思想观念、观察和认识世界的能力，以及处理和分析问题的方式等，都发生了巨大变化。尤其是 20 世纪 80 年代以后，计算机技术逐渐成为获取和管理信息的主要工具。此时，以生动直观的形式表现现实世界，使信息的存取和浏览方式更符合人类的日常行为和思维习惯，开始成为人们关注的焦点。

1. 科学可视化与 ViSC

　　研究表明，以数字、文字或表格等形式存储的数据材料限制了人类视觉系统认知和理解信息能力的发挥，而人类在日常生活中所接受的信息 75% 来自视觉。通过图形、图像等形式，能够增强人类获取信息的能力；借助直观的图形、图像，人脑可采用"并行"机制来处理信息，能够更充分地发挥视觉系统的潜力。因此，如何将现实世界的各种信息转化为图形图像的形式，对于海量信息的分析和处理至关重要。

　　1982 年 2 月，美国国家科学基金会在华盛顿召开了科学可视化(scientific visualization)技术的首次会议，认为"科学家不仅需要分析由计算机得出的计算数据，而且需要了解在计算过程中的数据变换，而这些都需要借助于计算机图形学以及图像处理技术"。1986 年 10 月，美国国家科学基金会主办了"图形学、图像处理及工作站专题研讨会"(Panel on Graphics, Image Processing and Workstations)，提出高级科学计算(advanced scientific computation)概念，把图形学和视频学技术方法在计算科学方面的应用称为"科学计算之中的可视化"(visualization in scientific computing，ViSC)。从此，科学可视化及 ViSC 技术开始兴起。1987 年，首届 ViSC 研讨会召集了来自学术界、行业及政府部门的众多研究人员，讨论提出了科学可视化的全景及其未来需求，并指出图像的运用在技术上是现实可行的，将成为知识的必备前提之一。研讨会进一步阐明可视化具有培育和促进主要科学突破的潜力，有助于统一和交融计算机图形学、图像处理、计算机视觉、计算机辅助设计、信号处理和人机界面的研究工作。

进入 21 世纪以来，科学可视化及 ViSC 快速发展，其应用几乎涉及自然科学及工程技术的所有领域；而且，对复杂科学事件的模拟成为可能，如恒星诞生、龙卷风演变等。2007 年召开的 ACM SIGGRAPH 会议(全球最大规模的计算机图形学会议)，系统开展了科学可视化的原理和应用框架的讨论。会议讨论将科学可视化概括为二维、三维以及多维可视化技术方法，包括色彩变换、高维数据集符号、气体和液体信息可视化、立体渲染、等值线和等值面、着色、颗粒跟踪、动画、虚拟环境技术，以及交互操作、可视化美学、复杂算法等问题。

总之，科学可视化的目的是图形化地表现数值型数据，以便用户发挥视觉系统的能力对这些数据进行定性和定量分析。不同于信息可视化，科学可视化侧重于那些代表时空连续函数样本的数据，而信息可视化侧重于那些内在离散的数据。ViSC 旨在将科学计算过程的数据及结果转换为可见的图形图像，进而显示在屏幕上，利于人们观察、审视和发现规律。

2. 数据可视化与三维

经过多年发展，可视化技术积淀和形成了许多方法。根据可视化原理的不同，可划分为基于几何的技术、面向像素技术、基于图标的技术、基于层次的技术、基于图像的技术和分布式技术等；按照数据类型进行归类，可分成一维数据、二维数据、三维数据、多维数据、时序数据、层次结构数据和网络结构数据等七类数据可视化。数据可视化的理论和技术对空间信息的表达和分析产生了巨大影响，一方面数据可视化技术与空间信息技术结合，促进了空间数据的图形表达技术进步；另一方面通过计算机图形显示表达空间数据，有助于建立空间要素的直观意象，帮助人们获取空间知识、认识空间规律。

此外，随着三维图形技术的广泛应用，数据可视化技术可借助三维显示设备而直接对具有形体特征的信息进行三维可视化与操作。三维可视化技术把人和机器、数据以一种直观而自然的方式统一起来，使人们在三维世界中用崭新的手段获取信息和发挥研究者的创造性。例如，将科学计算过程及计算结果所产生的数据转换成直观的三维图形和图像形式，可帮助人们洞察数据所蕴含的关系和规律。

如今，数据可视化大大提升了人们对复杂数据的交流、理解与分析能力，不仅可以在人与数据、人与人之间实现图像通信和三维交互，而且可以使科学家们了解在计算过程中发生了什么现象，并通过改变参数来观察其影响，实现引导和控制。

1.2 空间数据概述

人类在长期演化及与自然界交互过程中，发明了文字、符号、图形和地图，用以记录、描述现实世界的事物、现象及其相互关系。进入信息时代后，在计算机技术的支持下，开始使用离散化和数字化的记录方式，存储现实世界的事物和现象。这些具有位置及相关属性的地理事物或现象称为地理要素或空间要素。例如，现实世界中的一个建筑物、一次自然灾害等都是空间要素。根据空间要素的一个属性或多个属性的组合，可将空间要素划分成不同类别，不同类别的空间要素组成空间要素类(feature class)。例如，道路和地震是不同的要素类。

通过设计合适的数据结构和逻辑模型，计算机能够识别、存储和处理空间要素，从而产生存储于计算机媒介中的空间数据(spatial data)。空间数据是用于表达并记录空间要素及其相关属性的数字化数据，可描述空间要素的空间定位、形状、大小、范围、分布特征、空间关系及其属性。通常将空间要素抽象为点、线、面及体等基本空间数据类型，空间要素的属性存储于关系数据库中。

1.2.1 空间数据内涵

空间信息包括空间要素的位置、性质、特征和运动状态及其与研究领域相关的专题属性，有时也包括空间要素之间的空间关系。空间数据是空间信息的数字表示，具有明确的几何特征和属性特征，两者相互对应、互为关联。空间几何特征是指空间要素具有的空间定位、形状、大小等特征；空间数据的属性特征是指记录空间要素相关属性的多维数据。

1. 空间几何数据

空间位置数据描述地理对象所在的位置，这种位置既可根据大地参照系定义，如大地经纬度坐标，也可定义为地物间的相对位置关系，如空间上的相邻、包含等。因为地理数据具有明确的几何特点，所以也称为几何数据。空间几何数据以地球表面空间位置为参照，描述自然现象、社会现象和人文景观的空间位置、形状、大小等特征，是现实世界的几何抽象和位置表达。按用途不同，几何数据的种类和精度也有所不同，如图形或图像。

1) 位置

空间位置即几何坐标，用于标识地理要素在已知坐标中的空间位置，采用的坐标系可以是大地坐标系、直角坐标系、极坐标系、自定义坐标系等。空间位置数据可以是经纬度、平面直角坐标、极坐标，也可以是矩阵的行列数等。在日常生活中，人们常根据某一目标与熟悉目标间的相对位置关系来定位,而在计算机中则是使用最直接、简单的空间定位坐标来记录空间位置。如点状要素使用(x, y)坐标对，线状要素使用一系列有序的坐标对，面状要素使用首尾相同的一系列有序的坐标对集合。

2) 形状

点状空间要素是只具有特定位置、没有长度和面积的实体，在空间上表现为一个点。点状要素可以是实际的空间事物或现象，如水井、树木等，也可以是没有实际意义的点。

线状要素使用有序的点串描述，形状可使用弯曲度、方向等系数进行度量。其中，弯曲度是线要素长度与起止点欧氏距离的比值，表示线要素的弯曲程度；线状要素的方向通常使用起点到终点的向量方向进行度量。

面要素的形状描述一般使用欧拉数来表达，即计算面要素边界多边形的破碎程度和孔的数目，欧拉数=(空洞数)−(破碎数−1)，其中空洞数是指外部多边形自身包含的多边形空洞数量，碎片数是破碎区域内多边形的数量。紧凑度是用来度量面要素边界特征的另一重要系数，通常用多边形长短轴之比，或者周长与面积之比来表示。

3) 大小

点要素没有大小指标,线要素使用长度表达尺寸大小,面要素使用面积表达尺寸大小,体要素使用体积表达尺寸大小。

4) 空间关系

空间关系是指两个或两个以上空间要素之间的拓扑关系、距离关系和方位关系。拓扑关系包括空间要素的相邻、相交、覆盖、穿过、相离、相接等。距离关系是两个空间要素的距离表达,通常使用要素之间的最短欧氏距离,有时将量化的距离关系转换为距离谓词,如远、较远、近等。方位关系是空间要素在方位上的相对关系,如要素 A 在要素 B 的北面,要素 C 在要素 D 的上方。

2. 要素属性数据

属性数据又称为非空间数据,是描述空间要素非空间特征的定性或定量指标,可以是与空间要素相联系的地理属性或地理变量。例如,公路的等级、宽度、路面材质,以及起点与终点所在城镇等,建筑物的建筑年代、权属人等。空间要素的属性分为定性和定量两种,前者包括名称、类型、特性等;定量属性如面积、长度、土地等级、人口数量、降雨量、河流长度、水土流失量等。空间要素的属性数据一般针对特定的应用主题,是对要素的非空间特征进行抽象、概括、分类、命名、量算、统计而得到。

3. 空间数据存储

空间数据既有空间几何特征,又有属性特征,还随着时间的变化而变化,即具有时间特征。因此,空间数据在数据量上表现为明显的海量特性。尤其是随着全球对地观测技术的发展,每天都可获取巨量的地球资源与环境数据,这给空间数据的存储、管理带来了巨大挑战。当前,空间数据的存储方式主要有混合模式和集中存储模式两大类。

1) 混合模式

混合模式分别使用空间数据文件存储空间要素的几何信息,使用关系型数据库存储空间要素的属性信息,二者之间通过空间要素的标识码进行关联。例如,ESRI 的 shapefile 存储模式是将空间几何数据存储在.shp 文件中,而属性数据存储在关系型数据库.dbf 中。由于使用文件方式存储和管理几何数据,该模式具有文件管理的明显特点,虽然管理方便,但不利于空间数据的共享和并发访问,难以适应当前网络环境下的空间数据共享和互操作。

2) 集中存储模式

集中存储模式是使用数据库集中统一存储空间要素的几何数据和属性数据,也就构成了空间数据库的管理模式。早期的空间数据库通过空间数据网关(spatial data gateway)将空间几何数据转换为关系模型并存储在关系数据库中,从而实现空间几何数据和属性数据的一体化存储,如 ESRI 公司的空间数据引擎(spatial data engine,SDE)。随着关系型数据库技术的不断发展,一些关系型数据库管理系统已经拥有了空间几何数据模型,可直接存储和管理空间几何数据,使得空间数据的集中式管理更加方便、快捷。例如,微软公司的 SQL Server、甲骨文公司的 Oracle,都具有空间几何数据的管理功能。

1.2.2 空间数据特点

空间数据是指表征地理圈或地理环境固有要素或现象的数量、质量、分布、联系和规律的数字、文字、图像和图形等的总称,是各种地理特征和现象间关系的数字化表示。空间数据的采集是由采集人员对某时刻、一定区域内现实世界进行测量和调查的结果,因此空间数据具有区域性、多维性、动态性、不确定性等特点。

1) 区域性

针对某一特定区域，可通过地理经纬网、投影坐标系或其他参考坐标系来表达和描述空间对象的空间数据，实现区域空间位置的测量和形状的标识。

2) 多维性

空间数据的多维特性主要指空间要素几何与属性的多维特性。通常，空间要素的几何位置及展布形态可以是一维到三维；针对一个应用领域，空间要素的属性拥有数量不等的专题字段，属性专题字段的数量也称为空间要素的属性维度。

3) 动态性

空间数据是在某特定坐标系下、特定时间，针对某区域的现实世界进行选择和抽象，并采用固定的数据结构存储的数据集合。因为现实世界是不断发展变化的，空间数据也需要周期性采集和更新，所以空间数据也会不断变化，具有明显的时序特点。例如，台风、地震在短期内产生并消失，江河洪水、秋季低温等可能会影响较长时间，地壳变动、气候变化等则会持续更长时间。

4) 不确定性

因为空间数据在采集过程中不可避免地带有一定的误差，所以空间数据也必然与现实世界存在一定的偏差，这种偏差的程度称为空间数据的不确定性。通常，空间数据不确定性包括空间数据位置不确定性、属性不确定性等。

(1) 空间位置的不确定性是指作为空间要素的点、线、面或栅格像素在图形或图像表达中与真实值的误差程度。

(2) 属性不确定性是指空间要素记录的属性与其真实状态的差别，主要来源于空间现象的不稳定性，采样提取及数据建模过程中的误差。

1.2.3 空间数据来源

空间数据是空间信息技术和空间数据可视化的基础。空间数据来源渠道繁多，主要包括地图数字化、数字化测图、遥感影像、GNSS 实测、物联网感知、社会统计、网络标报、模拟计算等，如图 1-5 所示。

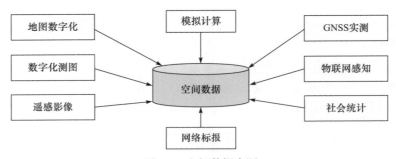

图 1-5 空间数据来源

1. 地图数字化

传统纸质地图可利用计算机图形图像系统的光-电转换设备，转换为点阵数字图像，再经图像处理和矢量化操作，生成数字化地图。纸质地图是早期空间数据的重要来源。

2. 数字化测图

电子测量仪器的广泛应用促进了地形地物测量的自动化和数字化，测量成果可直接存储为计算机能处理、传输、共享的数字地形图。电子测量成果目前已成为空间数据的重要来源。

3. 遥感影像

遥感影像数据是一种重要的空间数据来源，特别是在进行大区域研究与分析时，可通过遥感影像快速、准确地获取大面积综合的专题信息。航天遥感影像还可取得周期性的资料，为空间数据的周期更新提供数据源。

4. GNSS 实测

随着 GNSS 技术的深入应用，诸多行业开始使用 GNSS 相关设备对车辆、重要设施、重点人群进行定位和跟踪，从而获取了大量点位数据。在 GNSS 数据中隐藏了大量空间信息，是对空间数据的重要补充。

5. 物联网感知

物联网是新一代信息技术的重要组成部分，其通过 CCD、射频识别(RFID)、红外感应器、激光扫描器、手机等信息传感设备，按约定的协议，把人、物和互联网连接起来进行信息交换和通信，以实现智能化识别、定位、跟踪、监控和管理的一种网络。因此，物联网亦可产生大量与空间位置相关的空间数据。

6. 社会统计

国民经济的各种统计数据通常也是 GIS 的重要数据源，如人口数量、人口构成、国民生产总值等。社会统计数据一般由国家政府机关，如统计局提供。在城市管理中，经常使用各种文字报告，必要时需要将报告的统计资料生成空间专题数据或空间专题图。

7. 网络标报

Web2.0 技术在空间信息技术中的应用为广大网络用户提供了上传、标识、上报空间数据的重要平台。网络用户可利用智能手机等移动终端设备收集并上传当前位置信息，然后借助 Web2.0 的标注和上传功能，使得大众用户成为义务的空间数据提供者。利用 Web2.0 标报技术上传的空间数据经过处理也能形成相当规模的空间数据。

8. 模拟计算

数值模拟计算是机械材料、岩土矿业、水利工程、航空航天、天文物理、大气海洋等学科的重要工具和手段。通过数字模拟与仿真计算，可以分析得到不同约束条件下介质材料及复杂对象的力学行为、发展变化与灾变演化过程，进而可视化分析其关键影响因素。据此，既可研究科学现象、发现未知问题，也可优化材料选择、结构设计及外型优化等。

1.3 空间数据可视化

数据可视化理论和技术发展对空间信息的表达和分析产生了巨大影响。一方面，数据可视化技术与空间信息技术结合，促进了空间数据的图形表达技术进步；另一方面，通过计算机图形显示和空间数据表达，有助于建立空间要素的直观意象，帮助人们获取空间知识、认识空间规律。因此，数据可视化与空间数据结合，衍生出了空间数据可视化技术。空间数据可视化是指运用地图学、计算机图形学和图像处理技术，将地学信息输入、处理、查询、分析以及预测的数据及结果，使用符号、图形、图像，结合图表、文字、表格、视频、音频等可视化形式进行显示和表达，并允许交互处理的理论、方法和技术。

· 10 ·　　　　　　　　　　　　　空间数据可视化

1.3.1 空间数据可视化模式

空间数据可视化是科学计算可视化在地学领域的具体应用，能够动态、形象、多视角、全方位、多层次地描述和展示现实世界，在地学领域具有重要意义。例如，在地质科学中用真三维模型反映地下矿体、矿脉(如含油体、含水体、金属矿脉等)的形状与空间展布，能够帮助人们发现用常规手段难以发现的地质现象和矿藏等。空间数据可视化包括地图可视化、GIS 三维可视化和虚拟地理环境三种基本模式。

1. 地图可视化模式

空间数据可视化对现代地图学的发展产生了重要影响，改变了传统地图的表现形式，催生了现代地图制图学的新理论、新方法、新技术。通过地图符号化技术，可将抽象的地理空间数据转化为几何图形，有助于人们探索和发现蕴含于地理空间数据中难以发现的规律。在地图可视化过程中，空间信息的处理表达、传输交流与认知分析相互融合，对现代地图学的理论和方法产生了重要影响。地图可视化已广泛应用于虚拟地图、动态地图、交互地图以及超地图的制作和应用等领域。

(1) 虚拟地图是借助计算机图形学方法生成的两幅具有一定重叠度且能在观察者大脑中产生三维立体影像的地图。虚拟地图具有暂时性，而实物地图具有静态永久性。

(2) 动态地图是根据用户查询、观察视角的不同，利用不同颜色、符号等方法，动态展示空间数据或者动态模拟自然和社会现象随时间演变过程的图件。

(3) 交互地图是指用户可通过交互界面，与地图显示系统进行交互操作，通过选择数据显示角度、修改显示参数等改变地图显示结果。

(4) 超地图是利用万维网(WWW)技术，将空间数据与文本、图像、声音、动画、视频等多种媒体相联系而产生的特殊地图。超地图对公众生活、社会决策、科学研究等产生了巨大作用。当前，诸多互联网地图服务产品均提供了超地图服务，可在电子地图上添加地名和地点超链接，允许用户直接在地图产品中打开照片、视频等多种媒体，如图 1-6 所示。

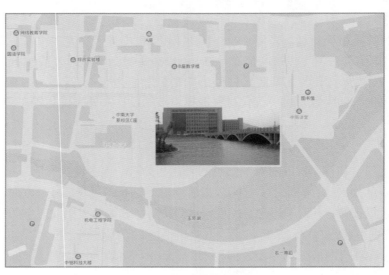

图 1-6　超地图可视化

2. GIS 三维可视化模式

早期的 GIS 可视化受限于计算机软硬件能力，大量研究放在二维图形的表达与显示算法上，包括画线设计、颜色填充、符号填充、图形打印等。随着计算机硬软件的快速发展，通过从实体三维到屏幕二维的坐标转换、隐藏线/面消除、阴影处理、光照处理和模型渲染等新技术，实现了 GIS 三维可视化，即把三维空间数据投影显示在二维屏幕上形成逼真的三维效果，如图 1-7 所示。

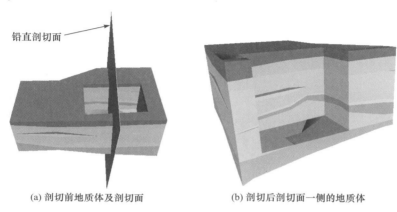

    (a) 剖切前地质体及剖切面   (b) 剖切后剖切面一侧的地质体

图 1-7 地质三维模型的可视化

3. 虚拟地理环境模式

虚拟现实(virtual reality，VR)技术是指通过多种三维立体显示器、数据手套、三维鼠标、立体声耳机等设备，使人们完全沉浸在计算机营造的特殊三维图形场景中，用户可交互操作并控制三维图形场景的显示。空间信息领域综合利用 VR 技术和 GIS 技术，实现地理空间的虚实结合与交互表达，发展形成了虚拟地理环境(virtual geographical environment, VGE)技术，为处于不同地理位置的地学专家开展合作研究、并发交流与协同讨论提供了新的平台，如图 1-8 所示。

图 1-8 虚拟现实示例

1.3.2 空间几何数据可视化

空间几何数据主要包括空间要素的空间位置、形状和尺寸等特征数据。通过地图符号化和视觉变量函数等方式，进行空间几何数据的可视化显示。

1. 地图符号化

地图符号不仅可表达空间要素个体的位置、分布特点以及分类特征，还具有相互联系和共同表达地理环境要素总体特征的作用。地图符号是表达地理要素的线划图形、色彩、数学语言和注记的总和，也称为地图符号系统。通常，地图符号由形状不同、大小不一、色彩有别的图形和文字组成，是具有空间特征的图形记号或文字，可直观形象地表达地理实体的空间位置、大小、质量和数量特征。由于空间几何数据分为点、线、面等类型，其符号化处理也分为多种形式。

(1) 点状要素符号化。点状符号是用来表示地图上不依比例尺变化的点要素或小面积地物，如水塔、测量控制点等。任何点状符号都表示为基本图元的组合，基本图元可是任意线段或规则几何图形。

(2) 线状要素符号化。线状符号是表达地理空间上沿某个方向延伸的线状或带状地物的符号，其连续变化可使用实线、间断线，也可用叠加、组合或定向构成相互联系的线状符号系列，如河流、道路、运输线、界线等。通常线状要素的符号化是沿着定位线前进方向基本线状图元循环重复的结果，基本线状符号包括直线、虚线、点线、双线等。

(3) 面状要素符号化。面状符号通常有一个封闭的轮廓线，轮廓线可以是有形的、也可以是无形的。不同的面状符号在轮廓范围内配置不同的点状符号、线状符号或颜色来区别轮廓范围内的空间要素。

2. 视觉变量

视觉变量是指在地图上能引起视觉差别的基本图形和色彩因素变化的图形变化量，通常由间距、大小、透视高度、方向、形状、排列、亮度、色调等组成(表 1-1)，可分别在点、线、面状要素的形态中体现。

表 1-1　视觉变量

视觉变量	点	线	面
间距	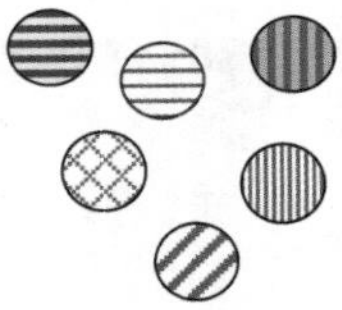	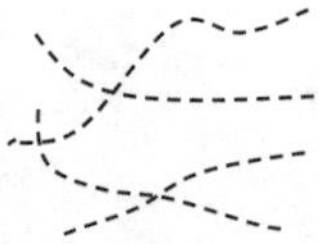	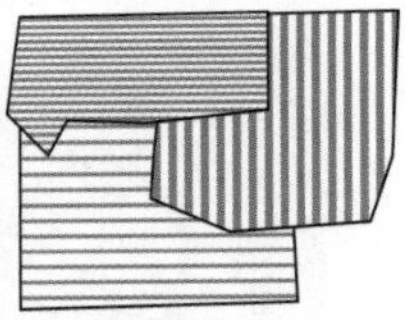
大小	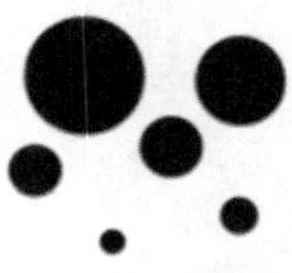		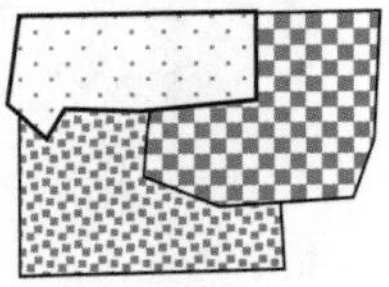
透视高度	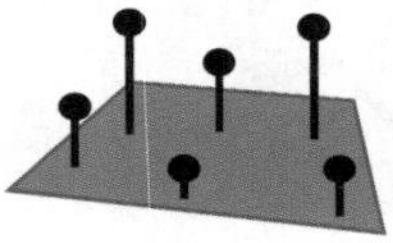	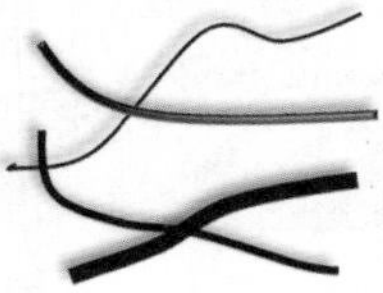	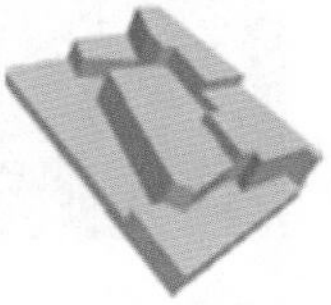
方向		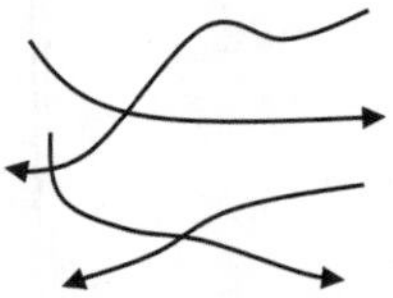	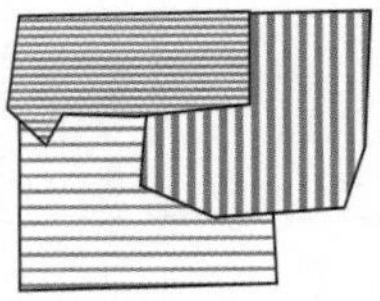

续表

视觉变量	点	线	面
形状			
排列			
亮度			
色调			

(1) 位置。位置是指符号在图上的定位点或定位线，由制图对象的坐标和相邻空间要素的关系确定。符号位置的配置对整个图面效果影响较大，点符号位置常常表示空间要素的空间分布，线状的线条和面状轮廓线的曲直变化反映的是特征点的位置变化。

(2) 形状。空间要素的形状反映空间几何数据的差异。点状符号有圆、三角形、椭圆、方形、菱形和复杂图形等。线状符号有点线、虚线、实线等形状差异。面状符号的形状变化是指填充符号形状的变化，如点、小三角、小十字、小箭头等填充符号的形状差别。

(3) 尺寸。尺寸是指符号及其组成图元符号的大小、粗细、长短等，用于区分制图对象的数量差异或主、次等。例如，用大圆表示大城市，小圆表示小城市；粗实线表示主要公路，细实线表示次要公路等。

(4) 色彩。符号的色彩主要用于区分空间要素的质量特征，常用不同色相的要素符号来表示不同事物，也可用颜色、亮度的变化来表示，如用蓝色表示河流，红色表示道路。另外，色彩的纯度、亮度变化也可表示空间要素的数量差异，如红色表示人口密度大的区域，绿色表示人口密度小的区域。

(5) 网纹。网纹是构成符号的晕线、花纹，有排列方向、疏密、粗细、组合、花纹、花纹组合等多种形式。不同排列方向、晕线组合、花纹、晕线花纹组合的网纹符号用于表示空间要素的不同质量特征。

(6) 方向。方向是指符号方向的变化。点状符号并不一定都有方向变化，例如，圆是无方向的符号。点状、线状符号的方向变化指构成符号本身的指向变化,符号的方向常用于表示空间要素的空间分布或其他特征,如河流的流向。

1.3.3　空间属性数据可视化

多维属性数据是空间要素的重要特征,也是空间数据的重要组成部分。空间数据可视化技术中,用特定专题图形式显示空间要素的属性特征,以反映空间要素的空间分布特点、质量、数量、统计分析结果等综合特征。

1. 符号法

符号法是指用各种不同形状、大小和颜色的符号表达空间要素的属性特征的方法。以符号的大小表示数量的差别,形状和颜色表示质量的差别,并将符号绘在空间要素所在的位置上。通常,符号法用来表示顺序性、分类/分级属性特征;而连续变化的数值性属性特征可按一种规则换算为分级特征,再使用符号法进行显示。例如,使用不同尺寸的圆圈表示城市等级,使用不同粗细的线条表示不同等级的公路(图1-9)。

2. 点密度法

点密度法是在图上用点的疏密程度来表示空间要素属性的分布、数量、集中或分散的程度。通常,每个点代表一个固定值,数值越大的区域,点的密度越高,否则点密度越稀疏(图1-10)。

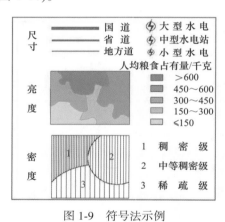

图1-9　符号法示例

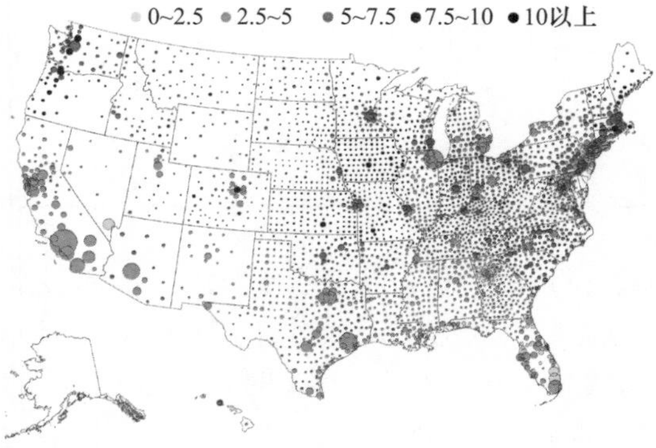

图1-10　2014～2018年美国50岁及以上流感
死亡率密度图

3. 等值线法

等值线是指在地图上表示一种现象数量指标的一系列等值点的曲线,如等高线、等温线。等值线法宜用于表示地面上连续分布且逐渐变化的数值性特征。根据属性数值变化范围,可将等值线的数值间隔设定为一个固定常数,以此表示属性变化梯度。在 GIS 中,可为等值线设色,颜色可由浅逐渐加深,或由冷色逐渐过渡到暖色,以提高地图的表现力(图1-11)。

4. DEM 法

数字高程模型(digital elevation model,DEM)是通过规则格网点数值大小描述连续分布空间要素属性的数据集,用于反映空间要素属性数值的空间分布。可视化表达时,可将空间区域划分成栅格集合,根据每个栅格单元的属性大小,使用不同颜色晕渲。通常,使用由浅到深或由冷到暖等颜色变化来表达单元格数值的变化趋势(图1-12)。

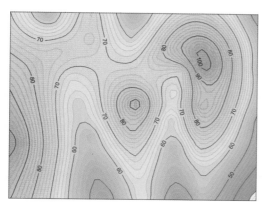

图 1-11　等值线图示例

图 1-12　DEM 图示例

5. 曲面法

目前，许多 GIS 软件提供了利用 DEM 数据生成三维投影曲面的功能，并结合晕渲图技术增强地形显示的"立体感"(图 1-13)。曲面法的计算效率、显示效果与 DEM 单元格大小密切相关，单元格越小计算效率越低、显示效果越好；相反，计算效率越高、显示效果越差。

6. 动线法

随着数据可视化技术的发展，对于动态数据的渲染能力越来越强，动线法就是其中之一。动线法是用箭形符号表示空间要素的运动路线和方向，如人口迁移路线(图 1-14)、洋流和货运路线等。箭头指向表示运移方向，箭形的粗细(宽度)或颜色表示数量或强度，箭形的长短表示运移距离。

图 1-13　曲面三维透视图

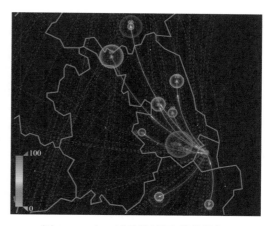

图 1-14　人口迁移路线图(模拟数据)

7. 标签法

标签法是直接使用文字、字母、数字等将空间要素的单个或多个属性值标注在地图上的一种方法。如果仅显示单个属性时，可直接将该属性值标注在图上，也可使用不同数字、字母表示不同属性分级或类别，也可使用不同颜色表示数量等级(图 1-15)。

8. 统计图法

统计图法是根据各区划单元的统计资料，制作简洁的分级图形或图表，并将其标绘在地图对应区划单元内的一种显性表达方法，适宜表示绝对的数量指标(图1-16)。

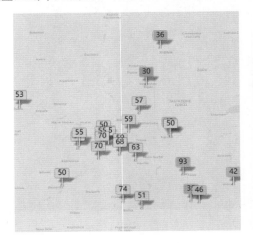

图1-15　实时空气质量标注图

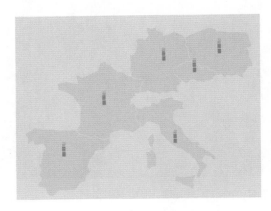

图1-16　柱状统计图法示例

1.3.4　空间数据集成可视化

经过几十年的发展，GIS的应用领域变得越来越广泛，不同部门和行业积累了大量的地理数据资源，不同的GIS软件都有各自不同的数据格式，导致了空间数据异构性的产生。多源空间数据主要是指数据格式的多种样式，包括不同数据源、不同格式、不同数据结构导致的数据存储格式的差异。在实际数字城市建设与运行管理应用中，多源异构空间数据的集成可视化是一个亟待解决的问题。

空间数据集成是将坐标系一致(若坐标系不一致，则要先经过坐标转换)的多种数据源或图层经过缓冲、叠加、抽取、融合等操作，获得新数据集的过程。顾名思义，空间数据集成可视化(spatial data integrated visualization, SDIV)即通过空间关联关系，将具有不同属性的空间数据通过一定的算法，构建新的数据并进行可视化表达，以提高数据的信息价值、发现数据的潜在知识。空间数据集成可视化方法可分为基于格式转换、基于直接数据访问和基于数据共享和互操作三种基本模式。

1. 基于格式转换的集成可视化模式

基于格式转换的空间数据集成可视化模式，是按照规范将多源异构的空间数据转换为统一坐标系和一致数据格式的数据集，再利用GIS技术显示其集成结果，其原理如图1-17所示。该模式的缺点是需要将不同格式的数据转换成统一格式的空间数据，通常需要开发格式转换工具，数据存储冗余、信息易丢失等；优点是可视化方法简单、效率较高。

2. 基于直接数据访问的集成可视化模式

基于直接数据访问的空间数据集成可视化模式，是指在GIS软件中实现直接访问其他数据格式的空间数据，并在宿主GIS软件中进行显示，其原理如图1-18所示。该模式的缺点是需要开发人员熟悉不同格式的数据结构，开发难度较大，集成显示效率不高；优点是数据不需要重复存储、用户操作简单。

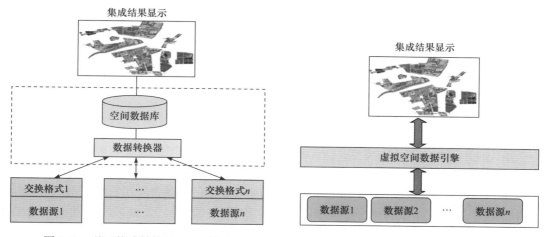

图 1-17　基于格式转换的 SDIV 模式　　　　　　图 1-18　基于直接数据访问的 SDIV 模式

3. 基于数据共享和互操作的集成可视化模式

空间数据互操作模式是开放地理空间信息联盟(Open GIS Consortium，OGC)制定的空间数据共享与互操作、集成规范，是指在空间数据分布式的情况下，GIS 用户在相互理解的基础上，能透明访问所需的空间数据。为此，基于 WebService 技术，OGC 提出了 Web 地图服务(web map service, WMS)、Web 要素服务(web feature service，WFS)、Web 覆盖服务(web coverage service，WCS)、Web 切片地图服务(web map tile service, WMTS)、Web 处理服务(web process service, WPS)等一系列地图服务规范。基于共享和互操作的空间数据集成可视化模式是宿主软件按照 OGC 统一的服务规范和接口发布地图服务，客户端只需要按 OGC 规范叠加显示多种服务。其优点是集成简单、功能强大，已成为当前主流的空间数据共享和集成显示模式。图 1-19 所示为该模式的工作原理。

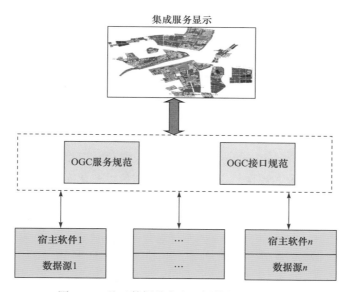

图 1-19　基于数据共享和互操作的 SDIV 模式

1.4　空间数据可视化技术发展

1.4.1　空间数据可视化发展历程

空间数据可视化技术发展经历了以下四个阶段。

1. 面向计算机制图的空间数据可视化阶段

20 世纪 50～60 年代, 伴随着电子计算机及其外围设备的发展和应用, 计算机地图制图(机助地图制图)技术开始兴起, 并受到广大地图制图工作者和地图用户的欢迎和重视。计算机地图制图是以传统的地图制图原理为基础,以计算机及其外围设备为工具, 采用数据库技术和图形数字处理方法, 实现地图信息的获取、变换、传输、识别、存储、处理、显示和绘图的应用科学。它的诞生为传统地图制图学开创了一个崭新的计算机制图技术, 也有力地推动了地图制图学理论的发展和技术改造的进程。70～80 年代, 人们对计算机地图制图的理论和应用问题, 如地图图形的数字表示和数学描述、地图资料的数字化和数据处理方法、地图数据库、制图综合和图形输出等进行了深入的研究, 相继建立了硬软件相结合的交互式计算机地图制图系统, 进一步推动了地图制图技术的发展。

2. GIS 软件支持下的空间数据可视化阶段

从 20 世纪 80 年代开始, 国内外一些优秀的 GIS 软件开始得到广泛而深入的应用。GIS 软件不仅提供了常用的地图符号库, 而且提供了用户自定义地图符号的功能, 用户据此可根据自己的需要编制特定的地图符号。在 GIS 软件支持下, 用户可完成包括地图投影、空间数据自动展绘、空间要素的自动绘制、图廓及图外整饰、基本符号库的建立、数字地图接边和合幅等专题制图功能。借助 GIS 的专题制图功能, 用户针对特色研究和空间数据可视化需要, 可利用各种数学模型快速地把统计数据、实验数据、观察数据、地理调查资料等进行分级处理, 然后选择适当的视觉变量以专题地图的形式表达出来, 如分级统计图、分区统计图、直方图等。

3. 三维空间数据可视化阶段

20 世纪 90 年代后期, 随着计算机软硬件技术、图形学、空间测量、空间数据存储等技术的日益成熟, 地理空间数据开始由二维向三维转变, 三维 GIS 渐显端倪。进入 21 世纪以后, 三维 GIS 技术逐渐成为热门话题, 国内外陆续开发形成一批在矿山、油田等领域得到应用的工程尺度三维地学建模软件与三维 GIS; 以 Google Earth 和 Virtual Earth 为代表的全球尺度三维 GIS 技术, 则进一步推动了三维空间数据可视化及虚拟地理环境技术的发展。随着三维 GIS 在规划设计、开发建设与工程运维等地学及城市工程领域中的深入应用, 三维 CAD 模型、三维建筑信息模型(building information model, BIM)与三维 GIS 模型的集成与融合成为新的前沿技术。2005 年前后, 为适应大规模三维空间数据处理与可视化需要, 人们开始尝试使用并行计算方法处理海量空间数据, 并对处理结果进行大规模渲染与可视化。并行三维地形可视化是在并行空间数据库支持下的并行空间数据处理, 并最终实现大尺度、高细节层次的三维空间制图与可视化。

4. 基于云计算的空间数据可视化阶段

2010 年前后,ESRI 公司提出云 GIS 架构,并发布了基于亚马逊弹性计算云(Amazon Elastic Compute Cloud)的空间信息数据和服务架构。用户可在亚马逊云中部署预先配置好的 ArcGIS Server 以及企业级 Geodatabase 镜像, 启动了空间数据处理与可视化的云技术。基于云计算与云服务的空间数据可视化，就是将云计算的各种特征用于空间数据存储、空间分析建模、专题图制作、业务应用等过程，从而改变传统的空间数据处理与可视化模式。2014 年，国内 MapGIS 和 SuperMap 先后发布了云 GIS 平台，拉开了国内云 GIS 的序幕。

1.4.2　空间数据可视化发展趋势

在物联网、大数据、云计算、知识挖掘等新技术的支持下，空间可视化技术发展呈现了新的面貌、出现了新的挑战。其发展趋势主要有：

(1) 时空大数据可视化。大数据时代，包括卫星遥感、物联网在内的泛在感知技术源源不断地产生不同模式、不同主题、不同尺度、不同精度的地理空间数据，形成时空大数据。如何快速汇聚、准确判读、综合理解、抽取发现时空大数据中的有用数据和隐含信息，如何以空间视角的直观方式和时间流的动态模式进行可视化表达和动态展现，均极具挑战性。

(2) 面向空间认知的空间可视化。人类对客观环境的认知行为体现在感知、识别、分析、思考等方面，且天生赋有高效、大容量的图形和图像信息通道，使得人的知觉系统对图像信息的把握能力远胜于对简单文字符号的处理能力。因此，如何模拟人类天然的空间认识方法，研究提出快速高效获取地理空间信息和知识的空间数据可视化方法，有待探索研究。

(3) 面向地理空间知识的空间数据可视化。地理空间知识是人们关于自然、人文、社会现象的空间分布与组合规律的总结，包括地理空间环境的数量、质量、分布特征、内在联系和运动规律。如何在地理空间知识结构与组织模式下，使用多种可视化方式来展示地理空间知识，或者将其他应用领域的知识借助地理空间思维方式而加以显示，从而更加高效地认识和发现领域概念，是需要研究的重要问题。

(4) 智能地图符号与空间符号计算。为了更好地研究揭示和分析表达空间信息的本质和规律，方便人类利用空间数据认识并改造世界，未来的空间数据可视化可能借助一些直观形象的、自适应的智能符号系统。智能地图符号不仅要易于人类辨识、记忆和分析，还要能便于计算机准确识别、匹配适应和智能理解，甚至可以直接参加空间数据处理与分析计算。关于这种全新智能地图符号的概念、系统与计算模式，尚缺乏研究。

思 考 题

1. 试述数据可视化的概念及意义，并列举若干示例。
2. 简述科学可视化、信息可视化、知识可视化的区别与联系。
3. 什么是空间数据？并叙述空间数据的特点有哪些。
4. 常用的空间数据可视化模式有哪些，并举例说明每种模式的应用实例。
5. 空间几何数据可视化方法有哪些？
6. 空间属性数据可视化方法有哪些？
7. 空间数据集成可视化方法有哪些？
8. 简要叙述空间数据可视化发展阶段及其每个阶段的技术特点。
9. 空间数据可视化未来发展的挑战性问题是什么？

第 2 章　可视化基础知识

本章重点讲述可视化技术的基础内容，包括视觉感知与空间认知、色彩学与颜色映射、等值线绘制与高度映射技术、空间遮挡与透明度处理、可视化流程及预处理等。

2.1　视觉感知与空间认知

2.1.1　感知与认知的概念

列宁曾对人的认识发展过程作过这样的概括："从生动的直观到抽象的思维，并从抽象的思维到实践，这就是认识真理、认识客观实在的辩证途径"。人对客观事物的认识可以分为两个阶段：感知阶段和认知阶段。感知是客观事物通过感觉器官在人脑中的直接反映，是认识的初级阶段。人通过眼、鼻、耳、舌、神经末梢等感觉器官接触客观事物，在外界现象的刺激下，人的感觉器官产生信息流，并通过特定的神经通道传送到大脑，形成对客观事物颜色、形状、大小、声音、冷热的感觉和印象。人们对客观事物的认识就从感知开始，感知是一种简单的认识活动，是对外界事物的个别属性的反映。人的眼、鼻、耳、舌、神经末梢等感觉器官所对应的感知能力分别称为视觉、嗅觉、听觉、味觉和触觉。科学研究表明，人在日常生活中所接受的信息的 75%以上来自视觉，视觉信息是人的主要信息来源。视觉感知就是客观事物通过人的视觉器官在人脑中形成的直接反映。

认知是认识的高级阶段，是由感知发展起来的。人通过感觉器官接收信息，经过检测、转换、简约、合成、编码、储存、提取、重建等一系列的信息加工过程，最后形成对事物的概念，进而推理和判断。"认知心理学之父" Neisser 在其 1967 年出版的名著《认知心理学》中，把认知定义为"感觉输入的变换、简化、解释、储存、恢复和使用的所有过程"。现代认知心理学强调了认知的结构意义，认为认知是以个体现有的知识结构来接纳新的知识，旧的知识吸收新的知识，新的知识使旧的知识得到改造与发展。美国心理学家 Houston 等人把对认知的不同观点归纳为五种主要类型：①认知是信息的处理过程；②认知是心理上的符号运算；③认知是问题求解；④认知是思维；⑤认知是一组相关的活动，如知觉、记忆、思维、判断推理、问题求解、学习、想象、概念形成、语言使用，等等。

感知和认知是认识过程的两个阶段，它们一方面相互依赖，认知依赖于感知，没有感知的认知是无源之水，无本之木；另一方面又相互促进，认知必须在丰富的感知材料基础上，通过一系列的信息加工，对感知材料进行综合分析，上升为认知。感知是对事物表面的、片面的反映，而认知才是人们获得知识或应用知识的过程。假设有一个物品，我们通过视觉器官感觉到它是圆的形状、红的颜色，通过嗅觉感觉到它芳香的气味，通过触觉感觉到它的硬中带软，通过味觉感觉到它酸甜的味道，于是我们综合上述感知而将该物品判断为苹果，这就是认知。由此可知认知是在感知的基础上产生的，但并不是感知的简单相加，而是对大量感知信息进行综合加工后的反映。

2.1.2　空间认知论

空间认知是认知科学的一个重要领域。认知科学研究人在完成认知活动时如何加工信息；空间认知研究的则是空间信息的处理过程，是人们认识自己赖以生存的环境，包括其中的诸事物、现象的形态与分布、相互位置、依存关系及其变化规律与发展趋势的能力和过程。空间认知是对现实世界的空间属性，包括位置、大小、距离、方向、形状、模式、运动和物体内部关系的认知判断，是通过获取、处理、存储、传递和解释空间信息，来获取新的空间知识的过程。人类对空间现象或对象的认知是一个复杂的过程，按照认知科学的观点，人类对空间环境现象或对象的认知主要来自于感觉、注意、表象、记忆、思维、语言、行为等方式。可以将人类的空间认知过程划分为以下四个阶段(图 2-1)。

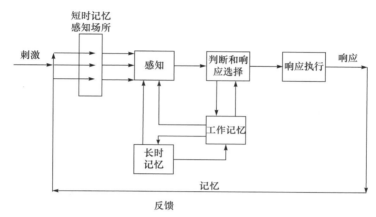

图 2-1　空间认知的过程模型

首先是感知阶段：人类通过视觉、听觉、触觉、嗅觉、味觉等感知器官接收来自外界环境的刺激输入，经过短暂的信息识别，感知性地组织这些输入信息并传入大脑。其次是判断和响应选择阶段：大脑是整个认知过程的中枢处理器，大脑对组织输入信息进行进一步识别、分析、变换、组合、执行判断和响应选择。这一阶段主要是对认知过程的输出，包括形成概念、得出结论并对结论进行描述和表达。再次是响应执行阶段：根据判断和响应选择，一方面进行响应执行，另一方面将认知后的结果存入记忆系统。记忆分为长时记忆和工作记忆(或称短时记忆)，工作记忆包含处理空间认知模型中的信息以及用来处理这些信息的特定操作，因此工作记忆也是人类认知系统及认知活动的工作场所。最后是长时记忆与空间认知：长时记忆是一个巨大的信息存储库，存储着诸如概念、知识、技能、语义信息、经验、加工程序等各种信息。信息在这里可形成先验知识，一旦有物理刺激输入，长时记忆中的相关信息就被激活，并参与当前的识别、分析、推理等工作活动(粗加工)，然后再进入工作记忆中接受更精细的加工。

空间认知能力不同于一般的形象思维和抽象思维能力，它是一种认知图形并运用图形对头脑中的表象进行图形操作的能力。《心理学大辞典(上)》将空间认知能力定义为了解和操纵环境的能力，也就是说：空间认知能力是人们对客观存在的空间信息(如空间客体的形状大小、色彩，位置方向、维数、关系等)在头脑中进行识别、编码、储存、表征、分解与合成、抽象与概括、提取与使用的能力总称，主要包括空间观察能力、空间记忆能力、空间想象能力和空间思维能力。空间观察能力指发现空间图形特征的能力；空间记忆能力指在头脑中对图形特征进行重构的能力；空间想象能力指通过已有空间图形知识和特征联想其他空间图形或特征的能力；空间思维能力指对空间图形进行抽象概括的能力。空间想象能力在完成空间任务的认知过程中起着非常重要的中介和桥梁作用，而空间思维能力则起着决定性的核心作用。

2.1.3　认知过程的格式塔理论

格式塔心理学是西方现代心理学的主要流派之一，"格式塔"(Gestalt)一词来源于德语，意思是"完形"，即整体的意思，故国内又称格式塔心理学为"完形心理学"。格式塔心理学反对心理学中的元素主义(构造主义)，认为心理元素的分析并不能了解整体的心理现象，所以它主张以整体的观点来描述意识与行为。

格式塔心理学认为：人们对客观对象的感知源于对象的整体关系而非具体元素，部分之和不等于整体，整体不能分割；整体先于元素，局部元素的性质是由整体的结构关系决定的。这是因为人类对于任何视觉图像的认知，是一种经过知觉系统组织后的形态与轮廓，而并非所有各自独立部分的集合。比如说：人们在欣赏一幅画或一张照片时，看到的是由不同明度、色彩、造型、轮廓和形式组成的完整图像，而非彼此毫无关联的独立元素。这种感知是在眼、脑共同作用下不断组织、简化统一的过程，正是通过这一过程，才产生出易于理解、协调的整体。简而言之，格式塔知觉理论的最大特点在于强调主体的知觉具有主动性和组织性，并总是用尽可能简单的方式从整体上认识外界事物。在这方面，格式塔心理学家提出了许多知觉的组织原则，可以概括为以下几点。

1. 图形与背景的关系原则

图形和背景指的是主要元素和负空间之间的关系。在一个视野里，有些对象比较鲜明构成了轮廓，使形象凸显出来被明显地感知到，从而形成了图形。而另一些对象则退居其后，对图形起了烘托作用，形成了背景。这是因为人在同一时刻，有时很难对同时作用于感觉器官的所有刺激有清楚的认识，也不可能对所有的刺激都做出反应。一般说来，图形与背景的区分度越大，图形就越突出而成为人们的知觉对象。例如，在绿叶中比较容易发现红花。反之，图形与背景的区分度越小，就越难以把图形与背景分开，如军事上的伪装就是利用了图形与背景的理论。

图形、背景和轮廓在形成心理影响的过程中具有重要的作用。在一定场合，所注意的东西就是图形(形象)，不注意的就是背景(环境)，并且知觉的对象(图形)和背景之间的关系是互相变动的。图形与背景之间的关系可以用稳定和不稳定来表示；图形和背景的关系是否稳定取决于哪个更容易看出来。如图 2-2 中图和背景的关系就是不稳定的，人们会看到一个花瓶或是两个人的侧脸，这取决于你是将看到的黑色作为图形、白色作为背景，还是白色作为图形、黑色作为背景。你可以很容易在两种看法之间来回切换，这展示了它们之间不稳定的关系。

稳定的关系有利于人们区分背景与图形，更好地专注于想要看到的事物。背景与图形的关系判断可以参考两个原则：①面积原则，两个重叠的形状，更小的会被视为图形，较大的会被认为是背景，当图形与背景的对比越大，图形的轮廓越明显，则图形越容易被发觉。如图 2-3 所示，当白色方块越来越大，它就渐渐地退居为背景，而灰色方块从背景渐渐变为了图形。②凹凸感，人们趋向于认为凸面的模式要比凹面的模式更能聚焦，因此凸面常被看作是图形。

图 2-2　图形与背景的关系

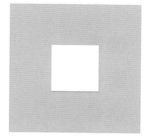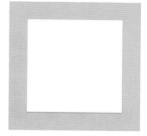

图 2-3　面积对图形与背景的影响

2. 相似性原则

相似性原则是指在形状、大小、亮度、色彩等方面相同或相似的图形更容易被组织在一起。人们的眼睛更容易关注那些外表相似的物体，并且不管它们的位置是不是相邻而把它们联系起来。

如图 2-4(a)所示，各部分的距离相同但形状不同，显然，形状相同的部分自然组合成为整体，这种方式多用于处理信息重要程度均等时的情况，不强调也不弱化不同的信息。如图 2-4(b)所示，各部分的距离相同但大小不同，那么大小相同的自然组成一组，这种方式可用来区分信息的重要程度。图 2-4(c)各部分的距离相同但颜色不同，显然相同颜色的自然被组成整体，如果相邻元素色彩差异足够大，则信息组很容易被强调和区分开来。

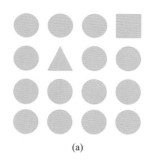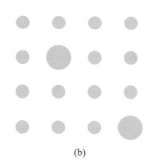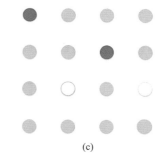

(a)　　　　　　　　　　　(b)　　　　　　　　　　　(c)

图 2-4　相似性原则

3. 邻近原则

邻近原则就是指空间距离相近的物体容易被视觉感知组织在一起。依据接近性原理，可以通过拉近某些对象之间的距离，拉开与其他对象的距离使它们在视觉上成为一组，而不需要分组框或可见的边界。如图 2-5 所示，根据对象之间的距离，很容易将图中圆圈分成两组，而很少看成独立的 22 个小圆圈。

4. 闭合原则

闭合原则就是人们倾向于将不连贯、有缺口的图形加以补充，尽可能在视觉上形成一个封闭图形。或者说，人们倾向于从视觉和心理上封闭那些开放或未封闭的轮廓，从而形成一个完整的图像。图 2-6 虽然没有圆和三角的完整轮廓，但在人们的视觉感知中会自动填充一些缺失信息，创建我们熟知的形状和图形。此外，通过不完整的图形，让浏览者自己去闭合，可以吸引用户的兴趣和关注。著名的苹果公司的 logo，咬掉的缺口唤起人们的好奇、疑问，给人巨大想象空间。闭合的关键是提供足够的信息，让眼睛可以填充其余。如果丢失的信息元素太多，元素将被视为独立的部分，而不是一个整体；如果提供太多的信息，闭合原则就没有存在的必要。

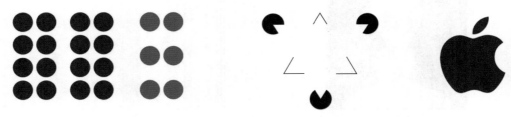

图 2-5　邻近原则　　　　　　　　　　　　　　　图 2-6　闭合原则

5. 连续性原则

连续性原则是指人们倾向于将具有连续性或共同运动方向等特点的图形视为一个连续整体。如图 2-7 所示，人的视觉焦点会沿着弯曲散点分布形成一条曲线，而不会认为是四条线段汇合于一点。

6. 共方向性原则

共方向性原则(图 2-8)也称为共同命运原则。涉及运动的物体，共同命运原则与邻近原则和相似性原则相关，都影响我们将所感知的物体是否归类成组。共同命运原则指出：一起运动的物体被感知为属于一组或者是彼此相关的。

图 2-7　连续性原则　　　　　　　　　　　　　　图 2-8　共方向性原则

7. 对称性原则

格式塔对称性原理则抓住了人们观察物体的第三种倾向性：倾向于分解复杂的场景来降低复杂度。人类的视觉区域中的信息有不止一个可能的解析，但我们的视觉会自动组织并解析数据，从而简化这些数据并赋予它们对称性。如图 2-9 所示，我们倾向于将左边的复杂图形 2-9(a)看成是两个叠加的菱形[图 2-9(b)]，而不是两块顶部对接的图形[图 2-9(c)]或者一个中心为小四方形的细腰八边形[图 2-9(d)]。一对叠加的菱形比其他两种解析更简单，它的边更少并且比另外两种解析更对称。

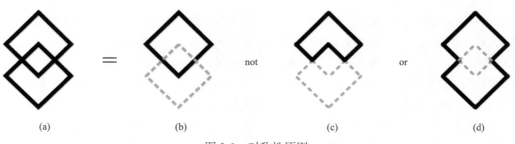

(a)　　　　　　　　(b)　　　　　　　　(c)　　　　　　　　(d)

图 2-9　对称性原则

从格式塔知觉的组织原则中可以看出，人作为一种有机体，对外界信息的捕捉大都是通过视觉进行的。人们依赖视觉对实体(有位置和形状信息的物体或有机体)的感知和描摹，而对事物进行相应的认知反馈。

2.2 色彩学与颜色映射

2.2.1 色彩的物理基础

1. 色与光的关系

光是自然界的一种物理现象，是人们感知色彩的必要条件。白天在阳光的照耀下，我们能看到五光十色的物象，而在漆黑无光的夜晚，我们不但看不到物体的颜色，甚至物体的外形也分辨不清。但通过人工光源的照射，我们又可以看到物体的形状和色彩。这个事实告诉我们：没有光就没有色，光是人们感知色彩的必要条件。色来源于光，也可以说光是色的源泉，色是光的表现。

1666 年，英国科学家牛顿在剑桥大学实验室揭示了光的色学性质与颜色的秘密。牛顿发现：太阳光经三棱镜折射后投到白屏幕，会出现一条像彩虹一样的美丽色带，颜色依次为红、橙、黄、绿、蓝、靛、紫。这种现象被称为光的分解，依次排列的图案就是光谱。这种被分解过的色光，即使再一次通过三棱镜也不会分解成其他的色光，光谱中不能再分解的色光称为单色光。由单色光混合的光称为复色光，如自然界中的太阳光及人工制造的日光灯等所发出的光都是复色光。

2. 光的本质

从物理本质上来说，光是一种电磁波，因为光具有反射、干涉、偏振等波的特性。而且，光与物体作用时存在光吸收现象，即光又是一种带有能量的光量子，所以光兼具有波动及量子的物理特性。电磁波的范围很宽(图 2-10)，包含宇宙射线、紫外线、可见光、红外线、微波等。但是，并不是所有的光都有色彩，只有波长范围大约在 380～780nm 的电磁波才能在人眼的视觉系统上产生色彩感觉，这一区间的电磁波叫作可见光波。其他波长的电磁波都是肉眼所看不到的，通称为不可见光，如波长长于 780nm 的电磁波称为红外线，波长短于 380nm 的电磁波称为紫外线。

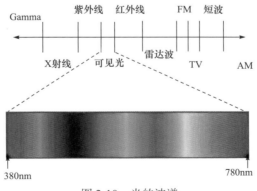

图 2-10 光的波谱

光的物理特性主要由光波的波长及振幅两个因素决定。波长的差别决定色相的差别；波长相同时，振幅不同决定着色相的明暗差别。例如，在可见光范围内，波长与色彩的关系为：

红色为 780～610nm，橙色为 610～590nm，黄色为 590～570nm，绿色为 570～500nm，蓝色为 500～450nm，紫色为 450～380nm。

人们之所以能看到各种物体，是因为光的反射。光照射到物体上后发出反射光，反射光射入人眼，人就看到物体。一般情况下，入射光是由光源发出的包含各种颜色的自然光。当这些光照射到不同的物体上，物体对光的吸收和反射情况都不相同，所以出现了颜色的差异。例如，人们看到西红柿是红色的，是因为它只反射红光，而其他的光都被吸收了。如果将西红柿放在蓝光下，会是什么颜色呢？也许有人会认为是红光和蓝光叠加在一起后的颜色，其实并不是。西红柿这时将会呈现黑色。这是因为在蓝光下，西红柿会把蓝光吸收，就不再反射出任何光了，所以呈现黑色。

2.2.2　色彩的分类与属性

1. 色彩的分类

在千变万化的色彩世界中，人们视觉感受到的色彩非常丰富，就色彩的系别而言，可分为无彩色系和有彩色系两大类。无彩色系是指白色、黑色，以及由白、黑两色调和形成的各种深浅不同的灰色。无彩色按照一定的变化规律，可以排成一个系列，由白色渐变到浅灰、中灰、深灰到黑色，色度学上称此为黑白系列。纯白是理想的完全反射物体，纯黑是理想的完全吸收物体。有彩色系则是指红、橙、黄、绿、青、蓝、紫等颜色。

2. 色彩的属性

人们所能感知到的所有色彩都有三大主要特征：色相、明度和纯度，统称为"色彩的三大属性"。这三个特征彼此互不联系，可以单独用其中一个或两个特征来区分不同的色彩。对于无彩色系来说就只有明度变化，而无色相和纯度的变化(图 2-11)；有彩色系则具有色相、明度和纯度三个基本构成要素(图 2-12)。

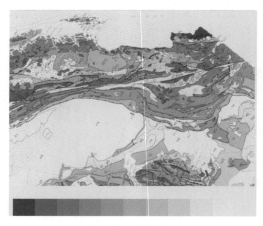

图 2-11　无彩色系

图 2-12　有彩色系

(1) 色相：色相即是每种颜色固有的相貌(光的波长)，是颜色之间"质"的区别，是色彩最本质的属性。色相是由物体表面反射(或透射)后达到视神经的色光确定的。人们就是根据色相来区别不同的色彩，如光谱色的基本色相有红、橙、黄、绿、青、蓝、紫七个。而基本色相又可以区分出不同的色相(图 2-13)，如红色进一步可分为紫红、大红、朱红等色相。色相体现了色彩的外在性格，适合表现色彩的丰富性、层次性、色彩的冷暖与色彩的情感等。

图 2-13　色相变化

(2) 明度：明度是色彩的明暗程度，也表示色彩的强度。人眼对色的明暗(深浅)的感知程度，是因为物体对光的反射率不同而造成的，不同的颜色、反射的光是强弱不一的，因而会产生不同程度的明暗。在彩色系中黄色的明度最高，紫色的明度最低。在无彩色系中，白色属于反射率极高的颜色，明度最大；黑色属于反射率极低的颜色，明度最小。黑白是明度对比中的两个极端，它们之间是由浅到深的"灰"色形成的色阶。任何一个彩色中掺入白色，都可以提高混合色的明度，混入白色越多，明度提高越多。在其他的颜色中混入黑色，则可以降低混合色的明度，混入黑色越多，明度降低越多。如图 2-14 所示，从左至右，明度逐渐降低。

图 2-14　明度变化

明度在色彩的三要素中具有较强的独立性，任何色彩都可以还原为明度关系来考虑。它可以不带任何色相的特征而通过黑白灰的关系单独呈现出来；而色相和纯度则依赖一定的明暗才能显现，色彩一旦发生改变，明暗关系就会发生改变。

(3) 纯度：表示色彩的纯净度，也称为色彩的饱和度、鲜艳度。具体来说，纯度表明一种颜色中是否含有白或黑的成分。假如某色不含有白或黑的成分，便是"纯色"，纯度最高。任何一种单纯的颜色中加入白色，都可以降低色彩的纯度，提高色彩的明度，同时使色彩变冷；在纯色中加入黑色，可降低色彩的纯度和明度，同时使色彩的色性偏暖而变得沉着、幽暗。如当绿色混入白色，虽然还是具有绿色相似的特征，但是鲜艳度(纯度)降低，明度提高，成为淡绿色；当绿色混入黑色时，鲜艳度(纯度)降低，明度变暗了，成为暗绿色；当混入与绿色明度相似的中性灰时，明度不变，鲜艳度降低，成为灰绿色。无彩色系的黑白灰没有纯度概念，只有明度概念。

纯度变化系列通过一个水平的直线纯度色阶表示，它表示一个颜色从它的高纯度色(最鲜色)到最低纯度色(中灰色)之间的鲜艳与混浊的等级变化，也分为高、中、低阶段。如图 2-15 所示，从左至右，红色纯度由高变低，纯度越高，颜色越正，越容易分辨。不同的色相不但明度不等，纯度也不等。纯度最高的色是红色，绿色的纯度只达到红色的一半。在自然界中，绝对纯净的颜色是极少的，只有在特定的实验条件下，可见光谱中的 7 种单色光其色素含量近似饱和状态，认为是最纯净的标准色。所以在人的视觉范围内，眼睛所看到的色彩绝大多数都不是高纯度的色，大量都是含灰的色。正是有了纯度的变化，才使世界上有如此丰富的色彩。

图 2-15　纯度变化

纯度和明度是两个概念，明度是指明暗、强弱，而纯度是指纯杂、鲜灰。明度高不一定纯度高。

2.2.3　色彩的表示体系

色彩像音乐一样,是一种感觉。音乐需要依赖音阶来保持秩序,而形成一个体系。同样的,色彩的三个属性就如同音乐中的音阶一般,可以利用它们来维持繁多色彩之间的秩序,形成一个容易理解又方便使用的色彩体系。为了认识、研究和应用色彩,人们根据它们的特性将千变万化的色彩按一定的规律和秩序排列,并加以命名,称为色彩体系。色彩体系的建立,对于研究色彩的标准化、科学化、系统化以及实际应用都具有重要价值,它可使人们更清晰地理解色彩,更准确地把握色彩的分类和组织。

根据色彩体系制作的色立体相当于一本"配色字典",它提供了几乎全部色彩体系,并科学地用编码标号为色彩定名,给色彩的使用和管理带来了很大的方便,是一种科学化、标准化、系统化和实用化的色彩工具。色立体形象地表明了色相、明度和纯度之间的相互关系。各种色彩在色立体中按一定秩序排列,色相秩序、明度秩序、纯度秩序都组织得非常严密,明确地指出了色彩的分类,有助于色彩对比与调和,并理解色彩规律。以下介绍三种主要的色彩体系。

1. 孟塞尔色彩体系

由美国色彩学家孟塞尔所创建的颜色系统是一种采用颜色立体模型表示颜色的方法。它是一个类似三维球体的空间模型,把物体各种表面色的三种基本属性(色相、明度、饱和度)全部表示出来,以颜色的视觉特性来制定颜色分类和标定系统,并按目视色彩感觉等间隔的方式把各种表面色的特征表示出来。目前国际上已广泛采用孟塞尔颜色系统作为分类和标定表面色的方法。

孟塞尔颜色立体示意图如图 2-16 所示,中央轴代表无彩色黑、白、灰系列中性色的明度等级,黑色在底部,白色在顶部,称为孟塞尔明度值。它将理想白色定为 10,将理想黑色定为 0。孟塞尔明度值由 0～10,共分为 11 个在视觉上等距离的等级。

在孟塞尔系统中,颜色样品离开中央轴的水平距离代表饱和度的变化,称为孟塞尔彩度。彩度也分成许多视觉上相等的等级。中央轴上的中性色彩度为 0,离开中央轴越远,彩度数值越大。该系统通常以每两个彩度等级为间隔制作一种颜色样品。各种颜色的最大彩度是不相同的,个别颜色彩度可达到 20。这样就构成一个表面波浪起伏的球体。

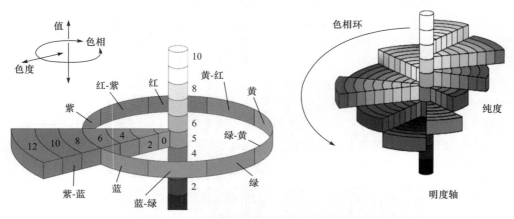

图 2-16　孟塞尔颜色立体

孟塞尔颜色立体水平剖面上表示 10 种基本色。如图 2-17 所示,它含有 5 种原色:红(R)、黄(Y)、绿(G)、蓝(B)、紫(P)和 5 种间色:黄红(YR)、绿黄(GY)、蓝绿(BG)、紫蓝(PB)、红紫

(RP)。在上述 10 种主要色的基础上再细分为 40 种颜色，全图册包括 40 种色相样品。

任何颜色都可以用孟塞尔颜色立体上的色相、明度值和彩度这三项坐标来标定，并给出唯一标号——HV/C，其中 H 表示色相，V 表示明度值，C 表示彩度。例如，标号 10Y8/12 表示：色相是黄(Y)与绿黄(GY)的中间色，明度值是 8，彩度是 12；该标号表明该颜色比较明亮，具有较高的彩度。标号 3YR6/5 表示：色相在红(R)与黄红(YR)之间，偏黄红，明度是 6，彩度是 5。非彩色系列的表示方法是：NV/，其中 N 表示黑白系列(中性色)，在 N 后标明度值 V，斜线后面不写彩度。例如，标号

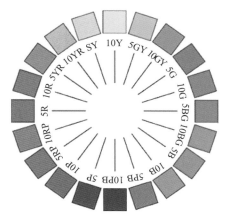

图 2-17　孟塞尔颜色立体水平剖面

N5/表示：明度值是 5 的灰色。另外对于彩度低于 0.3 的中性色，如果需要做精确标定时，可采用下式：NV/(H，C)表示中性色明度值/(色相，彩度)。例如，标号 N8/(Y，0.2)表示：该色是略带黄色且明度为 8 的浅灰色。

2. 奥斯特瓦尔德体系

奥斯特瓦尔德体系是诺贝尔奖获得者——德国物理化学家奥斯特瓦尔德创立的。该颜色体系包括颜色立体模型(图 2-18)、颜色图册及说明书。其基本色相为黄、橙、红、紫、蓝、蓝绿、绿、黄绿共 8 个；每个基本色相又分为 3 个部分，组成 24 个分割的色相环，如图 2-19 所示。

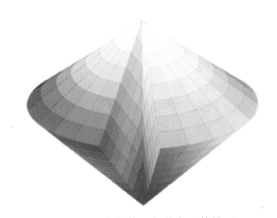

图 2-18　奥斯特瓦尔德色立体模型

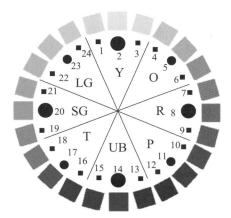

图 2-19　奥斯特瓦尔德色立体色相环

奥斯特瓦尔德色立体模型以无彩色明度系列为垂直中心轴，并以此作为三角形的一条边，其顶点为纯色。中心轴总共分为 8 个级别，附以 a、c、e、g、i、l、n、p 的记号。a 表示最明亮的白色，p 表示最暗的黑色，其间有 6 个阶段的灰色。奥斯特瓦尔德颜色系统共包括 24 个等色相三角形，每个三角形共分为 28 个菱形，每个菱形色块都是由纯色与适量的白黑混合而成，其关系为"白量 W+黑量 B+纯色量 C=100"。例如，8ga 表示：8 号色相(红色)，g 是含白量(由表查得为 22)，a 是含黑量(查得为 11)，则其中所包含的纯色量为：100−(22+11)=67，结论是浅红色。24 个等色相三角形组合在一起，形成一个陀螺状的色立体，也就是奥斯特瓦尔德颜色立体(图 2-20)。

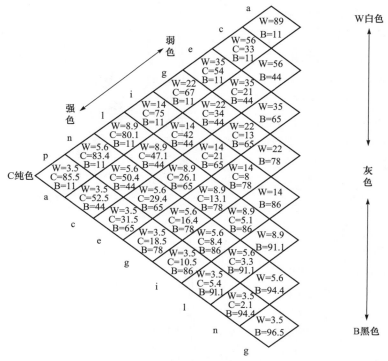

图 2-20　奥斯特瓦尔德色立体剖面图

3. 日本 PCCS 色彩体系

日本色彩研究所于 1951 年提出了 PCCS 色彩体系。它以红、橙、黄、绿、蓝、紫共 6 个色相为基础色，以等间隔、等视觉差距的比例调配出 24 色相环(图 2-21)。因为该色相环注重等差感觉，所以直径两端位置上的色彩不能成为补色关系。色相的标号采用色相名的英文首字母，把该色彩的偏或泛色相以小写字母的形式加在主色相字母之前，例如，rY 表示偏红或泛红的黄色。色彩立方体中，位于中心轴的无彩色明度系列从白到黑共分 9 级，黑色在最下面，白色在最上面，其间为 7 阶灰阶(图 2-22)。PCCS 纯度的表示与孟塞尔色立体相近，距离无彩色轴越远，纯度比值越大。

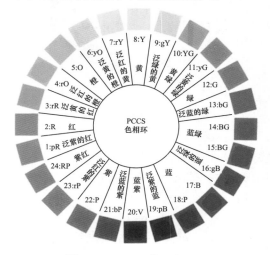

图 2-21　PCCS 体系色相环

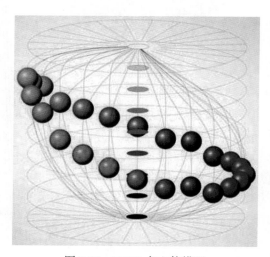

图 2-22　PCCS 色立体模型

　　PCCS 色彩体系的最大特点是：将色彩的三属性关系综合成色相与色调两个系统来表示色调系列，即色调是明度和彩度的混合概念。从色调的观念出发，一个平面上展示了每个色相的明度关系和纯度关系。从每一个色相在色调系列中的位置，可明确地分析出色相的明度、纯度的成分含量。

2.2.4　色彩的混合方法

　　色彩混合方法主要有基于三原色的色光加色混合和色料减色混合两种基本类型。

1. 三原色

　　所谓的原色是指其他的色可由这三种原色按一定的比例混合得到，而三原色中的任何一种都不能用另外两种原色混合产生，这三个独立的色称为三原色或三基色。色光的三原色和颜料三原色及其混合规律是有区别的。色光的三原色是红、绿、蓝(蓝紫色)。颜料的三原色是品红、黄、青。色光混合变亮，称为色光的加色混合；颜料混合变暗，称为色料的减色混合。

2. 色光加色混合法

　　加色法就是将两种或两种以上的色光混合在一起时，明度增加，混合后的总亮度是混合前的各色光明度之和，故又称"正混合"。如果将三束光红(R)、绿(G)、蓝(B)分别照射到银幕上，当将这三束不同颜色的光束慢慢移动至其部分重叠，将得到如图 2-23 所示的现象：

　　三原色光以不同的比例混合可以得到多种不同色光。例如，将三原色中任意两色等量叠加，可以得到更明亮的中间色，即：红(R)+绿(G)=黄(Y)，绿(G)+蓝(B)=青(C)，红(R)+蓝(B)=品红(M)。如果改变三原色的混合比例，还可得到其他不同的颜色，如红光与不同比例的绿光混合可以得到橙、黄、黄绿等色；绿光与不同比例的蓝光混合可以得到绿蓝、青、青绿。如果红、绿、蓝三种光按不同比例混合可以得到更多的颜色。因为加色混合是色光的混合，所以随着不同色光混合量的增加，色光的明度也逐渐加强，当全色光混合时则可趋于白色光，它比任何色光都要亮。

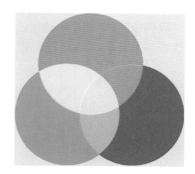

图 2-23　色光的加色混合

　　三原色中任意两色加以调和得到的新色称为间色，也叫作二次色。由任意两种原色混合而成的间色光与第三种原色光混合，会产生白色，我们称这一间色光与原色光互为补色，如黄光与蓝光，品红光与绿光，青光与红光。互为补色的两种颜色在色相环中处于直线相对(180°)位置。互补色在色彩关系中，色相差别最大，其对比关系最强，表现力强烈、明快。两个等量的补色相加也得到白色。

　　从人的视觉生理特性来看，人眼的视网膜上有三种感色细胞，即感红细胞、感绿细胞、感蓝细胞，这三种细胞分别对红光、绿光、蓝光敏感。人眼的三种感光细胞，具有合色的能力。当单色光或各种混合色光投射到视网膜上时，三种感光细胞会不同程度地受到刺激，经过大脑综合而产生色彩感觉。

　　色光的加色模型又称为 RGB 颜色模型。RGB 颜色模型是计算机显示器及其他数字显示颜色的基础。我们在屏幕上所看到的五彩缤纷的 RGB 图像，都是由红绿蓝三种颜色合成的。计算机定义颜色时 R、G、B 三种成分的取值范围为 0～255，0 表示没有刺激量，255 表示刺激量达到最大值。当 R、G、B 按不同取值合成时，能得到大自然中所有的颜色。如黑色是没有任何光，所以三原色的值都为零(R=0，G=0，B=0)；白色(R=255，G=255，B=255)是三原色的最强光，中蓝色为(R=100，G=156，B=200)。下面的色值，表示了红、绿、蓝、青、品、黄、黑、白的产生情况及它们的表示方法，这些最基本的数值是应该记住的。

红：R=255，G=0，B=0，只有红

绿：R=0，G=255，B=0，只有绿

蓝：R=0，G=0，B=255，只有蓝

青：R=0，G=255，B=255，绿色与蓝色的混合，没有红

品：R=255，G=0，B=255，红色与蓝色的混合，没有绿

黄：R=255，G=255，B=0，绿色与红色的混合，没有蓝

在 RGB 模式下，每个像素由 24 位的数据表示，其中 RGB 的三原色各使用 8 位。因此，每一种原色都可以表现出 256 种色调，所以三种原色混合起来可以生成 1677 万种色彩。

3. 色料减色混合法

减色法是指将两种或两种以上的色料相混合得到一种新颜料的方法。色料与色光正好相反，不同颜色的色料在进行混合后，颜色的吸光能力增加，反光能力减弱。因此，纯度和明度都较混合前降低，故又称"负混合"。

色料的三原色为青(cyan)，品红(magenta)，黄(yellow)。将这三原色按不同比例混合，也可以调配出其他所有的颜色。如果将三张涂有品红(R)、黄(Y)、青(C)颜色的透明玻璃片分别放在观光灯上，并且将其慢慢移动重叠，将会看到如图 2-24 所示的组合现象。

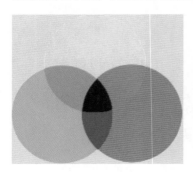

图 2-24　色料的减色混合

三原色中任意两色调和后得到新的间色，如黄(Y)+青(C)=绿(G)，青(C)+品红(M)=蓝(B)，品红(M)+黄(B)=红(R)，蓝(B)+青(C)+品(M)=黑。从色光混合和色料混色中可以看出：色光加色混合的三原色恰是色料减色混合的三间色，而色料减色混合的三原色又是色光加色混合的三间色。色料三原色中任意两色加以调和得到的新的色称为间色，如：品红+黄=大红；品红+青=紫；青+黄=绿。原色和间色调和，两间色相加，或者三个原色混合得到的颜色称为复色，如橙色+紫色=橙紫，紫色+中绿=紫绿。

从能量的观点来看，色料混合，光能量减少，混合后的颜色必然暗于混合前的颜色。混色的次数越多，相比原有色彩的纯度、明度就会降低，同时色感就会变浊。因此，明度低的色料调配不出明亮的颜色，只有明度高的色料作为原色才能混合出数量较多的颜色，得到较大的色域。减色混合主要应用于被动发光的物体，其颜色由物体表面的反射参数决定。如我们看到印刷的颜色，实际上都是看到的纸张反射的光线，油墨是吸收光线，而不是光线的叠加，因此印刷的三原色就是能够吸收 RGB 的颜色，即青、品、黄(CMY)，它们就是 RGB 的补色。但因颜料的化学成分和介质吸收等原因，C、M、Y 三色经打印混合后只能产生深棕色，不会产生真正的黑色，因此在打印时多加一个黑色作为补充，用来弥补色彩理论与实际的误差，实现色彩的还原。"黑色"的英文为"black"，在光的三原色"RGB"中已经有了一个字母"B"，故此处的黑色就取了"black"的尾字母"K"，即色料三原色(CMY)就变成了(CMYK)。

实际工作中，在电脑屏幕上看到的颜色有可能与打印出来的图像颜色有所不同，这是因为电脑屏幕采用 RGB 模式，而打印机采用 CMYK 模式，打印机会自动将 RGB 的颜色值转换为最接近的 CMYK 值，这一转换就造成了打印颜色与显示颜色的明显色差。排除打印机、显示器等一切外界因素的误差，这种色差的存在依旧是必然的。因此，在制作图像的时候要按照输出的要求，正确选择相应的色彩模式。从图 2-25 可以清楚地看到，将 RGB 模式转换为 CMYK 模式后，颜色产生了明显差别；图像上半部分为 RGB 三色，下半部分为转换成 CMYK 的颜色。

图 2-25　RGB 与 CMYK 的颜色转换

2.2.5　色彩的搭配技术

对比与调和也称为变化与统一，是色彩运用中非常普遍而重要的原则，也是获得美的色彩效果的一条重要原则。如果色彩杂乱，在视觉上就会产生失去稳定的不安定感，甚至让人感到烦躁不悦。相反，如果缺乏对比因素的调和，也会使人觉得单调乏味，不能发挥色彩的感染力。

1. 色彩的对比

以空间或时间关系比较两种以上的颜色，能得到明显差别，并产生比较、衬托、排斥等作用，影响心理感觉，称为色彩对比。色彩对比主要有以色相差别为主的色相对比、以纯度差别为主的纯度对比、以明度差别为主的明度对比。每一种色彩又具有面积、位置、肌理等视觉要素特征，所以又衍生出面积对比、肌理对比、冷暖对比等。色彩的任何一种对比效果都会给人截然不同的审美体验。色彩对比的形式千变万化并不意味它是自由无度、无章可循的，恰好相反，色彩对比是有条件的、具体的，并总是在一定范畴、性质和环境内展开关联。

色相对比是指因色相的差异而形成的色彩对比。色相在色环上的距离决定了色相对比的强弱。以二十四色相环为例，每两色的间隔角度为 15°，取一基色，根据色环上色相之间的距离不同，可以把色相对比分成五种不同程度的对比：同类色、类似色、邻近色、对比色和互补色。

在色相环中(图 2-26)，色相之间距离角度在 15°左右的对比称为同类色相对比，如深红、大红等。这类色相之间差别很小，只能构成明度或纯度方面的差别，是最弱的色相对比，给人以高雅、素静、柔和等感觉。色相之间的距离角度在 30°左右的对比称为邻近色相对比，如红与红橙、黄与黄绿等，这种对比统一、协

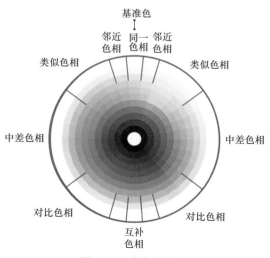

图 2-26　色相的对比

调、单纯、柔和、优雅。色相之间距离角度在 60°左右的对比称为类似色相对比，如淡黄与淡绿、红与紫、蓝与绿等，这种对比更加丰富、活泼，既保持了统一的优点，又克服了视觉单调的缺点。色相之间距离角度为 90°左右的对比称为中差色相对比，如青与紫、黄与蓝绿等。中差色相对比介于类似色相与对比色相之间，色彩对比相对突出，对比明快，色彩构成富有变化又不失调和。色相之间距离角度在 120°左右的对比称为对比色相对比。如红与黄绿、红与蓝绿等，这种对比鲜明、刺激、饱满，是色相的强对比，缺点是使人兴奋激动，容易造成视觉和精神上的疲劳。色相之间距离角度在 180°左右的对比称为互补色相对比，是对比最强烈的色彩，如红与绿、黄与紫。这种对比的优点是刺激、丰富、强烈，缺点是不安定、不协调，使用不当会给人一种幼稚、原始和粗俗的感觉。

　　进行色彩搭配时，要充分发挥色相对比的作用，既有利于人们识别不同要素的差异，又能满足人们表达色相感的不同需求。使用色相对比时，首先必须确立主色调，然后再考虑其他色彩与主色调的关系，要表现什么内容和效果等，这样才能增加其表现力。图 2-27 为埃及尼罗河流域旅游图，选用浅黄色调作为主色调，与其沙漠地貌景观色彩相一致。图 2-28 为瑞士地形图，主色调为浅蓝灰色调，准确地再现了皑皑白雪覆盖山野的景象。同时，要充分注意整体版面的和谐，避免大量使用高强度的对比，以免引起人们视觉和心理上的疲劳。

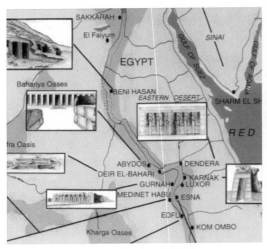

图 2-27　尼罗河流域旅游图

图 2-28　瑞士地形图

2. 明度对比

　　明度对比就是因明暗度不同形成的色彩对比。明度对比在色彩构成上占有重要位置，色彩的明暗层次、立体感和空间关系等主要依靠色彩的明度对比来表现。只有色相对比而无明度对比，图案的轮廓形状难以辨认。只有纯度的对比而无明度的对比，图案的轮廓形状更难辨认。据日本色彩学家大智浩估计，色彩明度对比的力量要比纯度对比的力量大三倍。由此可见，色彩的明度对比在色彩构成上起着主导作用。根据明度色标，可将色彩划分为高明度色、中明度色和低明度色。不同等级的明度，可以产生不同类别的色调，即高调、中间调和暗调。色调效果受明度对比因素影响，色彩的明度对比具有以下几个特性：

　　(1) 同一色彩位于明度不同的背景上，会产生不同的视觉效果，位于暗底上的显得较亮，位于亮底上的显得较暗。如图 2-29 所示，同样的灰色和橙色放在黑色和白色背景下，会发现以黑色为背景的色彩感觉比较亮，以白色为背景的色彩感觉比较暗一些，明暗的对比效果很明显。

图 2-29　背景对明度对比的影响

(2) 明暗色彩在面积不同的对比中会产生不同的效果，大面积的暗部可以衬托小面积的亮部；反之亦然(图 2-30)。但同等面积的明暗色彩对比会产生对立、不协调的感觉。

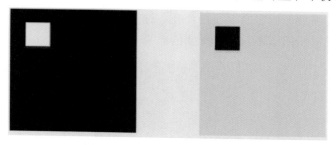

图 2-30　面积对明度对比的影响

色彩明度对比的差异，带来色调的视觉与心理感受差异。高明度基调给人的感觉是轻快、柔软、明朗。中明度基调给人以朴素、稳重、呆板感。低明度色调给人沉重、浑厚、强硬、神秘的感觉。高明度与低明度色彩形成的强对比，轻快、富有生气。明度对比弱，色调之间有融和感。如图 2-31 所示的饼图，利用同一色系的明暗对比表示，简单明了，对比清晰。图 2-32 为美国加利福尼亚州人口分布图，用浅黄色显示州的区域范围，再用不同浓度的点状符号表示人口密度。底色与点状符号之间的明度对比使得图面色彩统一和谐。

图 2-31　饼图

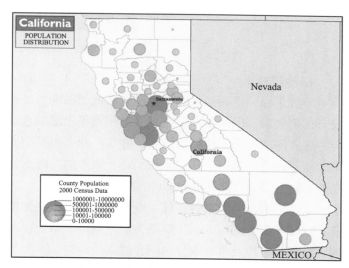

图 2-32　美国加利福尼亚州人口分布图

3. 纯度对比

纯度对比是指色彩的鲜明与混浊的对比。把一种纯度为 100%的纯色同灰色相混合，按一定的比例不断增加灰色，直到完全的中性灰，就可获得一个完整的纯度变化色阶。如将灰色至纯色分成 10 个等差级数，通常把 1~3 划为低纯度区，4~7 划为中纯度区，8~10 划为高纯度区。当基调色与对比色间隔距离在 5 级以上时，称为强对比。强对比效果强烈，色彩显示出饱和、明快、生动的特征；3~5 级时称为中对比，具有对比丰富又和谐的特点；1~2 级时称为弱对比，感觉柔和含蓄。当配色纯度对比不足时，往往出现脏、灰、闷、单调、含混等感觉；对比过强时，则会出现生硬、杂乱、刺激等不好的感觉。

如图 2-33 所示，左边中纯度的红色置于较"浊"的红灰底上显得更加暗浊，纯度降低了；而右边的底为更鲜的纯红，相比之下显得鲜亮、纯度升高。可见纯度距离较大的颜色并置在一起，可以起到相互衬托的作用，产生鲜明的效果。

图 2-33　纯度对比

4. 冷暖对比

一般来说，冷暖是人对外界温度高低的感觉，是通过感觉器官触摸物体的反映，与色彩没有任何关系。但由于人们在生活中积累了丰富的色彩经验，在人的心理上建立了一种视觉与冷暖之间的联系，如红、橙、黄等颜色使人想到阳光、烈火，让人产生温暖的感觉；绿、青、蓝等颜色与黑夜、寒冷相联系，让人产生冷的感觉。从物理学角度来看，色彩的冷暖与光波长短有关，长波长的色彩(如红、橙、黄)能量大；短波长的色彩(如蓝、蓝绿、蓝紫)能量小。从色彩本身功能来看，红、橙、黄能让人心跳加快，血压升高，所以人会产生热感；而蓝、蓝绿、蓝紫能使人血压降低，心跳减慢，给人以冰冷感。因此，色彩的冷暖感觉是由心理、物理、生理及色彩本身的综合因素决定的。

在冷暖对比中，橙色为最暖色，称为暖极；蓝色为最冷色，称为冷极(图 2-34)。靠近冷暖两极的色彩称为暖色和冷色，与两极等距离的色称为中性色。冷暖对比实际上是色相对比的又一种表现形式，同时还受到色彩明度及纯度的影响。受明度的影响为：白色反射率高，感觉冷；黑色吸收率高，感觉暖；暖色加白色降低了温度，使之向冷转化；冷色加白提高了温度，使之向暖转化；冷色加黑提高温度，使之向暖转化；暖色加黑降低温度，使之向冷转化。色彩的纯度对色彩冷暖的影响为：高纯度的暖色显得更冷，高纯度的暖色显得更暖。

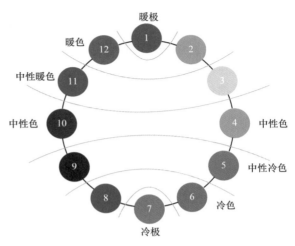

图 2-34 冷暖对比

冷暖对比构成色调感觉，如冷色基调给人感觉寒冷、清爽、有空间感，而暖色基调感觉热烈、热情、刺激、喜庆等。色彩冷暖运用恰当能取得美妙效果。如图 2-35 为世界气候类型示意图，根据不同的气候类型特点，分别用冷色系和暖色系予以表示，海洋不设色，白底色与气候区域底色之间形成强烈的明度对比，使得图面清晰易读，设色非常独特。

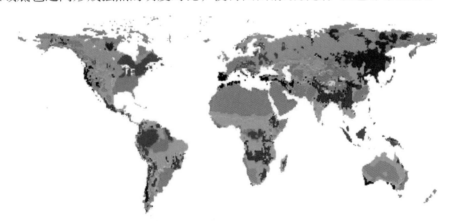

图 2-35 世界气候类型示意图

2.2.6 颜色映射方法

1. 颜色映射的概念

颜色映射方法是二维标量数据可视化的常用方法之一。简单来说，就是将每一标量值与一种颜色对应起来，通过颜色映射表将颜色特征映射到几何图形上，使目标图形具有特定的色彩，从而以不同的颜色来反映数据及其变化。实际上，颜色映射过程可以理解为一种函数变换：

$$C(x,y) = T(f(x,y)) \tag{2-1}$$

式中，$f(x,y)$ 表示目标图像；$C(x,y)$ 表示变换后的图像；f 与 C 具有相同的几何图形，只是 C 是具有颜色的；T 是一个映射函数，在数据与颜色之间建立一个映射关系。对感兴趣的域 f

中的每个点来说，通过映射函数 T，为某一个点找到一种颜色对应。

颜色映射法的一般步骤为：第一步，建立颜色映射表。颜色映射表包含一个序列的颜色值，如从绿色到红色变化的彩色映射表，或者从白色到黑色的灰度映射表，所以颜色映射表分为彩色映射表和灰度映射表。颜色映射表中的颜色可以是连续的也可以是离散的。第二步，将标量数据转换为颜色表的索引值。如果映射表是离散的，并且含有 n 个颜色值，则可将标量数据线性变换为范围在[min，max]的范围内。

2. 颜色映射表

颜色映射最关键的问题就是如何构建颜色的映射关系模型，即确定函数变换关系 T。若颜色映射关系模型选用不当，转换得到的颜色就过于单调；更为严重的是，单调的颜色会掩盖数据的变化细节，影响人们的判断。

颜色查找表是实现颜色映射最简单的方式，也称为颜色图。可以表达为以下形式：

$$T = \{t_i\}_{i=1,\cdots,N} \qquad t_i = t\left(\frac{(N-i)f_{\min} + f_{\max}}{N}\right) \tag{2-2}$$

可以看出，颜色表实际是对颜色映射函数 T 的均匀采样。式中，$t_1,\cdots,t_N$ 表示包含有 N 种颜色；f 表示标量数据集的值，且假定 f 的范围为[$f_{\min}$，$f_{\max}$]，由此构建一个清晰简明的颜色映射：低索引 i 的颜色 t_i 表示接近 $f_{\min}$ 的低标量值，t_N 表示接近 $f_{\max}$ 的高标量值。在实际情况中，f 的范围[$f_{\min}$，$f_{\max}$]可以通过检测采样数据集自动确定，也可以由用户自行确定。如果数据集的范围超过了 f 的范围，则需要将标量数据线性变换在[$f_{\min}$，$f_{\max}$]范围内。

除了使用采样标量到颜色的函数来得到离散查找表外，还可以用解析形式定义映射函数 T。因为颜色在 RGB 或 HSV 颜色系统中都可以表示为三元组，这样，通过定义三个标量函数 $c_R: R \rightarrow R, c_G: R \rightarrow R, c_B: R \rightarrow R$ 从而有 $c=(c_R, c_G, c_B)$。函数 c_R、c_G、c_B 也称为传递函数。例如，在许多工程类和天气预报应用中采用的"蓝-绿-红"颜色图，也被称为彩虹颜色图。在这个颜色图中蓝色为冷色，表示低值，红色为暖色，表示高值，与人们的直观感受相一致。彩虹颜色图的构建可以通过如图 2-36 所示的三个传递函数 R、G、B 来实现。函数的横轴为标量值，参数 $dx \in [0, 1]$ 用来控制颜色在最初和最后分别用到的纯蓝和纯红的量。三个函数取值范围为 0 至 1，分别为梯形状，且相互都有重叠部分，这使得颜色图的色调平滑变化。根据插值理论，传递函数可以看作分片线性基函数，用于在相应的原色之间进行插值。构建代码如下：

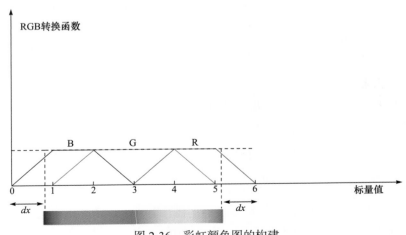

图 2-36 彩虹颜色图的构建

```
Void c (float f, float& R, float& G, float& B)
{
    const float dx = 0.8;
    f = (f<0)?0 : (f>1)?1 : f;           //clamp f in [0,1]
    g = (6-2*dx)*f + dx;                 //scale f to [dx,6-dx]
R = max(0, (3-fabs(g-4)-fabs(g-5))/2);
G = max(0, (4-fabs(g-2)-fabs(g-4))/2);
B = max(0, (3-fabs(g-1)-fabs(g-2))/2);
}
```

ColorBrewer 系统(http://colorbrewer2.org)上提供了很多有代表性的颜色映射表。根据数据的性质、数据类的数量等，可分为顺序(sequential)、分散(diverging)和定性(qualitative)三种类型。

(1) 顺序颜色映射表：如图 2-37(a)所示(包括 12 个多色顺序方案和 6 个单色方案)，它从饱和度很高的某种颜色过渡到不同程度的不饱和颜色。随着饱和度的降低，亮度逐渐增加，使得该颜色图终止于白色或接近白色的颜色。饱和度级别的单调性质可以很好地映射到标量值，适用于从低到高的有序或连续型数据。

(2) 分散颜色映射表(也称为双色)：如图 2-37(b)所示，其特点是：一般具有两个主要颜色分量，一种主要颜色穿过不饱和颜色(如白色或黄色)过渡到另一种颜色，中间值使用浅色调标示，以表示数据中的临界值，如平均值、中值或零等，两端则以不同的色调进行强调。在中断点两侧具有相同数量的颜色，当用户需要构建不对称的颜色映射表时，可以选择增加或删除一侧的颜色。

(3) 定性颜色映射表(也称为定名颜色映射)：如图 2-37(c)所示，主要根据色相差异创建不连续的配色方案。颜色代表不同类别，但颜色差异不代表类别之间的差异幅度。因此，当色调变化且饱和度和亮度保持或接近恒定时，定性配色方案效果最佳；该配色方案适用于表示一组离散的、无序的类别，更适用于分类数据。

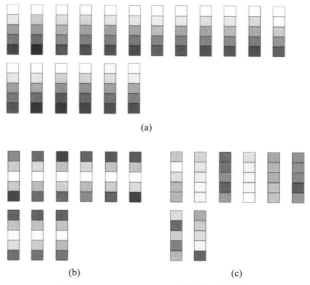

图 2-37 ColorBrewer 的颜色映射表

2.3 等值线绘制与高度映射技术

2.3.1 等值线提取法

等值线提取法是二维标量数据可视化的主要技术之一，常用来提取一个研究区域的轮廓边界，展示和分析区域内空间或属性特征的空间分布规律，如地图上的等高线(图 2-38)、气象中降雨量的区域边界、气温的等温线(图 2-39)等。等值线是由所有点(x_i, y_i)定义的，其中 $F(x_i, y_i) = c$(c 为一给定值)的全部点按一定顺序连接起来，构成一条函数 $F(x, y)$ 值为 c 的等值线。

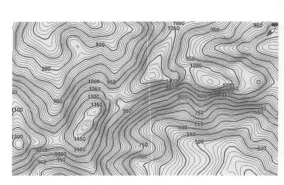

图 2-38　等高线图

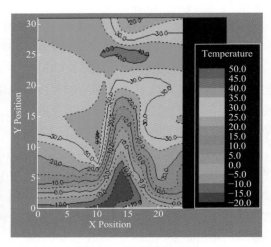

图 2-39　温度等值线图

对于二维标量场，其数据往往是定义于某一格网面上的。格网可分为两类：规则格网和不规则格网；不同的格网类型，其等值线提取方法也有区别。等值线绘制一般包括以下步骤：离散数据格网化、等值点计算、等值线追踪、光滑和标记等值线。下面以规则格网为例介绍等值线提取算法。

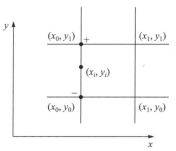

图 2-40　规则格网等值点插值原理图

1) 等值点估值算法

格网线两两正交，每一格网单元为一矩形，一个格网单元四个顶点分别为(x_0, y_0)，(x_0, y_1)，(x_1, y_0)，(x_1, y_1)，对应的标量值为 P_{00}，P_{01}，P_{10}，P_{11}。对每个格网单元计算给定的等值 P_i 与格网顶点标量的大小关系，判断格网单元的哪一条单元边与等值线相交。如图 2-40 所示，若等值线与边相交于一点(x_i, y_i)，并假设函数在单元内呈线性变化，则交点插值算法为

$$\begin{cases} x_i = x_0 \\ y_i = \dfrac{y_0(P_{01} - P_i) + y_1(P_i - P_{00})}{P_{01} - P_{00}} \end{cases} \qquad (2-3)$$

2) 等值线追踪算法

步进方格法(marching squares)是等值线追踪的一种基本方法。该算法的基本思想是：逐个计算出每一格网单元与等值线的交点后，按一定顺序连接这些交点，生成在该单元内的等

值线线段；然后有序连接这些等值线线段、构成等值线。为了正确地连接交点生成等值线段，根据等值与格网单元四个顶点的数值大小关系，将格网顶点划分为"大于等于给定等值"和"小于给定等值"两种状态，分别用 1 和 0 标记。若 $P_{ij} \geqslant P_i$ 则表示该点在等值线外，标记为 1；$P_{ij} < P_i$ 则表示该点在等值线内，标记为 0。每个格网单元的状态用一个 4 位整数索引表示，从格网单元的左上角按顺时针方向标注，则等值线穿过格网单元的方式就只有 $2^4 = 16$ 种，如图 2-41 所示。这样，沿等值线走，大于等值线的点在等值线的左边，小于等值线的点在等值线的右边，等值线的连接就有以下几种情况：

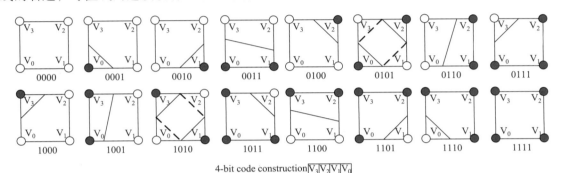

4-bit code construction $\boxed{V_3}\boxed{V_2}\boxed{V_1}\boxed{V_0}$

图 2-41　步进方格法示意图

(1) 顶点全为 1 或全为 0，格网单元内没有等值线段，如图中 1111 和 0000 的情况。

(2) 有一个顶点为 1 或一个顶点为 0，则格网单元内有两个交点，将它们连接成一条等值线段，如图中 0001 和 0100 的情况。

(3) 有两个 1 或两个 0 的情况，根据顶点的分布又有两种情况：①格网单元中顶点 0 和 1 的分布相邻时(如图中 0110 和 1100)，则此格网单元中只有两个交点，将它们连线成一条等值线段。②格网单元中顶点 0 和 1 的分布相互交叉时(如图中 1010 和 0101)，格网单元中有 4 个交点。若不事先规定等值线走向，则连接时会存在二义性，即两种方式都是可能的。

如何从中选择一种正确的连接方式呢？可采用双线性插值函数：

$$F(x, y) = a_0 + a_1 x + a_2 y + a_3 xy \tag{2-4}$$

即等值线段在单元内不是直线段而是双曲线。二义性连接可通过求该双曲线两条渐近线交点处的函数值来判定，这是因为渐近线的交点总是与其中一对顶点落入同一区域内，若渐近线交点为 1，取后者连接方式；若为 0，则取前者连接方式。实际计算中，为了简化算法，往往采用单元对角线交点代替渐近线交点的计算。

3) 等值线光滑算法

等值线跟踪的结果是一条等值线由多条线段首尾连接构成。当格网数据量很大且格网单元面积很小时，这些由折线连接起来的等值线在形态上看起来比较类似于曲线；但当格网单元面积很大时，该等值线就会带有明显的拐角，很不光滑。因此，需要采用曲线光滑算法对等值线进行光滑处理，需要满足以下几个条件：

(1) 拟合的曲线必须通过所有的实际数据点，且拟合的曲线不能自相交。

(2) 拟合的曲线要确保在实际数据点上具有连续的一阶导数，或者连续的二阶导数。

(3) 最大曲率点都在实际的数据点上，相邻两数据点之间的曲线段无多余的拐点。

目前，常用的曲线光滑方法主要有线性迭代法、Bezier 函数法、五点光滑法、分段三次多项式法、双三次样条函数法等。线性迭代方法计算简便，但失真较大，不适用于精度要求很高的等值线绘制；当数据点较稀疏时，五点光滑法、分段三次多项式插值方法会出现曲线摆动量过大的情况。采用双三次样条函数光滑的结果在任一点上不仅斜率连续，而且二阶导数也连续，但其主要问题是求交困难，可采用细分网络的方法。

2.3.2　高度映射技术

高度映射就是将二维标量数据值转换为二维平面坐标上的高度信息并加以展示。其映射关系可以描述为：给定一个二维表面 $Ds \in D$，其中 D 为一个标量数据集，$m: Ds \to D$，$m(x)=x+s(x)n(x)$，$x \in D$，其中，$s(x)$ 为 x 点的标量值，$n(x)$ 是 x 点表面 Ds 的法线。换句话说，高度映射操作就是根据二维标量场数值的大小，将表面的高度沿原几何面的法线方向做相应的提升，使得表面的高低起伏对应二维标量场数值的大小和变化。利用规则分布在矩形格网中的等距点快速创建高度图是一种最简单的方法。其基本思想是：在函数域 D 中均匀采样，以一系列四个顶点的多边形来表示近似函数的图形，构成表面。其伪码如下，因为每个现代图形库都提供了快速渲染机制，这里采用了 C++ 类 Quad 封装渲染功能，利用 draw() 的方法来绘制图形。

```
float X_min, X_max;                          //X = [X_min, X_max]
float Y_min, Y_max;                          //Y = [Y_min,Y_max]
int   N_x, N_y;
float dx = (X_max-X_min)/(N_x-1);            //x  size  of  a  cell
float dy = (Y_max-Y_min)/(N_y-1);            //y  size  of  a  cell
float f(float,float);                        //the  function  to  visualize
for(float x=X_min; x<=X_max-dx; x+=dx)
  for(float y=Y_min; y<=Y_max-dy; y+=dy)
  {
      Quad q;
      q.addPoint(x, y, f(x,y));
      q.addPoint(x+dx, y, f(x+dx, y));
      q.addPoint(x+dx, y+dy, f(x+dx, y+dy));
      q.addPoint(x, y+dy, f(x, y+dy));
      q.draw();
  }
```

图 2-42 分别为 30×30 和 10×10 采样点绘制的高程图，对比图(a)与(b)发现：降低样本密度所得表面图的近似度较差。渲染表面由四边形集合构成，这些四边形又是由采样点的位置和函数值所决定。近似度的高低由分片双线性近似与连续表面的接近程度来衡量。根据信号理论可知：采样密度必须与拟近似的原连续函数的局部频率成比例，表明在函数高阶导数具有较高值的区域应采取较高的采样密度。此外，使用可变的采样密度是一个更好的方法，如令采样密度与距原点的距离成反比。

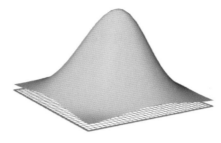
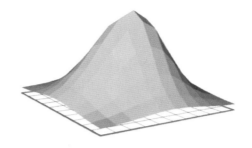

(a) 用30×30采样点绘制 (b) 用10×10采样点绘制

图 2-42 函数 $f(x,y) = \mathrm{e}^{-(x^2+y^2)}$ 的高度映射图

前面介绍的颜色映射、等高线法和高度映射都是二维标量数据可视化的不同方式，这几种方法各具有优势和局限，小结如下：

(1) 高度映射方法算法简单，容易实现。根据所生成的连续图像，以图的斜率或着色展示数据的局部梯度。但是，很难从图中提取量化信息。在复杂的高度图中很难分辨哪个峰值最高，此外还可能出现三维遮挡效应。

(2) 颜色映射与高度映射具备同样的优点，且不会遇到三维遮挡问题。不过，同样难以根据颜色来量化判断，还需要对颜色图进行精心设计，并依赖于具体应用甚至数据集。

(3) 等高线图在表达准确数值方面非常有效，但这种图的表达不太直观，而且无法创建密集、连续的图像。

2.4 空间遮挡与透明度处理

2.4.1 空间遮挡处理

当我们观察空间任何一个不透明的物体时，只能看到该物体朝向我们的那些表面，其余的表面由于被物体所遮挡而看不到。如果把可见和不可见的线都画出来，对视觉会造成多义性，如图 2-43 所示。

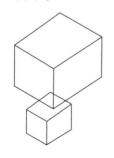
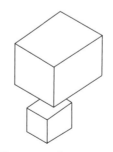
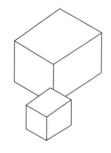

图 2-43 空间遮挡示意图

要消除二义性，绘制出意义明确、富有真实感的立体图形，就必须在绘制时消除被遮挡的不可见的线或面，只表现可见部分。该步骤被称为消除隐藏线和隐藏面，简称消隐。

消隐算法按实现方式可分为图像空间消隐算法和物体空间消隐算法两大类。图像空间消隐算法是把三维图形投影到二维空间，即屏幕空间，使用二维显示坐标来确定物体或表面与观察点的远近关系，从而判断可见与否。物体空间消隐算法是直接在三维坐标系中，通过分析空间中各物体三维模型间的几何关系，如物体的几何位置、与观察点的相对位置等，来确定视点不可见的表面区域，进行隐藏面判断。图像空间消隐算法主要有 Z-buffer(Z 缓冲区)算法、扫描线算法、画家算法和光线投射算法等；物体空间消隐算法包含平面公式法、径向预排序法、径向排序法、隔离平面法和列表优先算法等。以下择要介绍。

1. Z-buffer 算法

Z-buffer 算法是美国犹他大学学生 Edwin Catmull 于 1973 年独立开发出来的，是一种典型的、最简单的图像空间面消隐算法。其主要思想是：首先建立一个大的缓冲区(Z 缓冲区)，用来存储三维物体沿 Z 轴透视投影而得到的二维图形的所有像素的值。Z 缓冲区的单元个数与屏幕上像素点的个数相同，也和帧缓冲区的单元个数相同，而且它们之间是一一对应的。Z 缓冲区每个单元的大小取决于图形在观察坐标系中 Z 方向的变化范围。Z 缓冲区的每个单元的值是对应像素点所对应的物体表面点的 Z 坐标值。利用 Z 缓冲区算法进行消隐和造型的过程就是对屏幕中每一点进行判断，并给帧缓冲区和 Z 缓冲区中相应单元进行赋值的过程。

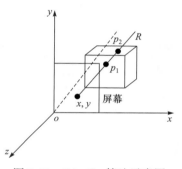

图 2-44　Z-buffer 算法示意图

如图 2-44 所示：假定 xoy 面为投影面，z 轴为观察方向，过屏幕上任意像素点$(x，y)$作平行于 z 轴的射线 R，与物体表面相交于 p_1 和 p_2 点，p_1 和 p_2 点的 z 值称为该点的深度值。将最大的 z 值存入 z 缓冲器中，显然，p_1 在 p_2 前面，屏幕上$(x，y)$这一点将显示 p_1 点的颜色。

Z-buffer 算法的最大优点是算法原理简单，算法复杂度为 $O(N)$，N 为物体表面采样点的数目。另一优点是便于硬件实现，现在许多中高档的图形工作站上都配置有硬件实现的 Z-buffer 算法，以便于图形的快速生成和实时显示。算法缺点是所需的存储容量较大，不仅要有帧缓存器来存放每个像素的颜色值，还需要深度缓存器来存放画面上每一像素对应的可见表面采样点的深度值，占用太多的存储单元；而且在实现反走样、透明和半透明等效果方面比较困难；在处理透明或半透明效果时，深度缓存器算法在每个像素点处只能找到一个可见面，无法处理多个多边形的累计颜色值。

2. 扫描线算法

扫描线算法是对 Z 缓冲区算法进行改进而派生出来的消隐算法。为了克服 Z 缓冲区算法需要分配与屏幕上像素点的个数相同单元的巨大内存这一缺点，可将整个屏幕分成若干区域，一个区一个区地进行处理，这样可以将 Z 缓冲区的单元个数减少为屏幕上一个区域的像素点的个数。若将屏幕的一行作为这样的区域，便得到了扫描线算法，又称为扫描线 Z 缓冲区算法。

3. 画家算法

画家算法又称为列表优先算法，源自画家作画：画家总是首先绘制距离较远的场景，然后用绘制距离较近的场景覆盖较远的部分。由于隐藏面是场景中位于场景可见面之后的多边形表面或表面的一部分，它们在投影面上的投影区域完全为可见面的投影所覆盖。画家算法的主要思想是先把屏幕设置为背景色，再把物体的各个面按其距离视点的远近进行排序。距离视点远的在表头，距离视点近的在表尾，构成了深度优先级排序表，然后从排序表中按表头到表尾的顺序逐个取出多边形，投影到屏幕上，显示多边形所包含的实心区域。由于后显示的图形取代了先显示的图形，因而由远到近绘制物体的各个面就相当于消除了隐藏面或隐藏线，最终在屏幕上产生了正确的遮挡关系。

4. 光线投射算法

光线投射算法是建立在几何光学基础上的一种算法，它模拟人的视觉效果，沿视线的路径跟踪场景的可见面(图 2-45)。其基本思想是：由视点出发通过投影窗口(屏幕)的任一像素位置构造一条射线，将射线与场景中的所有物体求交，如果有交点，则将所有交点按 z 值的大小进行排序，然后把最近的交点所属面的颜色设为该像素的颜色；如果没有交点，则将该像素点的颜色设置为背景颜色。

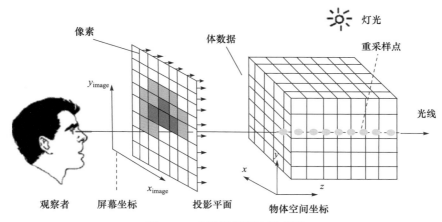

图 2-45 光线投射算法示意图

2.4.2 透明度处理

基于光线投射算法的直接体绘制方法是三维标量场可视化的主要方法之一。直接体绘制中，不透明度是一个反映三维体数据内部情况的关键参数。通过透明度的设置可以得到半透明的绘制效果，这样就能有效地反映出三维体数据的内部结构，这也是体绘制与面绘制的最大区别。其算法过程为：从屏幕上每一个像素点出发，沿着视线方向发射出一条射线，当其穿过体数据时，沿着射线方向等距离采样，利用插值计算出采样点的颜色值和不透明度；按照从前到后或从后到前的顺序对光线上的采样点进行合成，计算出这条光线对应的屏幕上像素点的颜色值。

透明度本质上代表着光穿透物体的能力。光穿透一个物体会导致波长比例的变化，如果穿越多个物体，则这种变化是累加的。所以，透明物体的渲染，本质上是将透明物体的颜色和其后物体的颜色进行混合，称为 alpha 混合(alpha blending)技术，公式为

$$c_o = a_s c_s + (1-a_s)c_d \qquad (2\text{-}5)$$

式中，a_s 表示透明物体的透明度；c_s 表示透明物体的原本颜色；c_d 表示目标物体的原本颜色；c_o 则是通过透明物体观察目标物体所得到的颜色值。如果有多个透明物体，通常需要对物体进行排序，除非所有物体的透明度都是一样的。在光线投射算法中，射线穿越体纹理的同时也就是透明度的排序过程，所以这里存在一个合成的顺序问题。可以将射线穿越纹理的过程作为采样合成过程，可以从前面到背面进行排序，也可以反过来从背面到前面排序，两种方

式得到的效果是不太一样的。如果从前面到背面进行采样合成，则合成公式为

$$C_i^\Delta = (1 - A_{i-1}^\Delta)C_i + C_{i-1}^\Delta \tag{2-6}$$

$$A_i^\Delta = (1 - A_{i-1}^\Delta)A_i + A_{i-1}^\Delta \tag{2-7}$$

式中，C_i 和 A_i 分别是在体纹理上采样所得到的颜色值和不透明度，其实也就是体素中蕴含的数据；C_i^Δ 和 A_i^Δ 表示累加的颜色值和不透明度。如果从背面到前面进行采样合成，则公式为

$$C_i^\Delta = (1 - A_{i-1}^\Delta)C_{i+1}^\Delta + C_i \tag{2-8}$$

$$A_i^\Delta = (1 - A_i)A_{i+1}^\Delta + A_i \tag{2-9}$$

2.5　可视化流程及预处理

2.5.1　可视化流程

数据可视化不仅是一种包含各种算法的技术，还是一门具有方法论的学科。因此在实际应用中需要采用系统化的思维来设计数据可视化方法与工具。解析可视化流程有助于把问题化整为零，从而降低设计难度，提高开发效率。

数据可视化大致可分为科学可视化、信息可视化和可视化分析三大类。科学可视化的主要目的是理解自然的本质。为此，需要把科学数据，包括测量获得的数值或是计算机中涉及产生的数字信息转换为以图形图像形式表示的、随时间和空间变化的物理现象或物理量而呈现在研究者面前，使他们能直观地观察、模拟和计算。因此，科学可视化过程可看成数据经过一系列处理过后转换为图形(图像)可视信息的过程(图 2-46)。

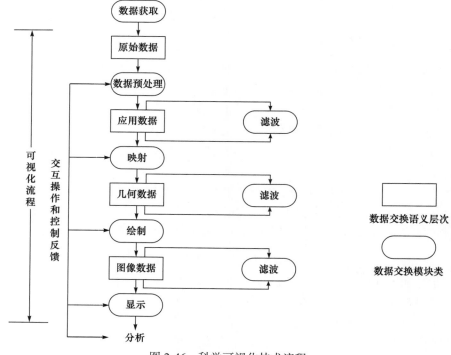

图 2-46　科学可视化技术流程

　　上面的流程图描述了从数据空间到可视空间的映射过程。数据转换的语义层包含三个层次数据，即应用数据、几何数据、图像数据。数据交换模块可分为两大类，一类称为滤波模块，另一类称为映射模块。滤波模块主要完成数据在同一语义层内的变换，如几何数据的分割、数据的插值。根据不同功能，滤波模块又细分为数据滤波、几何滤波和图像滤波。映射模块主要实现数据不在同语义层之间的变换功能，如将温度数据映射为颜色。映射模块包括：预处理、映射、绘制和显示四种。

　　(1) 预处理：可视化数据来源非常丰富，不同的数据来源决定了数据的格式、维度、尺寸、分辨率、精度等重要性质。原始数据不可避免含有噪声和误差。在数据预处理阶段，要将各种各样的数据变成可视化工具可以处理的标准格式，这个过程包括数据清理、格式转换、过滤噪声、抽取感兴趣的数据等，为下阶段的可视化映射做准备。

　　(2) 映射：映射模块是实现数值数据向几何数据的转换，是可视化流程中的核心。映射就是运用各种可视化方法，将数据中包含的各种信息(如数值、坐标、数据间的联系等)，以及一些抽象的、不可见的科学规律、现象，转换为可见的几何元素而表示出来。常见的几何元素有点、线、面、体及高维的特征图标等。

　　(3) 绘制：绘制模块主要实现几何数据向图像数据的转换，就是将映射得到的点、线、面等几何元素用图形学方法展现在屏幕上。在绘制过程中，有些物体可能是透明的，有些物体可能被其他物体遮挡。计算机图形学理论和方法提供了丰富的绘制算法可供可视化技术利用，包括光照模型、透明与阴影、明暗处理、纹理映射、反走样技术等。在绘制过程中通过形状、颜色、纹理、明暗、动画等技术手段，将隐藏在大体积计算数据集中的有用信息呈现出来。

　　(4) 显示：显示模块是将绘制模块生成的图像数据，按用户指定的要求(如指定输出设备，存储格式、显示窗的大小与位置等)进行输出。显示模块类似于图形用户界面技术，其对应的软件层提供了各种设备驱动程序。实际上，显示模块除了完成可视图像信息输出的功能外，用户的反馈信息也是通过显示模块的驱动程序而输送到其他软件层中的各个功能模块中，以实现人-机交互。

　　可视化流程实际是一个周而复始的循环迭代的过程，各模块的关系并不一定是顺序的线性关系。在可视化的过程中，用户可对可视信息(图像)分析后做出反馈，交互控制修改其中任一阶段的结果，并反馈给用户。如用户可以通过交互方式选择数据交换模块，构成适用于特定应用的可视化流程；可修正给定的数据变换模块的控制参数来获得所需要数据、视图或不同的颜色编码。

　　可视化分析是可视化的重要目的和归宿。可视化分析综合了图形学、数据挖掘和人机交互等技术，以可视交互界面为通道，将人的感知和认知能力以可视的方式融入数据处理过程，形成人脑智能和机器智能优势互补和相互提升，进而建立螺旋式信息交流与知识提炼途径，完成有效的分析推理和决策。其核心目标是利用交互式可视化界面为终端用户提供技术和工具支持。可视化分析流程的起点是输入的数据，终点是提炼的知识。同样，可视化分析是从数据到知识，知识再到数据，数据再到知识的循环过程(图 2-47)。从数据到知识有两个途径：交互的可视化方法和自动的数据挖掘方法。这两个途径的中间结果分别是对数据的交互可视化结果和从数据中提炼的数据模型。用户既可以对可视化结果进行交互的修正，也可以调节参数以修正模型。

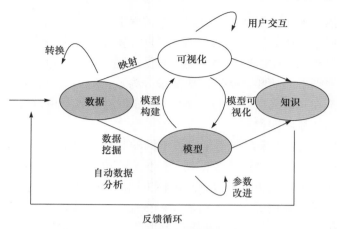

图 2-47　可视化分析流程图

2.5.2　数据预处理

在可视化处理流程中,不论是来自仪器采集还是计算机模拟或科学实验获得的原始数据,一般都不能直接输入到可视化功能处理模块,必须经过数据预处理对原始数据进行必要的清洗、集成、归约、变换等一系列处理,使之达到从数据空间映射到可视空间所要求的最低规范和标准。

1. 数据清洗

数据缺失、噪声和不一致是数据使用者经常遇到的数据错误类型。数据清洗的主要目的是填充空缺值,平滑噪声数据(脏数据),识别、删除孤立点,并纠正数据的不一致。目前有很多方法用于缺失值清洗,可以分为两类:删除不完整数据和填充缺失数据。

(1) 删除不完整数据。如删除含有不完整属性的数据,当缺失的变量值占总数据很小比例时,这种方法非常有效。但是,这种方法的缺点也很明显,在删除缺失数据的过程中,减少了原始数据,导致了信息损耗,而且丢失了很多包含在被删除数据中的信息。特别是当被研究的数据本身数量很少的时候,删除少量数据就足以影响整体结果的客观性及正确性。

(2) 填充缺失数据。常用方法有:①统计方法。主要通过对数据的分析,得出数据集的统计信息,然后利用这些信息清洗缺失值,如用平均值进行填充。在处理数据时可以把变量分为数值型和非数值型。如果是非数值型缺失数据,运用统计学中众数的原理,用此变量在其他对象中取值频数最多的值来填充缺失值;如果是数值型缺失值,则取此变量在其他所有对象的取值均值来补齐缺失值。该方法简便、快速,缺点是以完全随机缺失假设为前提。②多重填补法。其原理是首先为缺失值产生一系列用来填充的数值,分别用每个值来填充,产生相对应的一系列完整的数据集合,再将这些数据集合进行综合考量、得出结论。该方法计算很复杂,并要求数据集满足贝叶斯假设,现实中很难实现。③回归方法。首先选择若干个预测缺失值的自变量,建立回归模型估计缺失值,即用缺失数据的条件期望值对缺失值进行替换。该方法容易忽视随机误差、低估标准差和其他未知性质的测量值,而且会随着缺失信息的增多而变得严重。④人工方法。专家根据专业知识对缺失数据进行填补,这是一种非常精确的方法,但费时又费力,当缺失的数值很多时,这种方法基本不可能使用。

2. 噪声处理

噪声是测量变量中的随机错误或偏差,包括错误值或偏离期望的孤立点值。噪声的出现有多种可能原因，噪声会遮盖数据本身的特征，影响后面处理分析的结果。常用的噪声处理方法有以下几种。

(1) 分箱方法：分箱方法是通过参考周围实例的值来平滑需要处理的数据值。需要处理的数据被分布到一些箱中，不同的分箱技术对这些值进行不同的平滑。具体可采用按箱均值平滑、按箱中值平滑和按箱边界平滑等方法。

(2) 回归方法：试图发现两个相关的变量之间的变化模式，通过使数据适合一个函数来平滑数据，即通过建立数学模型来预测下一个数值，包括线性回归和非线性回归。

(3) 聚类方法：将数据对象分成多个类或簇，在同一个簇中的对象之间具有较高的相似性，而不同的簇间的对象差别较大。聚类分析可以用来进行孤立点挖掘。孤立点挖掘可以发现噪声数据，因为噪声本身就是孤立点。聚类分析发现孤立点的方法有：基于统计的孤立点检测、基于距离的孤立点检测和基于偏离的孤立点检测。

(4) 计算机检查和人工检查结合：可以通过计算机将被判定数据与已知的正常值比较，将差异程度大于某个阈值的模式输出到一个表，然后人工审核表中的模式，识别出孤立点。

3. 数据集成

数据集成就是将多个数据源中的数据合并存放在一个统一的数据集之中，数据源可以是多个数据库、数据立方体或一般的数据文件。有效的数据集成有助于减少合并后的数据冲突、数据冗余等。数据集成涉及的主要问题有以下几点：

(1) 模式集成。涉及实体识别，即把不同信息源中的实体匹配起来，并进行模式集成。通常借助于数据库或数据仓库的元数据进行模式识别。

(2) 冗余。数据集成往往导致数据冗余，如同一属性多次出现、同一属性命名不一致等。对于属性间冗余可以用相关分析检测，然后删除。

(3) 数据冲突检测与处理。由于表示、比例、编码等的不同，现实世界中的同一实体，在不同数据源的属性值可能不同。这种数据语义上的歧义性是数据集成的最大难点。

4. 数据归约

数据归约技术可用来得到数据集的归约表示，它接近于保持原数据的完整性，但数据量比原数据小得多。数据归约技术主要有数值归约、维度归约和概念分层。

(1) 数值归约。通过选择可替代的、较小的数据表示形式来减少数据量。数值归约技术可以是有参的，也可以是无参的。有参方法是使用一个模型来评估数据，只需存放参数，而不需存放实际数据。有参的数值归约技术包括：线性回归、多元回归和对数线性模型。无参的数值归约技术有：直方图、聚类和选样等。

(2) 维度归约。应用数据编码或变换，得到原数据的归约或压缩表示。数据压缩分为无损压缩和有损压缩。比较流行和有效的有损维度归约方法是小波变换和主成分分析。小波变换对于稀疏或倾斜数据以及具有有序属性的数据有很好的压缩结果。主成分分析计算花费低，可以用于有序或无序的属性，并且可以处理稀疏或倾斜数据。

(3) 概念分层。概念分层通过采用较高层的概念替换较低层的概念来概化数据。通过概化尽管会丢失细节，但概化后的数据更有意义、更容易理解，并且所需的空间比原数据少。对于数值属性，由于数据取值范围的多样性和数据值的频繁更新，概念分层是困难的。数值属性的概念分层可根据数据的分布分析而自动构造，如用分箱、直方图分析、聚类分析、基于熵的离散化和自然划分分段等技术，自动生成数值的概念分层。

思 考 题

1. 分析阐述感知和认知的关系。
2. 简述空间认知原理及格式塔理论的基本原则。
3. 比较分析色彩属性在三大色彩分类体系中的具体表现。
4. 比较分析两类色彩混合方法的差异和应用特点。
5. 简述色彩搭配的要点。
6. 简述颜色映射的主要方法。
7. 简述等值线提取与高度映射的主要技术。
8. 如何进行空间遮挡和透明度处理?
9. 举例说明可视化分析的流程和要点。
10. 用彩虹颜色映射和灰度映射对城市热岛进行可视化,并观察分析其特征。

第3章　空间数据可视化表达方法

信息时代与大数据技术的发展，带动了空间数据可视化技术在数字地图三维表达与空间信息三维展示方面的广泛应用。空间数据的曲面表达、三维表达、可视化制图等产生了新的模式，形成了一系列富有特色的空间数据可视化表达方法。本章重点介绍如何借助计算机图形学及图像处理方法，使用几何图形、色彩纹理、透明度、对比度等数字手段，按照一定的图式规范与符号体系，可视化地表达三维空间数据及信息，并制作三维地图。

3.1　空间数据曲面表达方法

空间曲面是一种通过公共边或公共顶点连接而成的分片曲面，是三维空间数据表达的一种主要方法。空间曲面是用不同形状的面片近似表示的三维空间表面，该面片可以是三角形、规则格网、泰森多边形等形状。

3.1.1　采样点三角网模型

1. Delaunay 三角网模型

使用三角网生成算法，将三维空间散乱采样点连接成三角形面片组成的空间格网，从而形成不规则三角网表面模型。不规则三角网表面模型通常用来表达地形表面，可以根据地形高低起伏变化情况调整测点的密度和位置。

若 V 是三维实数域上的有限点集，边 e 是由 V 中的点作为端点构成的封闭线段，所有边 e 组成集合 E，则由点集 V 构成的三角网 T 可定义为 $T=(V,E)$。如图 3-1 所示，三角网 T 的平面投影图满足条件：①除了端点，T 中的边不包含点集中的任何点；②没有相交边；③T 中所有的面都是三角面，且所有三角面的集合是散点集 V 的凸包。

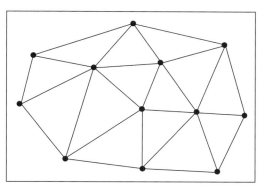

图 3-1　三角网示例

在实际应用中，Delaunay 三角网是使用最广的一种特殊三角剖分。若存在点集 V，其 Delaunay 三角网应满足以下两个基本特性：①空圆特性。在 Delaunay 三角形网中任一三角形的外接圆范围内不存在其他点 $v(v \in V)$，如图 3-2 所示。②最大化最小角特性。在所有 Delaunay 三角形中，三角形的最小角最大，也就是指在两个相邻的三角形构成凸四边形的对角线，在相互交换后，六个内角的最小角不再增大。如图 3-3 中，*A*、*B*、*C* 和 *D* 四点的三角网构建有两种方案：①△*ABD* 和△*BCD*、②△*ABC* 和△*ADC*。方案①中最小角为∠*ABD*，方案②中最小角为∠*BAC*，由于∠*BAC* 大于∠*ABD*，则剖分方案选择②。

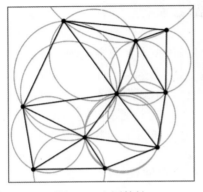

图 3-2　空圆特性

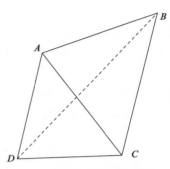

图 3-3　最大化最小角特性

Delaunay 三角网具有以下基本特性。

(1) 最接近性：以最近的三点形成三角形，且三角形的边皆不相交。

(2) 唯一性：不论从区域何处开始构建，最终都将得到一致的结果。

(3) 最优性：任意两个相邻三角形形成的凸四边形中，两条对角线产生三角形的六个内角中，角度最小的内角不可能再变大。

(4) 区域性：新增、删除、移动某一个顶点时，只会影响邻近的三角形。

(5) 凸多边形外壳：三角网最外层的边界形成一个凸多边形状的外壳。

2. Delaunay 三角网生成算法

Delaunay 三角网生成算法主要包括分割归并法、逐点插入法和生长法三种。

(1) 分割归并法：其主要思想是把点集递归划分成若干个子集，直至每个子集中只包含 3 个点且形成三角形，然后自下而上地逐级合并，最终生成三角网。

(2) 逐点插入法：首先生成一个包容所有点的超三角形，定义为初始三角形；然后把未处理过的数据点逐一插入到一个已存在的 Delaunay 三角形内，并按照 Delaunay 三角网规则进行优化，直至所有点都加入到三角网，最后删除初始的超三角形。

(3) 生长法：首先找出点集中相距最短的两点连接成为一条边，然后按 Delaunay 三角网的判别法则，找出包含此边的 Delaunay 三角形的另一端点；依次处理新生成的边，直至所有点加入三角网。

3. 三角网模型示例

当前，许多商用 GIS 软件都提供了由测量/采样点生成 Delaunay 三角网的方法，并在 Delaunay 三角网的基础上进行渲染，生成不同视觉效果的表面模型。图 3-4 给出由 ArcGIS 软件生成的 Delaunay 三角网模型。

3.1.2　插值格网模型

1. 格网模型

规则格网模型(grid)是将空间曲面划分成一系列的规则格网单元面片，其中，每个格网单元对应一个表面特征值或属性值(如地面高程)。格网单元特征值是使用内插方法、通过分布在

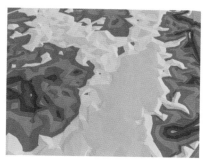

图 3-4　Delaunay 三角网表达的地表模型

格网周围的采样点而得到的，或直接由格网单元的采样数据得到。规则格网有多种形式，如矩形、正方形、正三角形、正六边形等(图 3-5)，其中，正方形格网单元最为简单、应用最为广泛，适合计算机处理和存储。规则格网的另一特点是容易与航空、遥感等影像数据结合，可以快速渲染生成三维地表模型。

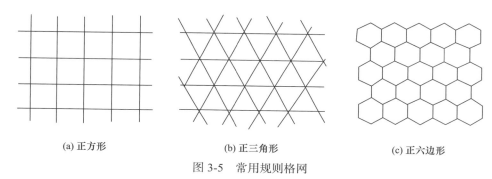

(a) 正方形　　　　　　　(b) 正三角形　　　　　　　(c) 正六边形

图 3-5　常用规则格网

规则格网模型在数学上可表示为一个矩阵，在计算机中则使用二维数组来存储和表达。每个格网单元或数组的一个元素，对应一个特征值，如图 3-6 所示。

39	38	30	32	37	27	34	35
36	34	28	34	32	44	35	44
23	43	25	32	43	26	35	52
26	34	32	24	42	22	54	50
25	36	43	46	34	56	45	37

图 3-6　规则格网数据模型

2. 格网插值方法

由于数据采样密度和分布的非均匀性，测量数据需经等间距内插处理后才能形成规则格网数据模型。空间插值是通过已知采样点数据推求区域内未知点数据的过程，常用于将离散的测量点数据转换为连续的数据曲面。空间插值方法常分为确定性方法和地质统计学方法两类。确定性插值方法是基于测量点之间的相似程度或整个曲面的光滑性，创建一个拟合曲面，从而得到插值点(估计点)的数值，包括反距离加权插值法、趋势面法、样条函数法等。地质统计学插值方法是利用样本点的统计规律，使样本点之间的空间自相关性定量化，从而在插值点的点周围构建样本点的空间结构模型，如克里金插值法。

1) 反距离加权插值法

反距离加权(inverse distance weighted，IDW)插值法是确定性空间数据插值最常见的算法。该算法依据相近相似的原理，即每个采样点都对插值点具有一定的影响权重，权重随着采样点和插值点之间距离的增加而减弱，距离插值点越近的采样点的权重越大；当采样点在距离插值点一定范围以外时，权重可以忽略不计。IDW 插值公式为

$$\begin{cases} z_p = \sum_{i=1}^{n} \lambda_i z_i \\ \lambda_i = d_i^{-u} \Big/ \sum_{i=1}^{n} d_i^{-u} \\ \sum_{i=1}^{n} \lambda_i = 1 \end{cases} \tag{3-1}$$

式中，z_p 为插值点的特征值；λ_i 为第 i 个点的权重；d_i 为第 i 个采样点到插值点的距离；d^{-u} 为距离衰减函数。幂指数 u 具有随着距离的增加而不断减小影响权重的作用，当 $u=0$ 时，距离没有影响；当 $u=1$ 时，距离的影响是线性的；当 $u>1$ 时，快速地减少远位影响。幂指数 u 通常取值为 1 或 2。

2) 径向基函数插值

径向基函数插值(radial basis functions, RBF)法是一系列精确插值算子的统称，是一个高维空间中的曲面拟合(逼近)算法。RBF 首先在多维空间中寻找一个能够最佳匹配训练数据的曲面，然后使用训练的曲面模型计算插值点数值。RBF 插值公式为

$$z_p = \sum_{i=1}^{n} \lambda_i \varphi(d_i) + \sum_{j=1}^{m} a_j f_j(x) \tag{3-2}$$

式中，z_p 为插值点的特征值；λ_i 为第 i 个点的权重；d_i 为第 i 个采样点到插值点的距离；$\varphi(d_i)$ 为径向基函数，它代表第 j 个核函数对多层叠加面的贡献；$f_j(x)$ 为趋势函数，是次数小于 m 的基本多项式函数。

3) 克里金插值法

克里金(Kriging)插值法也称局部估计或空间局部插值法，该方法顾及空间属性在空间位置上的变异分布。首先，确定对插值点的特征/属性有影响距离的范围；其次，假定该范围内采样点之间的距离或方向可以反映空间数据变化的空间相关性；再次，将数学函数与该范围内的所有点进行拟合，以确定每个采样点对插值点数值的影响权重；最后，进行滑动加权平均，估算插值点的特征值或属性值。克里金法是一个多步过程，包括数据的探索性统计分析、变异函数建模和创建表面等过程。Kriging 插值公式为

$$\hat{Z}(s_0) = \sum_{i=1}^{N} \lambda_i Z(s_i) \tag{3-3}$$

式中，$Z(s_i)$ 是第 i 个点的测量值；λ_i 为第 i 个点的权重；s_0 为插值点位置。

Kriging 插值方法的权重不仅取决于测量点之间的距离、预测位置，还取决于测量点的整体空间排列及其空间自相关的拟合模型。Kriging 插值方法使用半变异函数表达数据集的空间自相关性和空间变异性。为确保 Kriging 法预测的方差为正值，需要建立半变异函数拟合模型。常用的变异函数模型包括球状模型、高斯模型与指数模型等。

3. 格网模型示例

因为插值形成的格网模型易于存储，且便于计算等高线、坡度、坡向、山坡阴影和自动提取流域地形，所以格网模型应用十分广泛。规则格网模型可按不同分辨率来插值表达和描述地形表面，从而在某一特定分辨率下精确地表达复杂表面。尤其当地形包含大量地形特征如断裂线、构造线时，格网模型能更好地顾及这些特征、更精确合理地表达地表形态，如图 3-7 所示。

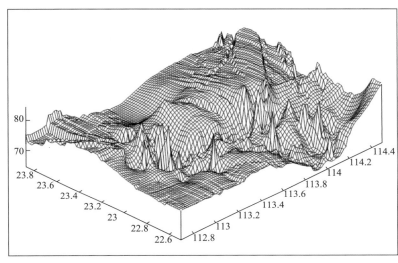

图 3-7　格网模型示例

3.1.3　球面格网模型

由于三角格网模型和插值格网模型数据结构简单、表示形式灵活、支持多种图形硬件，已成为三维可视化最常用的表示方法。但随着三维测量和三维可视化技术的高速发展和广泛应用，人们发现在复杂表面和大尺度情形下，这些格网模型存在扭曲失真、拟合误差较大等缺点。因此，一些学者开始研究格网的参数化技术，对格网几何和拓扑信息作进一步处理，使格网模型与原始格网之间的几何度量的扭曲失真最小化。

通常，可利用微分几何、弹性伸缩、调和映射、保形映射、等积映射和等度量映射等方法，对参数化问题进行建模。根据参数域的不同，格网参数化方法可以分为平面参数化和球面参数化。格网平面参数化的目的是把一个空间三角格网尽可能均匀地摊平到某个平面区域中，在保证平面三角格网有效性的同时，使得扭曲失真最小化。由于把任意格网参数化到平面上需要对格网做复杂的切割，切割边界的光滑性往往很难保证。实际上，对于亏格为零的格网模型来说，球面是最自然的参数域，不需要任何的切割。将一个三维格网参数化到球面上等价于将其连通结构嵌入到单位球上，由此得到的球面多边形就不会存在重叠。

为确保空间数据的全球无缝组织与表达，需要研究和发展非欧几何下的空间数据模型，即选择一个形状和大小都很接近地球的球体(或椭球体)来代替地球作为地球科学研究的基础模型。全球离散格网(discrete global grid, DGG)是基于球面(椭球面)的一种可以无限细分、但又不改变其形状的地球体拟合格网，当细分到一定程度时，可以达到近似模拟地球表面的目的。DGG 具有离散性、层次性和全球连续性等特征，既避免了投影带来的角度、长度和面积变形及空间数据的不连续性，又克服了许多限制 GIS 应用的约束和不确定性，使得在地球上任何位置获取的任何分辨率(不同精度)的空间数据都可被规范表达和分析，并能用确定的精度进行多尺度操作。按球面剖分规则与表达方式的不同，可将全球离散格网归纳为三种类型：球面经纬度格网、球面正多面体格网和球面自适应格网。

1) 球面经纬度格网模型

这是应用最早、最常规的地球科学数据组织和球面空间剖分方法之一，它非常符合人们的认知习惯，也便于用普通的显示设备进行制图和表达。目前地图的分带分幅是以经纬度格网为基础，而多数地图投影也采用经纬度作为球面点位坐标来建立与投影坐标系之间的映射方式。所以，现存的许多数据格式、处理算法和系统软件都是以经纬度格网为基础的。根据球面剖分及表达时经纬格网大小是否变化，该模型又可以分为等间隔的普通经纬度格网和变间隔的经纬网，如图 3-8 所示。

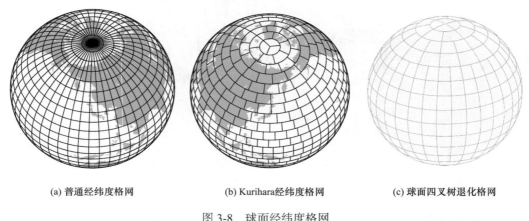

(a) 普通经纬度格网　　　　　(b) Kurihara经纬度格网　　　　　(c) 球面四叉树退化格网

图 3-8　球面经纬度格网

2) 球面正多面体格网模型

它是把球内接的理想多面体(正四/六/八/十二/二十面体等)的边投影到球面上作为大圆弧段，形成球面三角形(或四边形、五边形、六边形)的边，并覆盖整个球面，以此作为全球剖分的基础。然后，据此对球面多边形进行递归剖分，形成全球连续的、近似均匀的球面层次格网结构。其中，球面三角形、菱形和六边形是目前最流行的球面剖分单元(图 3-9)。ERSI 公司的 ArcGloble 软件产品以内接正六面体剖分的格网作为地理数据的索引，建立了地理数据的全球表达模型。ArcGlobe 将南北纬45°~90°之间的区域分别对应内接正六面体的上下两个面，南北纬45°之间的区域按90°的经差分成4个区域，分别对应内接正六面体的其他4个面。按区域四叉树的方式依次剖分内接正六面体的每个面，并将其映射到球面，进而形成多层次的球面格网。

3) 球面自适应格网

它是以球面上实体要素(点、线、面)的位置和形状为基础，按照实体的某种特征剖分球面单元的方法，一般用于地球表面自适应表达和数据压缩。例如，图 3-10(a)是基于离散点集的全球表面 Voronoi 格网单元划分；图 3-10(b)所示为基于球面点、线、面要素集合的全球表面空间 Voronoi 图划分；图 3-10(c)则是基于球内接正八面体格网的 QTM(quaternary triangular mesh)剖分，是采用对称正交小波基变换得到的全球影像自适应表达结果。

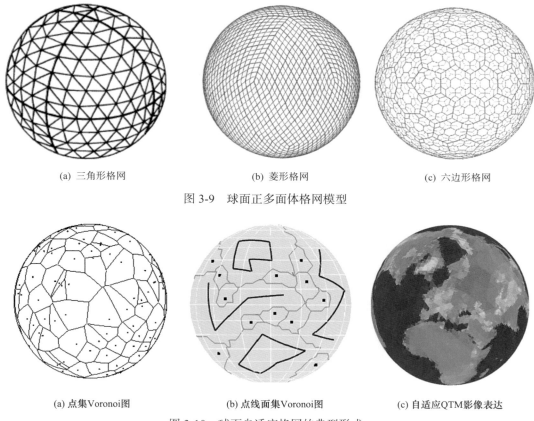

(a) 三角形格网　　　　　　　(b) 菱形格网　　　　　　　(c) 六边形格网

图 3-9　球面正多面体格网模型

(a) 点集Voronoi图　　　　　(b) 点线面集Voronoi图　　　　(c) 自适应QTM影像表达

图 3-10　球面自适应格网的典型形式

3.2　空间数据三维表达方法

3.2.1　三维空间模型概述

随着三维 GIS 的广泛应用，国内外研究提出了一系列三维空间表达模型，按空间表达或剖分单元的性质不同，可以归纳为基于单一剖分单元的面模型(facial model)、体模型(volumetric model)，以及基于多种剖分单元的混合模型(mixed model)、集成模型(integrated model)共 4 大类构模体系，如表 3-1 所示。

标准体素模型与图像的二维像素表示方法相似，是将二维空间的像素单元扩展到三维空间的立方体单元，每个立方体称为一个体元或体素。三维体素模型以一组相同尺寸的体元剖分所要表达的空间实体，体元大小称为体素模型的分辨率。一个三维实体由若干个体元组成，模拟实体的体元按照一定规则和顺序的空间格网组织起来，不仅可以表达实体的表面信息，而且能够描述其内部属性。在计算机中，一般只存储每个体元的中心坐标，因此表达一个三维实体所需要的存储空间与体素分辨率相关，分辨率越高，存储空间越大。用三维体素模型表达三维实体适合计算机可视化，便于实体的体积计算，也适合简单的布尔计算，但是不适合空间关系分析。

体元模型可以按体元的面数分为四面体(tetrahedral)、六面体(hexahedral)、棱柱体(prismatic)和多面体(polyhedral)共 4 种类型，也可以根据体元的规整性分为规则体元和非规则体元两个大类。规则体元包括 CSG、voxel、octree、needle 和 regular block 共 5 种模型[图 3-11(a)]。规则体元通常用于水体、污染和环境问题构模，其中 voxel、octree 模型是一种无采样约束的面向场物质(如重力场、磁场)的连续空间的标准分割方法，needle 和 regular block 可用于简单地质构模。非规则体元包括 TEN、pyramid、TP、geocelluar、irregular block、solid、3D-Voronoi 和 GTP 共 8 种模型[图 3-11(b)]。非规则体元均是有采样约束的、基于地层界面和地质构造的三维模型。

表 3-1　三维空间表达模型分类

单一面模型 (facial model)	单一体模型(volumetric model)		混合模型 (mixed model)	集成模型 (integrated model)
	规则体元	非规则体元		
不规则三角网(TIN)	结构实体几何(CSG)	四面体(TEN)	TIN+grid	TIN+CSG
格网(grid)	体素(voxel)	金字塔(pyramid)	section+TIN	TIN+octree 或 (hybrid 模型)
边界表示模型(B-Rep)	八叉树(octree)	三棱柱(TP)	wire frame-block	
线框(wire frame)或相连切片(linked slices)	针体(needle)	地质细胞(geocellular)	B-Rep+CSG	
断面序列(series sections)	规则块体(regular block)	非规则块体 (irregular block)	octree-TEN	
多层 DEMs		实体(solid)		
		3D-Voronoi 图		
		广义三棱柱(GTP)		

注：多层 DEMs 当采用 TIN 构模时为矢量模型，若采用 grid 构模，则为栅格模型；其他为矢量模型或矢栅混合、矢栅集成模型；混合模型和集成模型中，除 TIN+grid、section+TIN 混合仍为面模型外，其余为体模型。

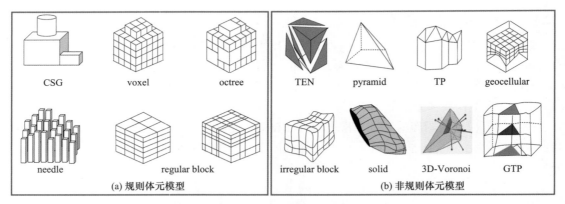

图 3-11　三维空间体模型分类

3.2.2　规则体元模型

规则体元模型是把空间分割成规则的三维立方格网，包括结构实体几何(CSG)、3D 体素(voxel)、八叉树(octree)、针体(needle)和规则块体模型等五种主要类型。

(1) 结构实体几何(CSG)模型。CSG 模型的英文全称为 constructured solid geometry，其实质是：首先预定义一些形状规则的基本体元，如立方体、圆柱体、球体、圆锥及封闭样条曲面等，然后通过几何变换和有限次正则布尔操作(并、交、差)，由这些规则的基本体元组合成一个三维物体，并将所生成的三维物体用 CSG 树表示。CSG 构模在描述结构简单的三维物体时十分有效，但对于复杂不规则三维地物尤其是地质体则很不方便，且效率大大降低。

(2) 3D 体素(voxel)模型。该模型的实质是二维格网模型的三维扩展，即以一组规则尺寸的三维体素($a=b=c$)来剖分所要模拟的空间实体。基于体素的构模法在编制程序时可以采用隐含编码进行定位，以节省存储空间和运算时间。该模型虽然结构简单、操作方便，但表达空间位置的几何精度取决于体素分辨率，同时随着体素分辨率的提高而导致数据量激增，且实体空间关系分析不便。

(3) 八叉树(octree)模型。该模型类似于二维 GIS 中的四叉树模型，八叉树模型实质上是对三维体素模型的压缩和改进。该方法将三维空间区域分成 8 个象限，且在树上的每个节点处存储 8 个数据元素。当象限中所有体元的类型相同时(即为均质体)，该类型值存入相应的结点数据元素中。非均质象限再进行八象限细分，并由该结点中的相应数据元素指向树中的下一个结点。由此递归细分，直到每个结点所代表的区域都是均质体或达到一定的分辨率，则停止划分。octree 模型在医学、生物学、机械学等领域已得到成功应用，但在矿床地质构模中有较大的局限性。

(4) 针体(needle)模型。该模型的原理类似于矿物的结晶生长过程，即用一组具有相同截面尺寸的不同长度或高度的针状柱体对某一非规则三维空间或地质体进行空间分割，进而用针体的集合来近似表达三维空间地物。

(5) 规则块体模型(regular block)：在矿产资源三维建模中，每个块体在计算机中的存储地址与其在自然矿床中的位置相对应，每个块体被视为均质同性体，由克里金法、距离加权平均法或其他方法确定其品位或者岩性参数值。规则块体模型适用于属性渐变的三维空间，如侵染状金属矿体构模；而对于有边界约束、属性突变的沉积地层、地质构造和开挖空间等，其三维构模必须不断降低单元尺寸以求逼近，从而引起数据急速膨胀。

3.2.3　非规则体元模型

常用的非规则体元主要包括以下八种模型。

(1) 四面体(tetrahedron, TEN)模型。TEN 模型是在三维 Delaunay 三角化的基础上提出的，是一个基于采样点的 3D 矢量数据模型。TEN 模型以空间散乱点为其顶点，且每个四面体内不含点集中的任一点。四面体内部任意位置的属性可由插值函数得到，其中插值函数的参数由四个顶点的属性决定。TEN 模型虽然可以描述实体内部，但不能表示三维连续曲面，而且用 TEN 生成的三维空间曲面也较为困难。

(2) 金字塔(pyramid)模型。该模型类似于 TEN 模型，用 4 个三角面片和 1 个四边形封闭形成的金字塔状的三维模型，以实现对空间数据场的剖分。由于其数据维护和模型更新困难，一般很少采用。

(3) 三棱柱(tri-prism，TP)模型。TP 模型是一种常用的三维地学空间构模技术，其前提是三条棱边相互平行。因而 TP 模型不能基于实际的偏斜钻孔来构建真三维地质体对象，也难以处理复杂地质构造。

(4) 地质细胞(geocellular)模型。该模型是 voxel 模型的改进，即在 XY 平面上仍然是标准的格网剖分，而在 Z 方向则依据数据场类型或地层界面变化进行非等间距划分，从而形成逼近实际界面的三维体元空间剖分。

(5) 非规则块体(irregular block)模型。非规则块体与规则块体的区别在于：规则块体 3 个方向上的尺度(x、y、z)虽然互不相等，但保持常数(如 OBMS 系统)；而非规则块体 3 个方向上的尺度不仅互不相等，而且不为常数。非规则块体构模法的优势是可以根据地层空间界面的实际变化进行模拟，可提高空间构模精度，但存储表达的规律性差。

(6) 实体(solid)模型。该模型采用多边形格网精确描述地质和开挖边界，同时采用传统的块体模型，独立地描述形体内部的品位或质量的分布，从而既可保证边界构模的精度，又可简化体内属性表达和体积计算。以加拿大 Lynx 系统中提供的 3D 元件构模(3D component modeling)技术为代表，该技术以用户熟悉的和真实的地质或开挖形态为基础，以交互式方式模拟生成由地质分表面(sub-surface)和开挖边界面构成的三维形体，称作元件(component)。元件不仅表示一个形体，也表示封闭的体积以及形体中的地质特征(如品位或质量等)分布，相邻元件组合起来即为一个地质单元或一个开挖单元。实体模型适合具有复杂内部结构(如复杂断层、褶皱和节理等精细地质结构)的构模，缺点是人工交互工作量巨大、拓扑计算困难。

(7) 3D Voronoi 图模型。该模型是二维 Voronoi 图在三维空间上的扩展，实质是基于一组离散采样点，在约束空间内形成一组面-面相邻且互不交叉(重叠)的多面体，用该组多面体完成对目标空间的无缝分割。该模型最早起源于计算机图形学领域，近年来人们开始试图在海洋、污染、水体及金属矿体构模方面使用该模型。

(8) 广义三棱柱模型。该模型主要针对地质钻孔尤其是深钻偏斜的特点，提出一种可以不受三棱柱棱边平行(即钻孔垂直)限制的类三棱柱(analogical tri-prism，ATP)构模方法，后发展为广义三棱柱构模(generalized tri-prism, GTP)。GTP 用上下底面的三角形集合所组成的 TIN 面来表达不同的地层面，然后利用 GTP 侧面的空间四边形面描述层面间的空间关系，用 GTP 柱体来表达层与层之间的内部实体。GTP 模型的特点是可以充分利用钻孔数据的不同分层来模拟地层的分层实体，并表达地层面的形态。GTP 数据结构易于扩充，当有新的钻孔数据加入时，只需局部修改 TIN 的生成和局部修改 GTP 的生成，无须改变整体的结构，使得 GTP 的局部细化与动态维护很方便。

3.2.4 球体格网模型

球面格网模型只对球体表面进行格网划分，未涉及球体内部和外部，无法处理地球板块建模、地壳运动、地震模拟、大气过程、全球碳循环、全球水循环等地球系统内部、外部及内外耦合的地球系统问题。因此，需要对球面格网进行扩展，将面向地球表面的面格网剖分扩展为面向三维地球的体格网剖分。参照球面格网的定义，球体格网可定义为对地球内部及外部这一整体空间进行统一的多层次、多分辨率的三维格网递归剖分，形成形状规范、体积近似的三维空间单元，并用每个单元对应的地址码代替球体坐标来进行各种空间操作。按球体格网模型的生成原理不同，分为基于地理坐标系的球体格网模型和基于多面体的球体格网模型。

基于地理坐标系的球面格网又有等角度和等面积之分，而基于多面体剖分的球面格网可以分为三角形球面格网、四边形球面格网、五边形球面格网、六边形球面格网和菱形球面格网。将这些球面格网向球体空间扩展(即径向延伸并相应剖分)，可以构建出性质不同的球体格网。基于地理坐标系的球体格网是球面格网在球体空间的拓展，思路清晰、构建方法简单，符合人们的思维习惯。其典型模型主要有三种。

1. 阴阳格网模型

日本地球物理学家利用东方哲学阴阳合一的思想，设计了一种格网粒度近似均匀、全球无缝覆盖的球体格网，称为阴阳(Yin-Yang)球体格网。阴阳格网的原理是：按经纬度及球体径向等间距分割规则，对纬度 45°S～45°N、经度从 0°到东经 180°再到西经 90°共 270°的球体空间进行规则空间划分形成一个阴(Yin)体，然后将阴体水平旋转 180°、再垂直翻转 90°得到阳(Yang)体；最后，将两者套合在一起即形成阴阳球体格网模型，如图 3-12 所示。该格网具有正交性及不沿两极收敛等优点；缺点是阴、阳两区的边界存在部分重叠现象，物理空间和格网空间映射不唯一。

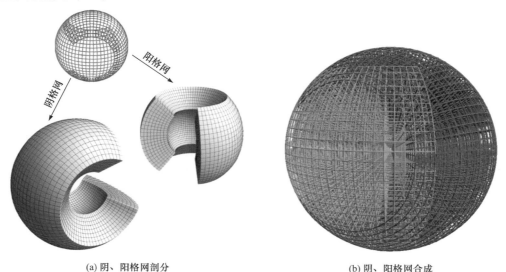

(a) 阴、阳格网剖分　　　　　　　(b) 阴、阳格网合成

图 3-12　球体阴阳格网模型

2. 常规球体格网模型

在基于地理坐标系的球面格网模型[图 3-13(a)]的基础上，将球面格网点分别向球心方向延伸(包括向外辐射)，并按一定间距进行径向分割，可得到由上下两个球面单元和周边 4 个圆锥单元围合而成的三维空间单元，如图 3-13(b)所示。所有这些三维空间单元的集合即为基于地理坐标系的常规球体格网模型。常规球体格网模型集地表、地下、空中为一体，形成一个有机的球体空间整体；其优点是原理简单、结构清晰，具有层次嵌套性；缺点是存在两极及球心收敛现象。

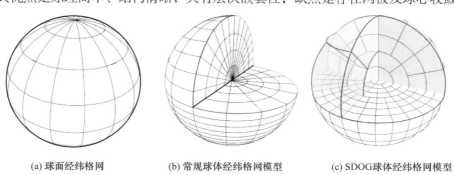

(a) 球面经纬格网　　　(b) 常规球体经纬格网模型　　　(c) SDOG球体经纬格网模型

图 3-13　基于地理坐标系的球面与球体格网模型

3. 球体退化八叉树格网模型

由于基于地理坐标系的球面及球体格网模型的缺陷是格网单元在两极及球心出现收敛，导致格网单元面积、体积相差悬殊，不利于数据组织、空间分析与模拟计算。为此，我国学者在球体八叉树的基础上采用退化划分思想，发明了球体退化八叉树格网(spheriod degraded octree grid, SDOG)模型，如图 3-13(c)所示。SDOG 的空间剖分方法如下。

(1) 以地心坐标系为参照，以三个过球心且相互垂直的大圆面等分基础球体，得到 8 个完全等同的八分体[图 3-14(a)]。

(2) 对于其中的任一八分体，先以过经线中点的球面进行二分[图 3-14(b)]；再以过经线中点的等纬锥面二分外层格网[图 3-14(c)]；最后以过纬线中点的等经大圆面二分外层格网的下部格网[图 3-14(d)]。八分体经过 1 次剖分将产生 3 种基本格网，分别称为球面退化格网(SG)、纬线退化格网(LG)及正常格网(NG)。

其中，采用的 SDOG 退化原理为：若某单元外表面的纬线退化为一点，则剖分后将纬线退化为一点且属于同一球面层的两个子单元合并为同一单元(免于再分)；若某单元内表面的球面退化为一点，则剖分后将内表面退化为一点的 4 个子单元合并为同一单元(免于再分)。SDOG 剖分后将得到 3 种基本单元，即完全单元、纬线退化单元和球面退化单元。

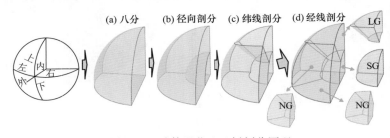

图 3-14　球体退化八叉树剖分原理

若对 3 种基本单元再次进行退化八叉树剖分，将分别产生 8 个、6 个或 4 个新的基本子元，如图 3-15 所示。NG 采用正常八叉树方法进行再剖分，即以连接径向中点所构成的球面、连接经线中点所构成的等纬锥面、连接纬线中点所构成的等经大圆面共同剖分 NG；SG 采用与八分体相同的方法进行再剖分；LG 则先以过径向中点的球面二分格网，再以过经线中点的等纬锥面二分外层格网，后以过纬线中点的等经大圆面二分外层格网。

采用上述方法依次对 SG、LG 及 NG 进行多次递归剖分，直至格网粒度满足要求为止。图 3-16 显示了剖分次数(简称剖次)从 1 到 5 的 SDOG。

基于 SDOG 模型，可以设计一个多领域普适的全球三维空间格网——地球系统空间格网(Earth system spatial grid, ESSG)。ESSG 以地球球心、赤道和本初子午线为参照(3 个过球心且相互垂直的大圆面分别为赤道面、本初子午面、东经 90°至西经 90°)，把半径为 6400km(或其 2 倍)的空间球体等分为 8 个八分体；然后按 SDOG 方法进行多层次剖分。基于 SDOG 的 ESSG 不仅巧妙解决了球体剖分单元大小在极点与球心附近收敛的问题，而且格网单元面积近似均等、体积形变稳定。同一剖分层次下，最大格网单元的体积最多为最小格网单元的 8.89 倍。多层次嵌套剖分形成不同粒度的格网单元，可以满足不同的应用研究、定量分析及可视化细节需求。以球体半径 6400km 为例，当剖分到第 10 级时，子元的径向厚度为 6250m；当剖分

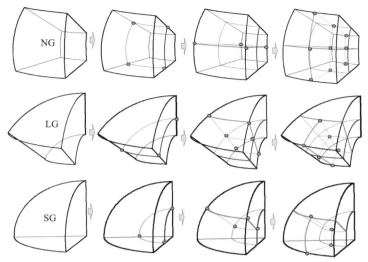

图 3-15　球体退化八叉树剖分后所得 3 种基本子元的再次剖分

NG：完全单元再剖分；LG：纬线退化单元再剖分；SG：球面退化单元再剖分

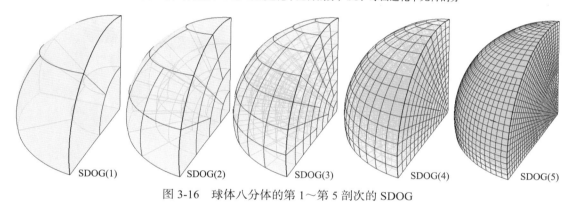

图 3-16　球体八分体的第 1～第 5 剖次的 SDOG

到第 20 级时，子元的径向厚度为 6.1m；当剖分到第 30 级时，子元的径向厚度为 5.96mm。此时，足以表达地球系统中的各类地物对象(微观事物除外)。

3.3　空间数据可视化技术

　　将文字符号描述的数据转变为形象生动的图形表示,丰富了地理信息系统的内容和功能。在传统地理信息系统的基础上，借助三维显示的图形变换、消隐、颜色设定、阴影处理、光照模型等技术，可以实现三维建模以及把三维空间数据投影显示在二维屏幕上。三维空间数据可视化就是利用可视化技术将空间要素的几何形态及其属性信息以生动、真实的形式表达出来，并允许人们观察、模拟和交互操作，为空间数据描述、表达与分析提供了新方法。空间数据可视化技术尤其是三维空间数据可视化技术已在地质、城市管理、环境保护等领域中得到深入应用。针对不同工程领域的特点，发展形成了满足特定需求的三维空间数据模型表达方法和关键技术，如地质剖面生成技术、等值线与等值面生成技术、空间趋势面生成技术、间接体绘制技术、大数据可视化技术等。

3.3.1 地质剖面生成技术

传统地质制图的手工方法是用一系列二维的平面图或剖面图来表达并展现三维地质体的基本信息，是一种依据钻孔、钻孔地层、钻孔柱状图、横剖面图、纵剖面图等图件中地质体之间的关联关系而绘制的图件。地质剖面生成技术实质上是传统地质制图方法的计算机实现技术，即通过地质平面图或剖面图来间接描述三维地质体，记录地质信息，其基本思想是将三维问题二维化，从而简化程序设计。在二维地质剖面上，主要信息是一系列表示不同地层界线或有特殊意义的采样点和地质界线，如断层、矿体或侵入体的边界等。每条界线赋予属性值，经过印象重构，使得剖面上属性相同的界线在空间上延续，可形成具有特定含义的三维曲面，如图 3-17 所示。在三维地质建模方面，基于剖面的三维建模方法有着广泛的应用，大致可分为两类：①纵向剖面；②平行剖面或近似平行剖面。

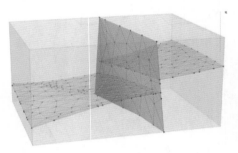

(a) 断层平面图　　　　　　　　　　　　　(b) 勘探剖面组合图

图 3-17　地质剖面生成与表达示例

1. 纵向剖面

纵向绘制剖面图算法是以矢量数据链为单位，沿着某一方向(如勘探线方向)依次匹配相邻钻孔上的地质体分层线，进而将一维的钻孔数据延展成为二维剖面。传统意义上的地质剖面图(section)是根据勘探线上分布的一系列钻孔数据，在图纸上绘出钻孔的分层信息，并结合地质知识，匹配相邻钻孔上的同一地质体；然后连接相邻钻孔地质体界面，进而绘制出地质体界线或分层线；最后利用不同的颜色或纹理对地质体图形进行填充，得到能够表示该勘探线地质构造与岩性分层的二维图形(图 3-18)。

现在借助计算机可视化技术，可以实现基于钻孔数据库的自动化或半动化的剖面连接与生成。如图 3-19 所示，该方法选择某一条勘探线，匹配相邻钻孔上同一地质体的分层线；然后根据匹配结果，判断相邻两分层线是否属于连通、包含、钻孔间尖灭、钻孔处尖灭等地质现象；最后，将相邻钻孔上的同一地质体使用三角形、四边形等矢量多边形进行空间连接，并根据制图规范，完成纹理填充和颜色绘制。

2. 平行剖面

平行剖面或近似平行剖面包括两大类，即沿勘探线产生的地质实际剖面和按某种规则剖切形成的数字剖面。图 3-20(a)为满足复杂地质体建模过程需要而做的平行剖面，图 3-20(b)为基于三维地层模型而切出的平行剖面。基于平行剖面的复杂地质体建模方法来源于轮廓线算法，其生成过程包括匹配、构网、分支和光滑等四个过程(图 3-20)。

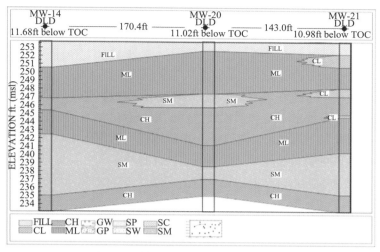

图 3-18 传统的地质剖面图示例(局部)

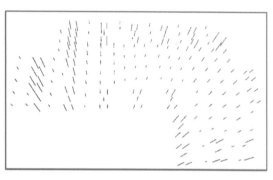

(a) 钻孔分布及柱状信息

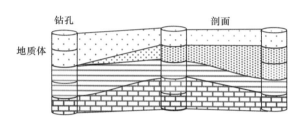

(b) 相邻钻孔剖面连接

图 3-19 剖面生成过程

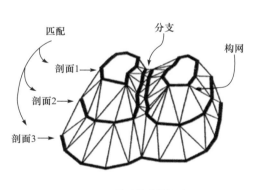

(a) 地质体建模剖面

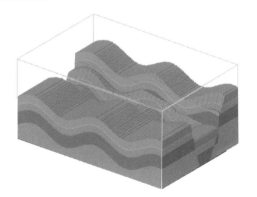

(b) 地质模型切分剖面

图 3-20 平行剖面构建过程

(1) 匹配:是指相邻平行剖面之间轮廓线的对象匹配技术,当同一个地质体被多个平行剖面穿过时,需要匹配出该地质体在每个剖面上对应的轮廓线。

(2) 构网:是指轮廓线之间地质体表面的空间构网,构网过程中需要考虑面积、体积和拓扑正确性等准则。

(3) 分支: 是指同一地质体在不同剖面上组成部分的个数不同, 需要在两剖面之间判断并完成地质体分支、分叉或尖灭等操作。

(4) 光滑: 是指构建更加光滑的曲面, 以解决初始生成的三角面片表达地质体不够精细的问题。

地质平行剖面建模的难点在于剖面上地质界线间的准确匹配, 不仅要求切平面之间的间距要小且相互平行, 而且要求对应地质界线之间的覆盖程度高且形状相似。但是, 由于地质体本身的复杂性(如断层、尖灭等), 造成同一地质体在不同剖面上的界线模糊性、不确定性很大, 难以借助计算机程序自动完成, 通常需要人工匹配。

3.3.2　等值线与等值面生成技术

在 GIS、遥感、地形分析、景观建筑、工程设计、机械制造等应用领域中, 等值线与等值面是两种非常重要的数据表达方法, 基于栅格数据的等值线/等值面生成算法在地形等高线图、地面等温线(场)图等的数据可视化中有着广泛的应用。

1. 等值线

等值线图是以一系列相等数值的连线表示制图对象数量或特征的地图。通常, 等值线所代表的数值为整数。等高线作为等值线的特例, 是地形表达的重要形式, 最先用于描述地形的高低起伏。常见的等值线图有表现地势起伏和地貌结构的等高线图与等深线图, 表现气温、水温、地温变化的等温线图, 表现大气降水量变化的等降水量图(图 3-21), 表现地磁、地震变化的等磁偏线图、等磁力线图、等震线图等; 此外, 还有等压线、等风速线、等日照线、等云量线、等湿度线、等密度线、等透明度线、等盐分含量线、等时线等专题图。

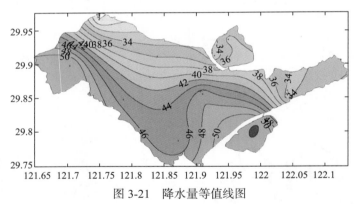

图 3-21　降水量等值线图

等值线地图编制时, 通常先在地理底图上标绘测量点的数值, 然后采用内插法计算出一系列插值点, 最后把数值相等的点连成圆滑曲线, 勾画出制图对象的空间结构特征。等值线地图还常辅以分层设色, 以提高地图的直观效果。如气温等值线图以红色表现温暖、灰紫色表现寒冷, 突出冷暖地区的对比及其间的渐变关系, 更形象地表现气温的区域变化。等值线具有以下几个性质: ①等值线通常是一条光滑连续曲线; ②对于给定的一个数值, 制图区域内相应的等值线数量可能有多条; ③除与制图边界相交的等值线外, 等值线都是闭合的; ④除汇集在悬崖或陡坎处的等值线外, 等值线都不相交。

等值线技术在科研和工程中的应用十分广泛, 包括 CAD、GIS、Surfer、Origin、Matlab软件在内的许多图形化软件系统都可以制作生成等高/值线图, 并可以利用等高/值线图完成许多直观的空间分析工作, 例如:

(1) 坡度分析。根据等高线疏密程度，可以直观地判断地形坡度，等高线密集的地方坡度陡，稀疏的地方坡度缓。此外，也可用等高线计算地形坡度，地形坡度的正切值等于两点之间的垂直相对高度除以其水平距离。

(2) 通视分析。通视分析是利用等高线判断地图上两点是否相互可见。如果过已知两点作的地形剖面图无山地或山脊阻挡(可视化的直观表现即为两点之间其他等高线的高程值不超过该两点高程的高值)，则两地可互相通视。

(3) 引水线路分析。引水线路是利用等高线设计出从高处向低处引水的线路，以实现自流且线路要尽可能短的一条线路。

(4) 交通线路选择。利用有利的地形地势，既要考虑距离长短，又要考虑线路平稳性，从而选择一条合适的交通线路。通常，所选择的线路一般是在两条等高线之间绕行，沿等高线走向分布，以减少道路的坡度。

(5) 水文特征分析。从等高线图上可直观地进行水文特征可视化分析，例如，山地形成放射状水系，盆地形成向心状水系，山脊成为水系分水岭；等高线密集的河谷，河流流速大，水能丰富；河流流量除与气候要素特别是降水量有关外，还与流域面积大小有关。

此外，等高线还广泛应用在大型工程选址、工程作业量计算、农业规划、城市布局、地形成因分析等方面。

2. 等值面

等值面可视为由一条或多条等值线构成的闭合多边形面，并采用某种方案进行填充，用以表示某个等值线区间，如各种等势面、等位面、等压面、等温面、等品位面、等密度面等(图 3-22)。等值面在气象、精细农业、海水温度、医学影像、地球物理、矿产资源等领域有广泛应用。等值面技术除生成等值面的几何图形外，还需采用合适的光照模型来解决等值面相互遮挡问题。例如，在矿产资源评估时，常用等值面来代表矿体品位的空间分布；若采用合适的光照模型，则可以获得矿体及其品位分布更好的三维视觉效果。

等值面具有以下性质：①同一个等值面内所有点的属性值相等；②等值面具有空间拓扑性，相邻等值面属性值具有可递推性；③等值面互不相交。

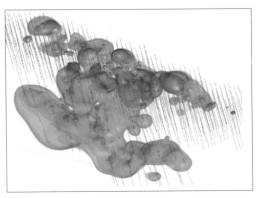
(a) 矿体等品位面

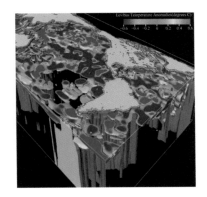
(b) 海水等温面

图 3-22　等值面典型示例

3.3.3 趋势面生成技术

在 GIS 空间分析中，经常要研究某种现象的空间分布特征与变化规律，需要用趋势面分析方法模拟现象的空间分布及其区域变化趋势。趋势面分析利用回归分析原理，运用最小二乘法拟合一个二维非线性函数，过滤局域随机因素的影响，模拟地理要素在空间上的分布规律，展示地理要素在地域空间上的变化趋势。这种用数学方法计算的数学曲面，能够模拟和预测数据的区域性变化趋势，该曲面称为趋势面。

通常，趋势面分析是用一个多项式对地理现象的空间分布特征进行分析，用该多项式所代表的曲面来逼近(或拟合)现象分布特征的趋势变化，即用数学方法把观测值分解为两个部分：趋势部分和偏差部分。趋势部分反映区域性总的变化趋势，受大范围的系统性因素控制；偏差部分反映局部范围的变化特点，受局部因素和随机因素控制。

若 $Z_j(x_j, y_j)$ 表示所分析现象的特征值，即观测值，趋势面分析就是把观测值 Z 的变化分解成两个部分，即

$$Z_j(x_j, y_j) = f(x_j, y_j) + \sigma_j \tag{3-4}$$

式中，$f(x_j, y_j)$ 为趋势值；σ_j 为剩余值。用回归方法求得趋势值和剩余值，即根据已知数据 Z 的一个回归方程 $f(x, y)$，使得式(3-5)的值达到极小。

$$Q = \sum_{j=1}^{n} [Z_j - f(x_j, y_j)]^2 \tag{3-5}$$

实际上，这是在最小二乘法意义下的曲面拟合问题，即根据观测值 $Z_j(x_j, y_j)$ 用回归分析方法求得一个回归曲面，计算公式为

$$\hat{Z} = f(x, y) \tag{3-6}$$

式中，回归曲面上的点值 $\hat{Z} = f(x, y)$ 即为趋势值，以残差 $Z_j - \hat{Z}$ 作为剩余值。

空间趋势面分析，正是从地理要素分布的实际数据中分解出趋势值和剩余值，从而揭示地理要素空间分布的趋势与规律。对于变化较缓的数据或现象，可用低阶次的多项式趋势面进行分析；而对于变化复杂、起伏较多的数据或现象，可采用高阶次的多项式趋势面。图 3-23(a) 展示的是从平缓山丘采集而来的一组高程采样点，分别使用一次、二次多项式生成趋势面如图 3-23(b)和(c)所示。趋势面分析方法常被用来模拟降水、资源、环境、人口及经济数据在空间上的分布规律。

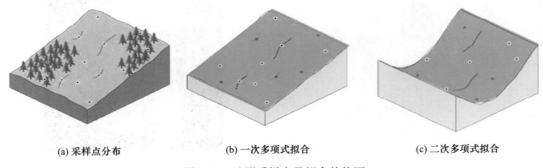

(a) 采样点分布　　　　　　　　(b) 一次多项式拟合　　　　　　　　(c) 二次多项式拟合

图 3-23　地形采样点及拟合趋势面

3.3.4　间接体绘制技术

间接体绘制技术是一种把体数据转换成逼近表面模型的表示方法，从而利用计算机图形学技术完成感兴趣信息的提取，是人们从三维数据场中抽取有意义和直观信息的一种重要手

段。人们感兴趣的特征通常只是初始体数据体中的很小一部分。间接体绘制技术通过识别含有对象轮廓特征的表面单元，并用一组面片来近似表达该表面单元，实现基于对象表面单元面片的体绘制。这是一个间接转换表达的过程，而不是直接把体数据投向屏幕绘制，从而节省计算时间和存储空间。该方法的优点是不仅能充分发挥三维显示技术的优势，具有三维可视化的所有典型特征，而且可使复杂的三维结构分析更为简单，并充分运用三维渲染引擎优化能力。当前，间接体绘制技术有许多应用，如在医学成像中的特殊解剖结构可以用表面模型表示。

目前，间接体绘制技术主要有以下几种。

(1) 立体沟纹技术(cuberille)。该技术把整个单元看作由同一物质构成，使用同一色彩对该单元的六个面进行表示并绘制。该方法简单、快捷，但画面粗糙，不能很好地显示对象的细节。

(2) 面跟踪算法(surface tracking)。该方法利用相邻单元间等值面之间的相关性，把某个包含等值面的单元作为一个种子，根据单元某一面向外伸展的等值面，用一定的连接规则形成其余面。该方法可以充分减少数据场的访问单元，加快等值面绘制速度。

(3) 步进立方体(marching cubes，MC)算法。与立体沟纹方法不同，该方法虽然也把单元看作由各向同性的物质构成，但根据单元各角点的值与用户指定的阈值，确定该单元内是否存在与阈值相等的等值面通过。若有，则可以通过沿该单元立方体棱边两端的角点值做线性插值，得到构成三角面片的顶点，进而通过连接这些顶点就能得到逼近等值面的三角面片。该方法可以对整个数据场逐单元进行处理，从而得到由近似三角格网表达的一个理想等值面。该方法的优点是把离散的三维数据场转换为等值面的逼近三角面片，从而利用计算机图形学技术及现有硬件加速技术完成等值面的近似展示。步进立方体方法具有简单、易实现、图像质量较高等优点，目前已经成为三维数据场面绘制的标准方法。

3.3.5　直接体绘制技术

因为现实世界有许多场景不能用简单的表面来表示，如场景中的烟、火、云、雾等，所以使用间接绘制方法难以取得理想的可视化效果。直接体绘制技术同时使用来自物体表面和内部的数据，可以包括数据场隐含的全部细节，而不是限制用来显示由阈值确定的等值面上的数据。因此，直接体绘制技术要求每个采样值都通过一个"传递函数"映射到对应的颜色级和透明度——RGBA 值。一旦转换到 RGBA 值之后，对应的 RGBA 结果就会映射到帧缓冲中对应的像素。直接体绘制不要求预处理，直接从原始数据集处理数据，不仅提供了动态修改传递函数与阈值的机会，而且允许以半透明的方式显示数据集的内部结构。直接体绘制是目前数据可视化最强大的方法之一，具有多边格网模型的所有优点。至今，已发展形成了以下直接体绘制技术：

1. 光线投射方法

光线投射(ray casting)方法是一种典型的以图像空间为序的直接体绘制算法。首先，从屏幕上的每一个像素点出发，沿设定的视点方向发出一条穿过三维数据场的射线。沿这条射线选择若干个等距采样点，由距离某一采样点最近的八个体素的颜色值及不透明度值做三线性插值，求出该采样点的不透明度值及颜色值。在求出该条射线上所有采样点的颜色值和不透明度值以后，采用由后到前或由前到后的方法组合每一个采样点的颜色及不透明度，从而计算出屏幕上该像素点处的颜色值。图 3-24 是光线投射方法可视化示例。

因为光线投射方法考虑了数据场所有体素对图像的贡献，利用了尽可能多的原始数据场信息，所以能够产生较真实和较高质量的图像。光线投射方法的缺点是：由于采用了光学方法，虽然能在一定程度上看到内部结构，但有时图像看起来比较模糊和失真，并且在一个方向上采用等距点采样具有随意性，会丢失一些小的细节。此外，因为要逐个像素处理，每条光线要求大量的样本点，所以计算量特别大，显示速度慢。

2. 溅射方法

溅射(splatting)方法是一种以物体空间为序的直接体绘制算法，它把数据场中每个体素看作一个能量源，当每个体素投向图像平面时，以体素投影点为中心作为重建核，从而将体素的能量扩散到图像像素上。该方法可以从体素投影中心向四周逐渐扩散体素能量，就好像把一个体素扔到一个图像上，像素散开以后，撞击中心对图像的作用最大，能量也最强，而随着离撞击中心距离的增加，撞击能力逐渐减弱。

溅射方法具有显示速度快的特点，但是图像质量不如光线投射方法，有时会有色彩扩散现象，难以分辨隐藏的背景物体，不利于判断物体的可见性(图 3-25)，隐藏的背景物体的色彩也可能会扩散到结果图像上。

图 3-24　光线投射方法可视化示例

图 3-25　溅射方法可视化示例

3.3.6　大规模空间数据可视化技术

大规模三维地形场景及大比例尺全信息地图是大规模空间数据可视化的典型应用。地形真实感强弱、地图信息有效呈现以及绘制效率高低，直接影响整个系统的性能和视觉效果。高效的大规模地形场景交互绘制在科学可视化、飞行仿真、三维 GIS、虚拟现实系统等领域有着广泛的应用。对于大规模地形场景而言，地形模型数据和相应的纹理数据都是大规模数据。以 1m 分辨率的 IKONOS 卫星影像为例，覆盖全球的 IKONOS 影像数据量高达 1500TB。但由于计算机硬件的限制，远远超过了计算机的实时处理能力，不可能直接进行绘制，必须改进数据调度算法和绘制策略，以充分发挥计算机硬件性能。

1. 数据调度策略

为解决显示质量和显示速度之间的矛盾，目前普遍采用层次细节(level of detail, LOD)技术和基于外存(out-of-core)的算法策略，以及结合场景裁剪技术简化整个场景的复杂度、减少绘制三角形的数量。基于外存的地形实时绘制框架使用操作系统的文件映射来建立文件与内存之间的映射关系，由操作系统来执行数据调度，并充分利用数据的局部连贯性，避免了重复、频繁的数据调度，可有效减少数据输入、输出的开销。为确保每次请求时只检测整个数据集的一小部分，需要预先将数据按某种特定的方式组织存储在磁盘中。国外利用批量动态自适应格网(batched dynamic adaptive meshes, BDAM)技术，在预处理阶段离线对地形进行分块，通过事先预测的方式提前将需要的数据读入内存，从而节省搜索时间。iWalk 系统抛弃了以往基于区域的数据预取策略，运行时系统内存缓冲区存储最近使用的几何数据，并利用基于外存的多线程绘制方法，协调场景绘制、可见性计算和磁盘操作。此外，采用递进格网的簇层次(clustered hierarchy of progressive meshes, CHPM)表示模型，并基于外存算法来计算 CHPM，包括簇分解、层次的生成和简化等，可大大降低视点相关绘制的细分开销。

2. GPU 处理及并行计算

近年来，随着计算机图形处理器(graphic processing units, GPU)的不断发展，原有受 CPU 限制的图形处理流水线逐渐上升为以具有高效图形处理能力的 GPU 为中心的图形处理框架。因此，大规模可视化时，必须尽量降低 CPU 计算复杂度，将尽可能多的工作交给 GPU 来处理，充分调用 GPU 处理能力，做到 CPU 和 GPU 的负载平衡。进而，研究多 GPU 并行计算算法，不仅可以大大降低 CPU 负载和降低数据结构复杂度，而且可使视点平滑过渡、帧率更加稳定。对于大规模、流数据采用分而治之的原则和并行计算的方式进行可视化，是一种行之有效的方法。分而治之的基本思想是：将一个大问题分成多个更小的问题，针对每个较小的问题采用并行处理的方式分别解决，以提高处理的速度；最后，把小问题的处理结果组合起来，得到原问题的解决方案和整体可视化效果。

3. 聚合图与热力图

为提升大数据可视化效果，在保留数据信息、准确性的基础上，可采用数据立方体上钻下取的方式，将部分维度转换为统计数据，如均值、最大最小值、聚合图、热力统计图等，以降低原始数据的维度。其中，在时空大数据中，聚合图、热力统计图是大数据可视化最常用的方法之一。

在较大比例尺地图中，加载大规模空间数据时，可以用标识点的形式进行展现。但是，标识点过多时，不仅会大大增加地图渲染时间，而且会严重影响用户的体验效果(图 3-26)。当比例尺进一步缩小时，空间标识点还将互相覆盖、挤压，无法体现空间数据的有用信息。

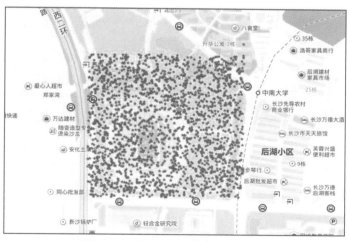

图 3-26　大量空间数据标识点示例

　　为了解决这一问题，可使用聚合图。聚合图是利用空间聚类的原理，将距离相近的若干个标识点聚合为一个统计点显示；随着地图放大，聚合会逐渐散开，最后显示单个原始的空间标识点。因此，聚合图实质上是以最小的区域展示出最全面的信息，不产生重叠覆盖，既可提高地图渲染效率和地图展示性，也可满足用户对大规模空间信息量的需求，有效防止地图上的空间标识点过于密集。图 3-27 所示为不同比例尺下的聚合图。

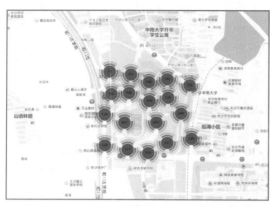 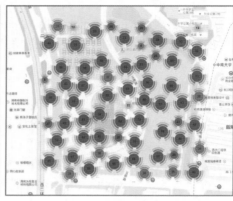

(a) 小比例尺聚合图　　　　　　　　　　　　　　　　(b)大比例尺聚合图

图 3-27　　空间标识点聚合图示例

　　热力图(heat map)一词最初由软件设计师 Cormac Kinney 于 1991 年提出。热力图最初用来实时显示金融市场信息，在矩形色块中添加颜色编码。后来，人们根据统计算法，将计算后的指标经变换后映射到 x、y 轴上；再将映射结果叠加在地图上，从而形成热力图或热力地图。热力图可显性、直观地将社会经济数据分布及其空间差异通过不同颜色区块呈现，给政府管理和公众生活提供参考依据，如图 3-28 所示。

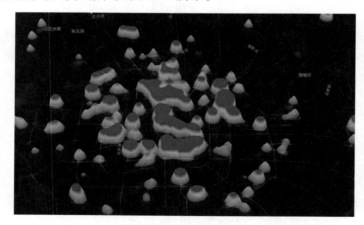

图 3-28　　热力图示例

3.4　空间数据可视化制图

　　计算机制图手段支持下的空间数据可视化表达与操作，为地图设计和 GIS 图形输出提供了强大支持，已发展成为地图学的一个新领域——空间数据可视化制图。其主要内容是将关于空间数据可视化的地图设计和编绘过程，交由计算机程序和相应的绘图硬件来实现。区别于传统的地图制图，空间数据可视化制图的地图符号体系发生了深刻变化，除形状、大小、位置、方向、颜色等基本符号要素外，密度、材质、纹理等三维动态视觉变量极为丰富。

3.4.1　三维地图符号与设计

1. 三维地图符号概念

地图符号是按照某种规则，在地图上表示特定地理要素的、可重复使用的、由图形、文字等组成的图解记号。在专题地图中，地图符号既可以指示地理要素的种类、数量和质量等特征，还可以表达地理要素的空间分布特征。随着三维可视化技术发展以及三维地图的广泛应用，三维地图符号也随之发展起来。三维地图符号是指在三维可视化环境中，能够指示特定类别地理要素的、具有特定结构特征的三维图解记号，可以表达地理要素的时空分布特征和要素属性信息。与二维地图符号相比，三维符号具有图形结构复杂、信息多样、观察角度多元、高真实性、比例尺概念模糊、空间分析准确有效等新特性。

由于三维地图符号的新特性，要求三维地图符号设计更加复杂，三维符号视觉变量更加丰富。三维符号视觉变量是构成三维地图符号的基本要素，包括位置、姿态、形状、尺寸、纹理、色彩、动态等特征。

(1) 位置(position)是指三维符号中心所在的位置即空间坐标，可以表达成空间直角坐标和地理坐标。

(2) 姿态(attitude)是指三维符号的方向、排列顺序、符号间角度关系等参数。针对不同的符号种类具有不同的几何意义，对于简单独立的三维符号，姿态变量主要是方向，即符号的顶视图及正视图的法线方向；对于组合三维符号，姿态变量指每个个体的方向、角度以及排列顺序。

(3) 形状(shape)是指视觉上能够区别的几何形状单体。三维符号的形状变量可以由符号本身体现，如符号可以抽象为柱体、棱台、椭球、椭圆等规则简单几何体，以及拱桥、喷泉等不规则简单几何体，过街天桥、铁路等不规则组合体。

(4) 尺寸(size)指三维符号模型大小的变化。它是组成不同形状的模型在量度上的变量。在符号设计过程中主要包含能够控制符号大小的各种参数，如三维符号的长、宽、高、半径、划分段数、弯曲弧度等。

(5) 纹理(texture)是指物体在真实的空间中呈现出的区别于其他物体的表面图案、质地或材质。一个纹理图是一个二维图像，它可以映射到一个模型的表面上。在符号设计过程中纹理变量主要包含纹理图像，以及控制纹理贴图模式的各个参数。

(6) 色彩(color)是指符号的色相变化，可用来表示物体的特征。例如，红绿灯符号设计采用红、黄、绿三种颜色的半球来表示，河流流向符号采用蓝色箭头表示等。

(7) 动态视觉变量。在三维空间中用户可以对三维符号模型进行交互操作，在三维地图中会出现动态的视觉变量。主要包括：①旋转。因为在三维空间里根据观察者视点与观察方向的不同，观察者的视线会任意变化。所以，在设计三维符号时，要考虑符号在各个角度的特点，以便在操作时对符号进行旋转。例如，一个建筑物符号在三维场景中是使用一个纹理贴图，将纹理贴在一个垂直于水平面的多个直立平面上，当观察者的视点变化时，需要对该符号进行旋转，否则观察者可能会观察不到该建筑物而导致信息丢失。②阴影计算。在三维场景中显示阴影可以增强三维场景的立体效果。例如，在设计树的模型符号时加入阴影，可以进一步加强树的立体感，从而使高大树木与低矮灌木相区别。③LOD 调整。设计三维符号时，需要考虑根据观察者与观察点的远近不同，而用不同的 LOD 模型来表达同一个控件对象。常用的三维符号视觉变量如表 3-2 所示。

表 3-2　三维符号视觉变量示例

视觉变量	符号示例
形状	
尺寸	
方向	
颜色	
密度	
纹理	
材质	

2. 三维地图符号设计

三维地图符号是在二维地图符号、计算机虚拟现实技术的基础上，采用更加逼真的方式来表示三维地理要素，可以表达比二维符号更多的空间信息。三维地图符号设计不能直接延用二维地图符号的设计方法，而需要新的补充和发展。三维符号设计不仅要遵循二维地图符号设计原则，而且要满足三维地理要素的直观描述、可视化表达及可实现需求。三维地图符号设计应遵循以下几项要求。

(1) 形象逼真性：三维地图的发展和应用，可以更加直观地表达客观世界，便于人们了解和理解现实世界。因此，要求三维符号设计采用直观和逼真的方式表达目标种类、数量和质量特征，以及地物对象的空间位置和现象的时空分布。

（2）清晰简洁性：三维地图符号的清晰简洁性是保证三维地图易读的基本条件。设计过程中要保证清晰、易读，必须做到简洁、明了，要用尽可能少的顶点表达地理要素，既不影响表达效果的形象逼真性，还能保证清晰简洁性。

（3）逻辑性：三维地图符号设计过程中要考虑场景缩放和视觉感受。所有符号应统一管理，保证符号缩放过程中统一协调；不能出现变形和压盖，视觉感受和所表达的内容逻辑上保持一致；同一类型地理要素符号的尺寸大小设计要保持统一。

（4）可行性：三维地图符号的设计要充分兼顾形象性和简洁性的一致。既要采用抽象、精确、形象的模型表示地物，又不能使用过于复杂图形，否则会消耗大量内存，造成场景反应迟钝，渲染效果较低。

根据地理要素的维度，三维地图符号分为点、线、面三种基本的符号类型。

（1）三维点状符号：三维点状符号是表示三维地图中特定点的符号，叫作定位符，比如地图中的山峰、城镇、关卡符号等。通常，三维点状符号只表示与比例尺无关的地物，可以通过把点状符号指定成不同的颜色、形状来表现不同的地物属性。

（2）三维线状符号：三维线状符号用于表示带状分布或者线状分布地物的符号，如河流、铁路等。它的长度按照比例尺确定，线的宽度通常不按比例尺来设计，而是根据实际应用进行设定。设计绘制三维线状符号有多种，如纯函数绘制法、组合绘制法、循环绘制法和折线法等算法。

（3）三维面状符号：在 GIS 中，一系列首尾相连、排列有序的折线段所构成的封闭区域表示一个多边形面。三维面状符号主要通过面要素的填充花纹来加以表达。

在实际应用中，经常结合实物特征来设计较为直观的三维地图符号，图 3-29 所示为树木、交通信息灯、消防栓的三维符号示例。

(a) 树木　　　　　(b) 交通信息灯　　　　　(c) 消防栓

图 3-29　典型三维符号示例

3.4.2　三维电子地图编绘与渲染

三维电子地图模拟人的地理空间认知方式，以直观的三维表现形式，将真实地形、地貌、地物通过虚拟现实技术和三维仿真技术，将真实的地理空间信息以动态、多维、可交互操作的形式展现出来。三维电子地图超出了传统地理信息符号化、空间信息平面化和地图内容凝固化的状态，其绘制过程已转变为三维地形、地貌、地物的集成构建和应用分析建模过程，使地图学理论从单纯的地图传输理论、地图语言理论转变为在三维地理环境中的虚拟现实体验、仿真空间认知、动态地理分析及应用的理论与应用研究。

三维电子地图通常以高分辨率的卫星影像或航拍图为底图，首先结合地表数字高程模型构建三维地表模型，然后嵌入地表建筑及重要设施、附属物的三维模型，最后使用三维地图整饰软件完成三维地图制作。

1. 三维地表模型构建

除了通过叠加纹理形式获取三维地形景观外，也常常利用渐变颜色渲染三维地形来表达高程或其他地学要素。地貌晕渲属于地形颜色渐变渲染的一种，在表达三维时，可以使用地形双色、多色渐变渲染方法，并通过加入光照以增强地形颜色渐变的三维立体晕渲效果。

颜色模型和色带设计是地形颜色渐变渲染的基础，在计算机图形学和图像处理领域主要有 RGB 和 HSL 两种颜色模型。RGB 模型是 OpenGL 支持的主要颜色模式之一，颜色模型只有 R、G、B 这 3 个颜色分量，不能很好地反映人类视觉感知颜色的规律，无法方便地反映人眼对色相、饱和度和亮度等颜色特性变化的感知。若要表示色相按光谱顺序连续变化的颜色带，RGB 模型需要将 R、G、B 分量分别参与变化，其变化规则和算法较为复杂。然而，HSL 模型只需要线性变化 H 分量就可以实现。因此，多色渐变一般采用 HSL 模型设定色带，可方便表达三维地形晕渲效果。但是，OpenGL 不支持 HSL 颜色模型，所以要利用 HSL 模型实现地形多色渐变，需要先实现 HSL 模型和 RGB 模型的相互转换。

地形渐变色渲染利用颜色的连续渐进过渡来表达地形高程变化的连续性、非突变性，色带设置和颜色渐变插值是两个关键环节。地形双色渐变是分别设定地形最高点和最低点对应的颜色，然后依据高程变化对中间任一高程点进行颜色插值。格网 DEM 和不规则三角网 TIN 在进行三维绘制时一般都是采用三角形图元进行绘制，三角形顶点的颜色和渲染模式决定着地形最终的颜色渲染效果。为了更丰富细致地表达地形地貌的变化特征，地形颜色渲染常采用多色渐变。在制作地貌晕渲图时，若既想保证颜色过渡的平滑又让颜色符合人们对地貌形态的认知习惯，一般需要人工设计至少包含几十个颜色的色阶表，其过程烦琐，且只能在较小显示分辨率下达到很好的晕渲效果(图 3-30)。

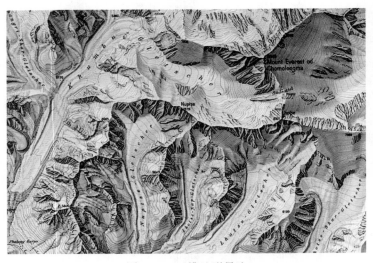

图 3-30　三维地形晕渲

2. 建筑物三维建模

建筑物三维建模过程主要包括：实地数据采集、模型生成、材质处理及纹理贴图、模型修改和美化等。

(1) 实地数据采集：工作人员首先在工作底图上将区块划分好，分发给各采集人员，采集人员根据任务分区到实地进行采集工作，利用近景摄影测量、低空无人机、手持 GPS 等，采集城市中的建筑实体、风景点、道路、桥梁的坐标、几何形态、外观等数据，并拍摄照片作为制作模型的参照照片。同时，制作记录素材材料管理表、素材记录单，绘制采集平面图。

(2) 模型生成：利用三维模型制作工具如 3DMAX、Sketchup、CityEngine 等，根据采集回来的地物数据或航拍图，完成地物模型初步定位与角度矫正，初步构建地物的三维模型。

(3) 材质处理及纹理贴图：根据建筑实景选取相同材质，对所选材质进行颜色调配。建筑物三维模型重建后，为生成真实感更强的三维建筑物，需要将实地拍摄的建筑物照片映射到建筑物表面。为了将纹理粘贴到建筑表面，需要根据目标对象表面的大小、形状对纹理照片进行合适的拉伸、插值,以防止粘贴产生变形、失真的现象。有时，还要定义三维模型顶点的纹理坐标与几何坐标。绘制场景时，几何坐标决定顶点在屏幕上的绘制位置，纹理坐标决定纹理图像中哪一个纹理单元对应该顶点。

(4) 模型修改和美化：完成各建模区域的地物三维模型构建之后，需要将各分区模型数据合并，生成完整的工作区三维地图。然后，采用渲染效果非常接近于真实的光线跟踪渲染器，使三维电子地图具有良好的层次感和丰富的色彩，以此提高三维电子地图的体验效果。最后，还要根据光线跟踪渲染器的特点对模型、贴图进行优化，使渲染的速度进一步提升。图 3-31 所示为美化后的某城市小区的三维电子地图。

图 3-31　城市三维电子地图示例

3.4.3　三维电子地图应用模式

三维电子地图是按照一定比例对现实世界的既抽象概括又形象逼真的描述，其形象性、生动性、功能性远强于二维电子地图。三维电子地图不仅通过直观的地理实景模拟表现方式，为用户提供地图查询、出行导航等地图检索功能，同时还可集成生活资讯、电子政务、电子商务、虚拟社区、出行导航等一系列服务，为政府机关、企事业单位、商家企业提供宣传互动的快速通道。三维电子地图以全新的人性化界面表现，为人们的日常生活、网上办事和网络娱乐等活动提供便捷的解决方案，生动真实地实现了网上数字城市。三维电子地图已成为互联网业务发展新的亮点。三维地图的应用模式主要有实景三维地图、虚拟三维地图，城市应急、城市管理和电子政务中的三维电子地图，以及风光旅游及商场导购三维地图等。

1. 实景三维地图应用

实景三维地图是利用卫星或激光技术直接扫描建筑物的高度和宽度，并结合实物拍摄、数据抽象采集技术，形成三维地图数据文件。Google 把卫星遥感地图资源和三维电子地图技术以及互联网集成起来，推出 Google Earth 和 Google Maps，把人们带进了一个全新的广阔空间，带给人以栩栩如生、身临其境的体验。国内一些公司也借助 WebGIS 技术，利用机载、车载和人载设备，从不同的角度拍摄工作区场景，通过数据库和地图上每个具体地点联系起来，获得工作场所的实景地图，如图 3-32 所示。

图 3-32　实景三维地图

2. 虚拟三维地图应用

虚拟三维地图是通过人工采集实地坐标，获得实际三维地理信息，利用拍摄器材获取建筑物的外形，而后将各个孤立的单视角 3D 模型无缝集成，经过虚拟美化处理以后，结合 WebGIS 和虚拟现实技术，将获得的地理信息进行加工拼接，通过建模的方式加以整理，最后形成虚拟三维地图数据文件。例如，用户可以在地理信息系统平面地图上，通过人工采集方式拍照、建模和上网，再利用开发的后台管理软件将各个孤立的单视角 3D 模型无缝集成在一起后，移植到虚拟三维地图上，形成城市虚拟三维电子地图，如图 3-33 所示。

图 3-33　虚拟三维地图

3. 城市应急指挥中的三维电子地图应用

城市应急指挥体系需要集成基础地理信息、灾害信息、辅助决策、多媒体监控、3S 技术和网络通信等现代化管理体系和功能。近年来，基于三维电子地图的应急指挥系统在政府及其相关公共机构的应用越来越广泛，尤其是地理信息系统的飞跃发展，促进了三维电子地图作为地理底图的应急指挥系统向着更形象化、信息化和实效化的方向发展。应急指挥三维地图可以综合利用立体建模、虚拟仿真、海量数据管理、三维空间分析等技术，实现应急处置的多源信息的有机整合、立体化展现、多方位多角度查询和可视化空间分析等；可以实现三维场景下的多源数据的动态汇聚展现与联动交互查询、通视性分析、三维叠加分析、三维路径分析等高级空间分析，以及作战标绘、立体化警力部署、动态推演等功能。

4. 城市管理中的三维电子地图应用

随着社会和科技的加速发展，传统的城市管理方式已经远远跟不上时代发展的脚步。城市管理已经逐步向信息化管理发展，运用计算机技术对城市地理、环境、人口、经济等进行现代化、信息化管理，并最终实现城市管理的数字化。以三维地图为基础，结合城市管理综合业务和信息采集、呼叫中心等系统，使用 GPS 车辆定位监控、视频监控、公众网站实时发布、数据共享及交换等技术，可以建立一个内部管理可视化、外部宣传社会化和外部应用效益化为一体的三维数字城市管理系统。运用三维地图，可以直观、真实地展示城市各类资源的分布，全面、准确地反映各类资源的信息。

5. 电子政务中的三维地图应用

电子政务三维地图可以将政府部门原有的数据和三维地图有机地结合起来，创造政务管理及应用的新模式，提供全方位多级别、多类别的政务信息查询及应用。例如，民政部门采用三维地图可以实现一种新型的地名管理模式，可以很方便地实现地名采集与管理、三维可视化、地名业务操作及空间查询分析等功能。

6. 旅游三维地图

旅游产业是一个综合性的产业，行、游、食、住、娱、购称为旅游服务的六要素。旅游资源涉及自然地理、人文地理、社会经济等多种空间信息。运用三维虚拟现实技术和互联网信息技术，结合本地丰富而独具特色的自然风光，深厚悠久的文化积淀，打造三维旅游电子地图，全方位展现旅游资源特色，让游客借助虚拟现实技术，可以全方面观察、了解旅游景观、自然与人文地理环境全貌，其可视化效果不言而喻。

7. 商场导购三维地图

现代化大型综合商场、超市的设立，一方面以其商品丰富、种类齐全而方便了顾客的集中采购，另一方面因商场的布局结构和立体层次的错综复杂，以及琳琅满目的商品、星罗棋布的货架、云集众多的品牌的立体式扩展，而严重影响了顾客的商品购买过程。目前，一些大型商场开始以电子计算机触摸屏为载体，使用三维导购地图，架起了经销商与顾客最便捷的交流平台。以三维导购地图替代传统的平面导购图，直观高效全方位地展示商场布局，让顾客在虚拟的真实场景里准确定位自己及拟采购商品的准确位置，以便初步拟定和随时调整商场行进路线。

思　考　题

1. 试叙述 Delaunay 三角网的基本准则及主要特性，并列举常用的生成算法。

2. 常用的插值格网模型有哪些？试列出几种常用的格网插值方法。

3. 简述球面格网模型的类型、特点，分析其应用领域。

4. 简述球体格网模型的类型、特点，分析其应用领域。

5. 简述三维空间模型的分类方法及类型特点。

6. 比较分析直接体可视化与间接体可视化的优缺点。

7. 试叙述大规模空间数据可视化的流程及技术要点。

8. 简述三维地图符号的构成要素及三维电子地图编绘的技术流程。

9. 采用 CAD 等图形软件设计若干三维地图符号。

10. 通过网络学习了解三维地图的主要应用模式，增强感性认识。

第4章 空间数据可视化关键技术

空间数据可视化作为空间数据及地理信息展现、分析、挖掘与应用的重要手段，其关键技术的产生与发展和地图学、计算机图形学、图像处理等多学科理论与方法一脉相承，也随着空间数据获取手段和表达方式的发展而不断创新。近年来，交通数据、社交网络数据、激光点云数据等蕴含坐标与属性信息的空间大数据日益增多，丰富和扩展了面向传统测绘地理信息数据的可视化技术。本章在介绍空间数据可视化经典问题——地形可视化、地物可视化关键技术的基础上，进一步介绍面向交通数据、网络数据、点云数据和社交数据等空间大数据的可视化技术。

4.1 地形可视化

地形可视化是空间数据可视化最基础、最重要的内容。地形可视化技术包括高程分层设色、地形渲染(或晕渲)、地形多分辨率可视化等技术关键。

4.1.1 高程分层设色

高程分层设色是指以一定的颜色变化次序或色相深浅来表示地形地貌，此方法最早由法国人 Dupain-Triel 提出。分层设色以地貌等高线为依据，应用颜色的饱和度和亮度变换、按不同高程带的自然象征表设色，来表现地貌形态和高度分布的特征，是目前地形图常用的表现形式。高程分层设色中的色层设计，无论色相的选择、还是色层的配置，都是一个复杂的过程。必须从地理的观点考虑色相的选择符合地貌的总体轮廓特征，从制印的观点考虑色层的配置与高度变化相适应，从艺术的观点考虑色彩整体感受的美观协调。因此，分层设色的设计首先需要分析区域地貌特点，研究区域内各种不同类型地貌特征，进而结合同类小比例尺地势图的色层，确定适合地势图地貌特征的高度划分，最后按照制图习惯和人们的阅读习惯，用象征色表示不同的高程带。高度划分和色相选择要不断迭代调整，直至建立符合地势表达的分层设色方案。

高程分层设色制图方法经过多年发展，设色原则逐渐形成了一定规则和习惯。目前最为常见的色相设色原则，是按地面由低到高，以绿、黄、棕等颜色分别表示平原、高原和高山，以浓淡不同的蓝色表示海洋的不同深度带。该方法的优点是能概括地表示图内区域的地形大势，在分层设色法绘制的小比例尺地图中，平原、丘陵、山地等的分布状态一目了然、阅读很方便。

图 4-1 给出了我国常用的地形图可视化设色方案，200m 等高线以下填绘深绿色，200～500m 等高线间填绘浅绿色，500～1000m 之间填绘浅黄绿色，1000～2500m 等高线间填绘深黄绿色，2500～4500m 等高线间填绘黄色，4500～5000m 等高线间填绘土黄色，5000m 以上等高线填绘粉白至白色。这种地势越高设色越暗的方法，使低地着色明淡，而这些地区地面要素——交通线、居民点都比较密集，由于底图明淡，所标注的地面要素清晰可见。高地所设的颜色深暗，而该处需要显示的其他要素较少，故对制图影响不大。

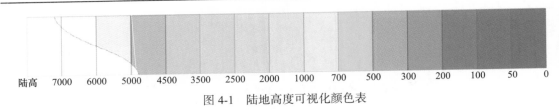

陆高　7000　6000　5000　4500　3500　2500　2000　1000　700　500　300　200　100　50　0

图 4-1　陆地高度可视化颜色表

随着在实际生产过程中经验的积累和遥感图像、矢量线划图、植被覆盖图等新数据产品的出现，分层设色方法方案有了新的发展，地形图的科学性、艺术性和实用性得到进一步完善。图 4-2 给出了遥感图、矢量数据及各类地形因子混合叠加进行地形可视化的实例。图中，利用遥感图像获得的植被色调和地形阴影，并结合矢量数据，给出了传统高程分层设色以外的一种新方案。

图 4-2　多数据源混合的地形可视化效果图

4.1.2　地形晕渲

地形晕渲法是应用阴影原理，以色调的明暗、冷暖变化来表现地形立体起伏的一种方法。它主要是依靠阴、阳坡面的黑白反差来建立地貌的立体感，实现地貌立体造型。它强调利用依靠地性线分割阴、阳坡面，依靠色彩的饱和度和对比度给人以视觉上的立体效果。根据光源的位置、地势的起伏和各部分受光的强弱，用深浅不同的色调在陡坡或背光坡涂绘阴影，构成地形的立体形象，表示地面起伏的立体形态(图 4-3)。

1. 地形晕渲基本原理

地形晕渲的基本原理主要包括几何光学原理、半色调变化原理和空中透视原理。

1) 几何光学原理

地形晕渲是应用阴影原理在平面上建立地形立体形态。产生阴影的主要因素是光照，晕渲中使用的光源主要有三种：直照光源、斜照光源和综合照光源。在不同的光源条件下，地形各部位的明暗程度变化遵循一定的规律。

2) 半色调变化原理

晕渲中具有连续变化的明暗色调称为半色调，晕渲效果取决于晕渲半色调。晕渲色调变化主要由坡度、坡向和高程来决定。在斜照光源条件下，半色调变化的规律有浓淡变化原则和强度变化原则。

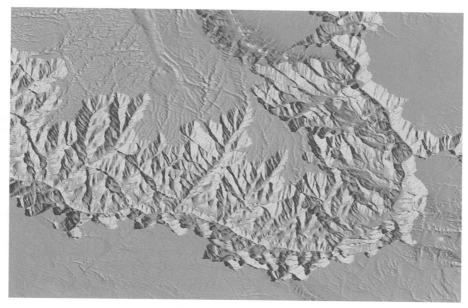

图 4-3　地形晕渲效果图

3) 空中透视原理

空中透视是一种可观察到的自然现象，由于大气及空气介质使人们产生近处的景物比远处的景物浓重、色彩饱满、清晰度高等的视觉现象，运用空中透视原理可以有效表示地形的立体感和远近感。

2. 地形晕渲方法

地形晕渲效果的产生需要一个模拟光照，在绘制数字地貌晕渲图时，一般使用数学公式来表达光照模型。当光照射到物体表面时，物体会对光产生反射、透射、吸收、衍射、折射和干涉等作用。光照模型包括基于坡向的光照模型、Lambert 反射模型和冯氏光照模型，此处仅介绍基于坡向的光照模型。

基于坡向的光照模型可视为朗伯反射模型的简化，计算公式为

$$G = \frac{\cos(\Delta A) + 1}{2} \times G_{\max} \tag{4-1}$$

式中，G 为网格点的灰度值；ΔA 为网格点坡向 α_f 与太阳方位角 α_s 之间的夹角；$G_{\max}$ 是最大灰度级，一般取 225。在基于坡向的光照模型中，因为坡度为 0°的网格点其坡向是没有任何意义的，所以利用一个统一亮度的灰度值替代坡度为 0°的网格点的灰度。

此外，地形高程及起伏表达还可以通过非真实感绘制(non-photorealistic rendering, NPR)技术来实现。非真实感绘制技术是指利用计算机生成不具有照片般真实感，而具有手绘风格图形的技术。NPR 技术主要用于计算机动画制作当中，它通过使画面产生各种手绘效果，创造出充满艺术性与趣味性的奇幻世界。对于地形的可视化，可以采用 NPR 技术实现地形

的素描风格可视化。在可视化过程中，素描线条的方向表示地形坡向，同组方向线条的排列密度则反映地形在当前坡向的坡度，从而实现地形的晕渲[图 4-4(a)]。此外，亦可根据计算光照与坡向坡度的关系，通过修改线条排列密度，实现地形素描的半色调(halftone)效果[图 4-4(b)]。

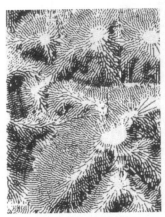 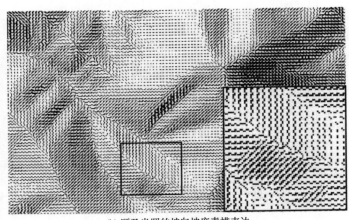

(a) 坡向坡度素描表达　　　　　　　　　　(b) 顾及光照的坡向坡度素描表达

图 4-4　地形素描风格的晕渲效果图

4.1.3　地形多分辨率可视化

地形三维可视化及交互式漫游集数字高程模型(DEM)的显示、简化、仿真等技术于一体，是大型户外环境三维模拟中的重要组成部分，在导航、交通、军事、数字娱乐、国土资源管理、城乡规划、灾害防治、教育培训、旅游展览等领域具有重要而广泛的应用价值。在大规模地形及复杂表面可视化中，多分辨率表达与层次细节模型(LOD)是至关重要的。所谓 LOD 模型，是根据不同的显示需求对同一个对象采用不同精细程度的集合描述。但是对于三角形规模上亿级乃至上十亿级的海量地形数据，直接将其读入内存并提交给GPU 进行绘制显然是不可行的，因此需要多分辨率表达策略、采用 LOD 模型来确保可视化效率。

模型的精细程度与模型的数据量是一对矛盾，基于 LOD 模型的地形可视化正是这一对矛盾的动态平衡。现实世界中，因观察者视点和视线不同，观察到的物体大小存在变化。因此，在地形可视化中，除了地形高程变化程度不同导致不同的地形精度需求之外，不同视点和视线也会导致不同的地形精度需求。例如，近处的表达精度要高于远处，俯视观察时的精度要高于平视。此外，当场景中的物体处于运动状态时，可使用较粗的细节层次模型，而当物体处于静止状态时，应使用较细的细节层次模型。

因此，在保证模型精细程度不超出最小可视误差的前提下，需要根据当前视点和视线用尽可能小的模型数据量生成自适应的多分辨率地形模型，从而在地形可视化质量和效率上达到平衡。地形 LOD 模型和算法的技术关键在于：①如何实现地形曲面的多分辨率网格表达；②如何选择适合当前地形区域和视点的分辨率级别；③如何在同一地形上实现多种分辨率表达的高质量拼接；④如何快速地构建解决上述问题的 LOD 模型，以满足地形可视化和交互的要求。地形多分辨率表达包括有最粗一级的基本模型，在此基础上不断增加细节的中间层模型，以及处于 LOD 模型最底层、表达原始 DEM 高程数据的精细模型。此外，地形多分辨率表达还要描述各层之间的依赖关系，以便于在地形可视化过程中按不同精细程度进行组合，在不同层次间实现一致且无缝的过渡。

根据多分辨率地形模型面片组织的不同，现有 LOD 模型数据可分为规则网格模型、半规则三角网和不规则三角网(TIN)三种类型。随着 GPU 计算性能的提升和 GPU 计算的通用化，基于 GPU 的多分辨率地形模型及可视化方法使地形多分辨率模型与算法这一经典问题得到了新的发展。下面我们分别介绍上述模型和算法。

1. 规则网格模型

规则网格模型的特点是以行列等间距的矩阵形式存储数据，与不规则三角网相比，因为不需要存储顶点之间的连接关系，同样的数据规模占用较少的存储空间。此外，规则网格更为简单高效，在绘制大规模地形时更便于压缩与解压缩处理。因此，规则网格与半规则三角网方法一起成为受到工业界和学术界欢迎的主流方法。

1) 静态网格

最初的 LOD 模型一般采用静态网格，在预处理时，通过简化算法预先计算不同分辨率的地形模型并存于外存。在可视化时，根据当前视点按不同分辨率对模型进行组装。这种方法因为没有很好的机制处理不同分辨率模型的中间过渡，容易在不同分辨率模型连接处产生裂缝等现象。例如，美国 NPSNET 军事仿真系统将不同分辨率地形分为多个瓦片集合，在可视化过程中，根据瓦片距离视点的远近，用提取到的不同级别的瓦片来拼接多分辨率地形(图 4-5)。

2) 四叉树网格

规则网格亦可由地形的四叉树细分获得。四叉树的根结点即 LOD 的第 0 层设定为整块地形；在后续层次中对上一层地形进行四等分，形成四个结点；最终达到精度最高的地形。伪码算法如图 4-6 所示。可视化过程中，对四叉树进行深度优先遍历。首先，判断当前四叉树结点对应的地形是否处于视域以内(即图形学中的视景体之内)，如果完全不在视域内，则无须考虑当前结点及其子结点。然后，再根据到视点距离、地形模拟误差等测试，决定当前结点对应地形是否适合可视化。不同级别地形的连接处仍然会存在裂缝(图 4-7)，对

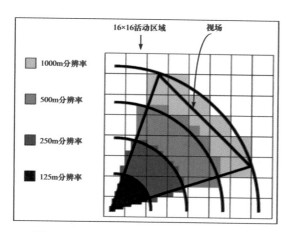

图4-5　NPSNET 系统的多尺度可视化策略

此可以增加一个垂直于水平面的三角形($\triangle CDE$)来修补裂缝。如此虽然改善了可视化质量，但可视化效果仍然不够自然。

```
build_quadtree_grid(terrain)
{
block = terrain_domain(terrain); // 初始区域设为地形区域
```

```
    devide(block); // 迭代四叉树细分
    trianglulate(quadtree_leaf); // 各细分后的区域分解为三角形
}
divide(block)
{
if (approximate_error(block) > threshold) {
    // 将逼近误差不可接受的区域 4 等分
    sub_blocks = refine(block);
    devide(sub_blocks[0]);
    devide(sub_blocks[1]);
    devide(sub_blocks[2]);
    devide(sub_blocks[3]);
} else {
    // 将当前区域作为四叉树的叶结点
    add_quadtree_leaf(block);
}
}
```

图 4-6　四叉树网格构建流程伪码

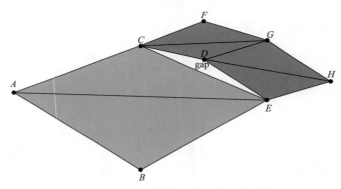

图 4-7　不同分辨率三角形之间的裂缝

　　上述类似瓦片分块的方法虽然无法生成连续过渡的 LOD 模型，而且在不同分辨率中存在裂缝，但思路简单、容易实现，适合于简单的小规模地形可视化系统。

　　3) 嵌套规则网格

　　与瓦片分块不同，基于嵌套规则网格的 LOD 方法以视点为中心，将不同分辨率的地形网格进行嵌套组合[图 4-8(a)]。该方法与图形学纹理简化的 clipmap 方法在形式上相似，又被称为几何 clipmap。几何 clipmap 方法在预处理中同样是对 DEM 进行逐级简化，建立 DEM 的多级分辨率模型，形成 DEM 的 m 层金字塔表达。几何 clipmap 方法在金字塔的每一级建立中心为当前视点，大小为 $n \times n$ 的网格模型(称为 clipmap)，存储在显卡的顶点缓存中。可视化时，只绘制顶点缓存中的 clipmap。因为不同分辨率下网格的采样间隔不同，最底层 clipmap 的覆盖范围最小；随着地形分辨率的下降，网格的覆盖范围逐渐扩大(图 4-8)。

clipmap 的大小 n 可根据网格对半剖分所产生三角形的投影面积得到，以保证网格三角形具有合适的屏幕投影面积。例如，当 n 为 255 时，对于 1024×768 的屏幕分辨率，三角形投影面积约为 5 个像素。在可视化时，只需对最高分辨率级别的 clipmap 进行全网格绘制；对于其他级别，只需绘制上一级别边界和当前级别边界间的环状区域。通过这种简单而有效的策略，可保证最高分辨率的 clipmap 距离视点最近，随着离视点距离的增加，clipmap 的分辨率逐步降低，从而避免了动态视点相关 LOD 方法中网格更新的复杂性，而且效率很高。

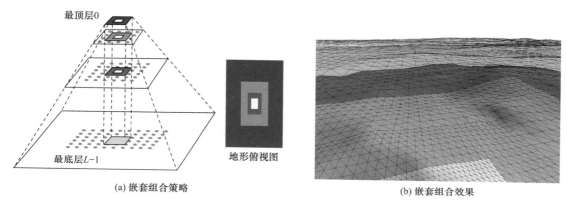

图 4-8　基于几何 clipmap 的嵌套规则网格

2. 半规则网格模型

规则网格方法虽然具有简单且易于实现的优点，但对复杂地形适应性较弱，需要采用大量顶点和三角形，同时还有误差难以控制、容易出现空间不连续等缺点。因此，在规则网格基础上，半规则网格 LOD 方法引入更为复杂的细分和简化规则，对复杂地形生成连续无缝且自适应的 LOD 模型，进一步提高地形可视化质量。

半规则网格 LOD 的主要方法可分为四叉树方法和二叉树方法两类，其主要思路通过细分和简化两种手段建立半规则网格的 LOD 模型。因为每个规则格网的水平投影可二分为两个等边直角三角形，细分的思路是：对一个等边直角三角形，沿直角所在顶点和斜边中点构成的点边进行二分，生成两个小的等边直角三角形；而简化的思路则与此相反，将两个共享同一直角边的等边直角三角形合并成为一个大的等边直角三角形，从而达到简化格网的目的。

1) 基于受限四叉树的半规则网格

鉴于四叉树规则格网可能产生裂缝，受限四叉树(restricted quadtree)方法对相邻区域四叉树网格的细分级别进行了限制。应用这种方法可以建立小于逼近误差且无缝的地形半规则三角网表达。首先，对地形四叉树细分，建立地形的一般四叉树；然后，构建受限四叉树。为避免地形细分后产生的裂缝[图 4-9(a)]，每个四叉树区域需要根据其邻域的情况进行三角化，限制相邻两个四叉树区域的级别之差不大于 1，由此建立受限四叉树。受限四叉树方法在提出时原本用于曲面的自适应采样，并未考虑地形可视化的具体要求。但是，其四叉树细分思路能限定逼近误差，且三角化方法可自适应逼近产生的裂缝，因此成为后来地形受限四叉树 LOD 方法的基础。

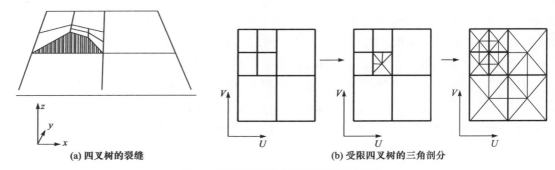

(a) 四叉树的裂缝　　　　　　　　　　　　　(b) 受限四叉树的三角剖分

图 4-9　受限四叉树的裂缝和三角剖分

　　视点相关的受限四叉树 LOD 方法是一种专门针对地形可视化的 LOD 方法，实现了连续的地形 LOD 模型(图 4-10)。该方法通过三角形合并(fusion)，对 DEM 进行由底向上的简化。首先，对 DEM 格网进行初始三角剖分，形成图 4-10 所示的 Lindstrom 米字形格网；然后，以此为基础，判断相邻三角形能否合并，如果能够合并，则进一步向上判断，直到三角形无法合并为止。相邻三角形是否合并取决于三角形合并后高程变化产生的屏幕投影误差是否超出阈值，以及三角形合并后是否违反受限四叉树的限定条件。屏幕投影误差综合反映了目标距视点远近程度、目标在视线方向上的投影大小和地形高程变化程度对可视化质量的影响；而受限四叉树限定条件则保证了 LOD 不同分辨率的过渡不产生裂缝，由此保证较高的可视化质量。

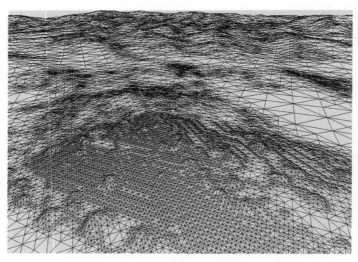

图 4-10　Lindstrom 方法的受限四叉树 LOD 网格

2) 基于二叉树的半规则网格

　　基于二叉树的半规则网格以著名的 ROAM(real-time optimally adapting meshes)算法为代表(图 4-11)。该算法在概念上类似于视点相关的受限四叉树方法，但是将三角形的二分表达为三角形二叉树层次结构。对一个等边三角形而言，可通过在斜边添加中点，实现三角形的迭代二分。由于受限四叉树中涉及一个等边直角三角形的二分过程和两个等边直角三角形的合并过程，这种分割与合并过程可利用二叉树进行表达。因此，基于四叉树的 LOD 方法与基于二叉树的 LOD 方法在本质上是一致的。

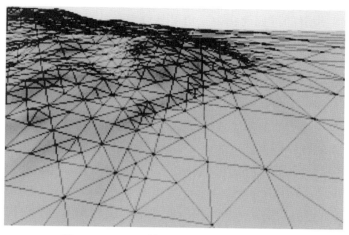

图 4-11　ROAM 算法生成的地形 LOD 网格

ROAM 算法定义了三角形的分裂与合并过程，为了避免三角形分裂和合并产生裂缝，三角形的分裂和合并必须在一对共享斜边的三角形中进行[图 4-12(a)中的 T 和 T_B]。换言之，合并和分裂的三角形必须处于 LOD 中的同一级别。但在某些情况下，可能会遇到单个三角形因逼近误差不够而需要分裂，与其斜边相邻的三角形处于更高(粗)级别。如图 4-12(b)所示，因为三角形 T 的分裂需要在斜边与同级别三角形相邻，所以需要分裂高一级别的三角形 T_B；然而，T_B 如 T 的分裂一样，亦将导致后续的三角形分裂。因此，三角形 T 的分裂将导致一系列的强制分裂过程。

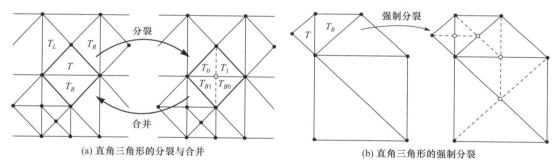

(a) 直角三角形的分裂与合并　　　　　　　　　　(b) 直角三角形的强制分裂

图 4-12　三角形的分裂与合并过程

基于以上定义的三角形分裂与合并操作，给定三角网的逼近误差，不难实现三角网的构建和动态更新。不同于视点相关的受限四叉树中由底向上的三角网方法，ROAM 算法充分利用相邻两帧间的三角网的相关性，在可视化的每一帧只需对上一帧得到的三角网进行更新，从而具有很高的三角网构建效率。完整多分辨率三角网构建只需在预处理中进行，在可视化的每一帧中只进行三角网的更新，具体步骤如下：

第一步，剔除当前三角网中处于视域(视景体)外部的三角形。

第二步，根据当前逼近误差等信息，更新三角形分裂/合并操作的优先级。

第三步，根据三角形分裂/合并的优先级队列定义的更新次序，对三角网进行分裂和合并操作，更新三角网。

ROAM 算法具有高效、简单的优点，其简单之处在于：省去了维持三角形之间一致性的复杂规则，将避免裂缝的过程简化为三角形分裂与合并操作，只关注执行三角形分裂/合并的简单机制。由于采用了基于优先级队列动态更新的三角网策略和误差累积度量方法，ROAM 算法能快速生成保证误差上限的大规模三角网。

3. 不规则三角网模型

因为不规则三角网模型的顶点为特征采样点，所以相比于规则网格模型，不规则三角网模型表现地形能力更为强大，地形表现更加逼真[图 4-13(a)]，非常适合用于表现断崖、垂悬等特殊地形。此外，对在相近精度下的地形表达，不规则三角网的三角形数量一般更少。但是，三角网的自适应剖分和修改算法相对也更复杂，增加了 LOD 算法复杂度和实现难度。

不规则三角网以渐进网格(progressive meshes，PM)方法为代表。PM 方法通过一系列顶点分裂(split)和边折叠(collapse)操作,实现三角网的逐渐细化和简化，从而构建连续分辨率下的不规则三角网模型。该算法简单而高效，在计算机图形学发展历史上具有里程碑意义。在此基础上，又发展出了视相关的渐进网格(view dependent progressive meshes)方法。如图 4-13(b)所示，一个参数化表达为 $vsplit(v_s, v_l, v_r, v_t, f_l, f_r)$ 顶点分裂是通过在顶点 v_s 的邻域内添加新的顶点 v_t，同时生成两个新的三角形 $f_l = \{v_s, v_t, v_l\}$ 和 $f_r = \{v_s, v_r, v_t\}$，实现对三角网的细化。边折叠操作 $econ(v_s, v_t)$ 是顶点分裂操作的逆操作，通过折叠 $\{v_s, v_t\}$ 构成的边，删除顶点 v_t 和三角形 f_l 和 f_r 而实现三角网简化。给定原始三角网 $M = M_n$，通过边折叠对 M_n 的不断简化，可以获得更低分辨率下的不规则三角网模型 M_i：

$$M = M_n \xrightarrow{econ_{n-1}} \cdots \xrightarrow{econ_1} M_1 \xrightarrow{econ_0} M_0 \tag{4-2}$$

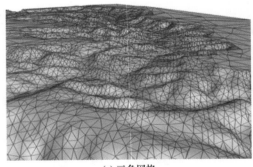
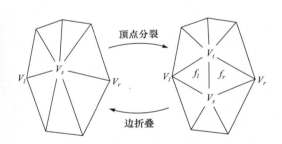

(a) 三角网格　　　　　　　　　　　　(b) 网格的顶点分裂与边折叠

图 4-13　视相关渐进网格的 LOD 模型

根据式(4-2)建立的 M 渐进网格，需要确定每一步的折叠操作，即需要确定需要被折叠的边，并根据边折叠后能量函数的改变量评价边折叠产生的影响。能量函数度量了三角网的几何逼近程度、属性维持程度和三角网上不连续曲线的维持程度，以全面评价简化后的三角网质量。因而，建立渐进网格的预处理过程如下：

第一步，对于每个候选被折叠的边，以其能量函数改变量评价其优先级，并根据优先级将候选边存入优先级队列中。

第二步，在实现渐进网格简化时，在优先级队列中选择优先级最高的边进行(v_s, v_t)折叠操作 $econ(v_s, v_t)$。

第三步，对边折叠后 v_s 邻域上的顶点，重新计算优先级，进而根据涉及的边更新优先级队列。

第四步，重复步骤 2 和 3，直至到达预先设定的三角网级别 M_0 为止。

每个边折叠操作 econ_i 都具有对应为顶点分裂 vsplit_i 的逆操作，被简化的多分辨率网格被多次 vsplit_i 操作进行无损重建：

$$M_0 \xrightarrow{\text{vsplit}_0} M_1 \xrightarrow{\text{vsplit}_1} \cdots \xrightarrow{\text{vsplit}_{n-1}} M_n = M \tag{4-3}$$

因此，元组 (M_0,{$\text{vsplit}_0,\cdots,\text{vsplit}_{n-1}$})可作为 M 的渐进表达。如果将这种顶点分裂过程视为一个父顶点分裂为两个子顶点，那么三角网的渐进细化可由顶点森林的形式进行表达 (图 4-14)，森林中根节点对应于最粗级别三角网 M_0 的顶点，叶节点则对应于最为精细三角网的顶点 M_n。对于 M_0 或 M_n，如果进行多次合法的 vsplit 或 econ 操作，则可能生成一种分辨率介于 M_0 和 M_n 之间的三角网 $\hat{M}$，$\hat{M}$ 被称为活动三角网(active mesh)。这种活动三角网的表示方法非常灵活，对于目标区域，可以选择多次 vsplit 操作提升分辨率；而对于相对次要的区域，则可以通过多次 econ 操作实现较低分辨率的三角网表达，因而非常适合用于构建 LOD 模型。

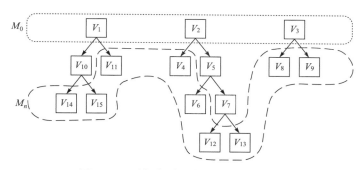

图 4-14　顶点分裂形成的森林层次结构

4. 基于 GPU 的 LOD 方法

21 世纪初，图形硬件在计算和通信带宽上的飞速提升使得图形学绘制技术出现了深刻变革，基于 GPU 的绘制方法正从多个方面逐渐取代传统的基于 CPU 的绘制方法。

21 世纪头十年，地形 LOD 方法的主要关注点集中在如何充分利用 GPU 内存高访问带宽特性进行加速，从而减小 CPU 到 GPU 的数据上传量，提升绘制效率方面。相关方法不再以单个三角形为单位构建 LOD 模型，而是以预先生成、存储在 GPU 内存中的三角网分块(chunk)，通过三角网分块间的拼接组装及在保留模式下(retained mode)的三角网批量绘制，实现 GPU 硬件加速，包括基于规则格网、半规则格网和不规则网格等分块方式 GPU 方法。

2010 年以来，随着 OpenGL 4.0 和 Direct3D 11 的出现，GPU 开始从硬件上支持曲面细分(tessellation)操作，同时支持可编程的曲面细分管线。曲面细分是将多边形细分为更精细的网格而提升几何真实程度。当代 GPU 曲面细分效率极高，每秒可以生成数十亿个三角形。因此，原本在 CPU 中实现的精细网格生成，可改变为由用户在 GPU 着色器中编程来控制曲面细分的样式、位置和精细度。曲面细分技术非常适合于 LOD 模型的 GPU 端在线生成，之前必须由 CPU 执行的三角网细分工作可以交由 GPU 执行。

针对地形可视化，近年提出了基于 GPU 曲面细分的地形 LOD 方法。随着图形硬件发展，未来地形 LOD 算法仍将随着图形硬件性能的提升和扩展而进一步改进和发展。需要特别注意的是，实现大规模地形可视化和交互漫游，还涉及如何访问调度无法装载入内存的海量数据等问题，目前的解决方案可分为核外算法(out-of-core)和数据压缩两类，感兴趣的读者可自行查阅相关文献。

4.2　地物可视化

城市建筑、道路桥梁、树木森林、地质矿山等，是地球表面的重要地物。本节以建筑物、树木、地质体为例，分别介绍地物可视化技术。

4.2.1　建筑物可视化

建筑物作为城市环境最为重要的组成部分，其可视化受到了日益增多的关注。和传统的二维地图界面相比，三维建筑场景因其直观地将建筑信息组织在三维空间上，更全面、真实地反映了现实世界，已逐渐成为建筑、市政、规划、旅游、导航、通信、减灾等领域的重要工作工具和表达语言。但是，因城市环境复杂、规模大，三维建筑模型具有相当大的数据量，给大规模建筑群实时可视化带来非常大的挑战性。对此，需要对三维建筑环境进行必要的简化和抽象，以达到建筑可视化实时绘制的要求。

1. 建筑模型的 LOD 定义

建筑作为人造物体，由于存在现实世界这一真实参照物，在三维建筑模型的简化和抽象中，维持建筑的真实性、简化抽象的合理性和可认知性极为重要。因此，如何在保持一定几何精度的前提下，利用简化和抽象的建筑模型实现大规模建筑实体的可视化，使之符合人们对城市的印象，帮助用户浏览城市三维环境，准确而快速地获取城市空间信息，是建筑可视化的关键。多分辨率建筑模型可视化是解决以上问题的有效途径，它基于对建筑采取不同程度的简化和抽象而获得建筑细节层次模型(LOD)，在可视化时，根据用户的观察位置以及空间认知规律，以不同精度表达城市环境。

不同于二维地图具有官方规定的比例尺系列，三维建筑 LOD 模型并不存在通用标准。当前，最为官方的是 OGC 为 CityGML 定义的标准。城市场景中的三维建筑模型通常由四种 LOD 组成(图 4-15)：①棱柱状的平屋顶建筑模型(LOD1)；②具有屋顶结构分化及侧面贴图的建筑模型(LOD2)；③具有详细的墙面和屋顶细节构造的建筑模型(LOD3)；④具有精细的室内外结构的建筑模型(LOD4)。但是，这种标准只是针对单栋建筑在不同细节层次上进行了区分，并未针对整个建筑群的细节层次进行考虑。

对于建筑工业界广泛接受的建筑信息模型(building information modeling，BIM)，也专门定义了三维 LOD 表达。不同于 CityGML 从空间精细程度角度建立 LOD 模型，BIM 模型从建筑建造角度定义 LOD 等级。BIM 模型的 LOD 描述了一个 BIM 模型构件单元从最低级的近似概念化程度发展到最高级的演示级精度的步骤。具体来说，LOD 被定义为从概念设计到竣工设计的 5 个等级(图 4-16)，这种定义思想足以定义整个模型过程。但是，为了给未来可能会插入新等级预留空间，BIM 的 5 个 LOD 等级被定义为 100 到 500 这一区间内，具体定义如下。

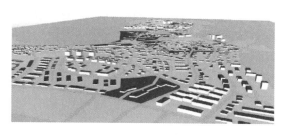

图 4-15 CityGML 定义的 LOD1(左上)、LOD2(右上)、LOD3(左下)和 LOD4(右下)的城市建筑模型示例

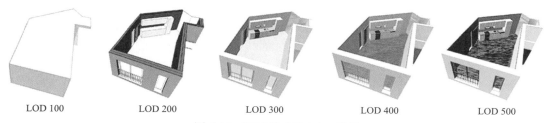

LOD 100　　　　　LOD 200　　　　　LOD 300　　　　　LOD 400　　　　　LOD 500

图 4-16 BIM 的 5 级 LOD 示例

(1) BIM-LOD 100：等同于概念设计，此阶段的模型通常为表达建筑整体类型分析所需的建筑体量信息，分析包括体积、建筑朝向、每平方造价等，具体包括整体建筑体量的面积、高度、体积、位置、方向等信息可以 3D 模型或其他数据形式表达。

(2) BIM-LOD 200：等同于方案设计或扩初设计，此阶段的模型包含普遍性系统，包括大致的数量、大小、形状、位置以及方向。LOD 200 模型通常用于系统分析以及一般性表现目的。模型组件(model elements)为具近似数量、尺寸、形状、位置、方向等信息的泛用型系统或集合体(generalized systemsor assemblies)。非几何属性信息也可建置于模型组件中。

(3) BIM-LOD 300：模型单元等同于传统施工图和深化施工图层次。此模型已经能很好地用于成本估算及施工协调，包括碰撞检查、施工进度计划及可视化。模型组件为具精确数量、尺寸、形状、位置、方向等信息的特定集合体(specific assemblies)。非几何属性信息也可建置于模型组件中，LOD 300 模型应当包括业主在 BIM 提交标准里规定的构件属性和参数等信息。

(4) BIM-LOD 400：此阶段的模型被认为可以用于模型单元的加工和安装。此模型更多地被专门的承包商和制造商用于加工和制造项目的构件包括水、电、暖系统。模型组件为具精确数量、尺寸、形状、位置、方向等信息及具完整制造、组装、细部施工所需信息的特定集合体。非几何属性信息也可建置于模型组件中。

(5) BIM-LOD 500：最终阶段的模型表现的是项目竣工的情形。模型将作为中心数据库整合到建筑运营和维护系统中去。模型组件为具实际数量、尺寸、形状、位置、方向等精确信息的完工集合体(constructed assemblies)。非几何属性信息也可建置于模型组件中。LOD 500模型将包含业主BIM提交说明里制订的完整的构件参数和属性。

2. 建筑 LOD 的构建方法

从地图学视角，建筑 LOD 模型的构建可视为建筑物的三维综合过程。地图综合技术通过对地物的选取、简化、合并、抽象等操作，在不同比例尺下实现对地物的层次描述。对于三维建筑群的综合，构建建筑 LOD 模型包括两个基本任务：单栋建筑的简化和建筑群的聚类与合并。对比二维的建筑综合，三维建筑综合除了需要考虑建筑高度属性，还需要考虑建筑屋顶形状和建筑表面纹理信息。本小节从单栋建筑的简化和建筑群的聚类与合并两个方面，介绍建筑 LOD 模型及相关算法。

建筑简化的主要目的在于当模型的精度要求降低时，通过去除建筑细节来降低建筑的几何复杂性，但同时又最大程度的维持建筑原有的语义特征和可识别性。一般建筑可视为由地表水平面、垂直墙面和水平或倾斜顶面构成。鉴于墙面和顶面存在较大的语义差异，在建筑模型简化时，一般将平行结构的简化和倾斜屋顶结构的简化分别考虑。

(1) 平行结构的简化。平行结构的简化采用基于平行位移的策略简化平行结构。如果两个相邻的平行面之间的距离低于预定义的阈值，则将这对平行面中的一面或两面移动，使它们合并为一个平面。如果平行面对中较小面的面积为较大面的面积的三分之一以上，则两个面都移动一半的距离；否则，仅移动较小的面。这种方法在简化建筑的同时还保留并增强了建筑立面原有的平行特征(图 4-17 的圆圈部分)。

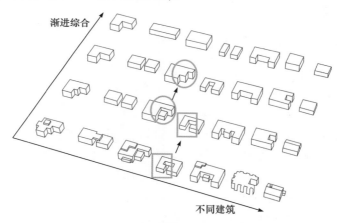

图 4-17　基于平行位移的简化结果

需要注意的是，一个建筑可能存在多对移动距离相等的平行面，如图 4-18 所示。选取不同的平行面可能导致不同的简化结果，并且破坏建筑的对称性。对此，需要每次仅选择面积较小的面，将其移动至面积较大的面，并与较大的面对齐。经过多次这样的移动，获得保持建筑对称性且与平行面选择无关的简化结果。但是，上述移动规则面对图 4-18 所示情形，仍然无法保持建筑整体上的对称性。

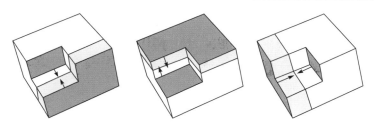

图 4-18　三对等价的平面(灰色)及简化结果

(2) 倾斜屋顶面的简化。倾斜屋顶面的简化是将倾斜结构强制转换为水平或垂直结构，以实现屋顶的简化和抽象。具体地说，它将倾斜的屋顶面围绕屋檐或屋脊进行强制旋转，形成水平或垂直的平面(图 4-19)。旋转所围绕的边以及旋转后的结果是水平还是垂直，取决于两个相邻面与屋檐和屋脊相关面的组合情况。

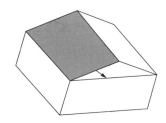

需要注意的是，在屋顶简化过程中，如果存在相互连接的屋脊线，则所有与各屋脊线相关的平面视为一个屋顶单元，在简化时进行统一处理。如果屋顶单元中平面的平均面积小于预设阈值，则将每个面进行旋转，从而令屋顶结构转变为平面形式。如果建筑具有两个屋顶单元，首先将具有较小面积的单元简化，然后再简化面积较大的单元，如图 4-20 所示。

图 4-19　倾斜屋顶面绕屋
檐线旋转为水平

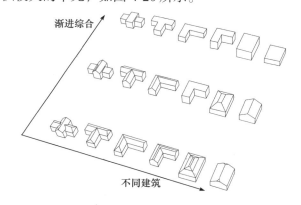

图 4-20　不同建筑的屋顶渐进简化

3. 建筑群的聚类与合并

对建筑个体的简化只能降低单栋建筑模型的几何复杂性。建筑群之间的聚类和合并是在建筑群空间认知基础上对建筑群的简化与抽象，一方面有助于简化建筑之间的空间关系，更重要的是能够大幅简化建筑群的几何表达，提高绘制速度，同时尽可能不破坏建筑群的空间认知特征，维持建筑群的可认知性。

1) 基于投影的建筑聚类

基于投影的建筑聚类将三维建筑投影到正交的三个平面中，然后通过平面聚类简化建筑群。其主要步骤包括：①从俯视、正视及侧视三个角度生成三个相互正交的投影，分别记为 OPH、OPL 和 OPW(图 4-21)；②分别对 3 个投影进行二维的建筑综合，将综合进行组合

[图 4-22(a)]；③将 OPL、OPW 和 OPH 分别沿着建筑长，宽和高三个方向进行扩张，三者的交集形成了最后的三维综合结果[图 4-22(b)和(c)]。

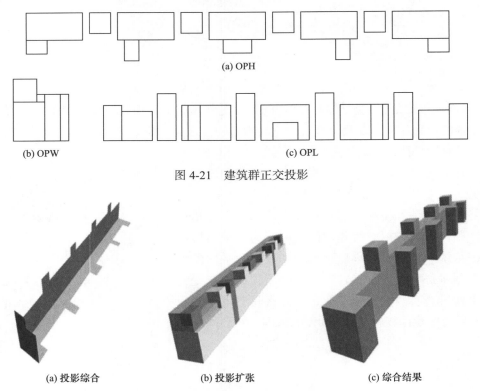

图 4-21　　建筑群正交投影

图 4-22　　建筑群三维综合过程

该方法将三维建筑群的综合问题简化为较易处理的二维综合问题。但是，难以适用于整体结构不对称的建筑群，并且这种单纯的聚类方法并未考虑建筑群内部蕴含的特殊地物，如道路、街区等语义信息。

2) 基于城市意象的建筑群综合

所谓城市意象是指人们头脑中对外部城市环境归纳出的高度概括的影像。它包括五类元素：道路、边界、区域、结点和标识。建筑群的简化应尽量保持此五类元素，才能使得简化后的建筑符合人们对城市的意象，帮助人们有效辨识城市空间环境信息。

基于城市意象的建筑群综合认为：在城市空间环境中，地标是导航和导向的基本要素，它们代表了具有重要特征的独特对象，是人进行空间认知的重要依据。因此，基于城市意象的建筑群综合以地标作为参照物，并保证在交互式显示过程中始终对地标进行突出或夸大显示，而其他处于同一街区的普通建筑则被抽象为一个整体，用一个简单的大块建筑来代替(图 4-23)。这种突出地标同时维持原有街区的可视化方法有助于避免用户在三维场景漫游中迷失方向，或对距离做出错误判断。为建立 LOD，该方法采用由底向上的策略构建城市模型抽象层级，其中最低的抽象层级就是输入的原始城市三维模型。抽象层级每提高一层都是在前一层的基础上进行抽象所得，其操作步骤如下：

图 4-23　基于城市意象的建筑群综合实例

第一步，单元处理。将道路网元素形成的封闭单元里的所有建筑替换成一个块体单元，计算每个单元建筑的平均高度和方差，以此确定抽象块体的高度。

第二步，处理地标建筑。采用基于预先建立的建筑权重函数检测地标建筑。

第三步，创建地标层次。当建筑模型的抽象层次提高时，相应地减少地标的数量，同时保持其与建筑细节层次的相对重要性。

第四步，建立层次关联。将地标层次结构与前面创建的单元多边形抽象相匹配。

基于城市意象的建筑群综合结果具有较高可读性，但过于依赖道路交通数据。另外，建筑群聚类和合并结果未能考虑街区内建筑群分布模式，未能考虑建筑群中蕴含的格式塔特征，可能导致综合结果过度抽象化。

4.2.2　树木可视化

在三维 GIS、虚拟环境、计算机游戏等众多交互应用中会呈现户外场景。对于户外场景，除了地形和建筑外，植物尤其是树木，也是其中的重要组成部分。树木具有非常复杂的几何结构，丰富和特定的细节；不同树种的树木细节多变，且形态上存在较大差异。随着观察距离的改变，树木的外观变化剧烈。这些特点和复杂性为树木表达和可视化造成了非常大的困难。因此，树木森林的表达和可视化需要针对不同场景进行特定处理和优化。对于近处树木，可以直接绘制树木的精细模型；而对远处的树木，采用简单的模型以减小场景复杂度。然而对于户外环境可视化而言，以中远距离浏览森林场景更为普遍，所以需要更加关注如何建立树木半简化的中间表达。但是，因为树木具有非常特殊的结构和形态，前述多边形格网简化和多分辨率表达技术在建立这种中间模型时并不适用。因此，计算机图形学和可视化领域专门针对树木的中间表达与可视化，发展出一系列实时、逼真树木森林可视化方法，分为基于图像的可视化、基于体纹理的可视化和基于点云的可视化。

1. 树木建模与多边形表达

基于多边形的树木可视化侧重于真实地描述树木几何形态结构，通过点、线、多边形等几何图元实现对其几何结构的特征表达，支持构建树木的精细三维模型。对于树木而言，因为其枝干与叶子相比在几何形态上存在明显差异，所以两者在多边形表达方法上存在区别。

1) 枝干建模与表达

为实现具有真实感的树木枝干表达，首先要描述树木分枝结构，对此需要依赖反映植物生长机理的模型。现今在形态结构描述方面具有重要影响的是生物学家 Lindenmayer 于 1968 年提出并以其姓氏首字母命名的 L 系统。L 系统是一种形式语言，其本质是一个重写系统，它通过对公理应用产生式进行有限次迭代后，对产生的字符串进行几何解释，能够生成非常复杂的图形。因为植物产生分枝、节间伸长也可视为一种迭代过程，所以 L 系统非常适合描述植物的形态结构。

例如，对于一个有 4 个字符的字符表 {A,B,[,]}，我们可定义其具有如下产生式规则：

(1) $A \rightarrow AA$；

(2) $B \rightarrow A[B]AA[B]$。

基于上述规则，给定字母 A，根据上述规则(1)，通过 1 至 3 次迭代，分别可以产生如 AA，AAA，AAAA 等后代。而给定字符 B，根据上述规则(2)，则不难得到如下以字符 B 为初始的迭代产生过程：

(1) B。

(2) A[B]AA[B]。

(3) A[A[B]AA[B]]AA[A[B]AA[B]]。

(4) ……

若假设上述迭代过程所产生的"单词"可表示为一种树形结构，其中括号表示树中的一个分枝，则 B 的生成树如图 4-24(a)所示。若用不同的括号类型来区分产生分枝的方向，如用方括号和圆括号分别表示朝左和朝右分枝，并将 B 产生式改写为 A[B]AA(B)]，则仅向左分枝的生成树图 4-25(a)可修改为图 4-24(b)所示的左右分枝生成树，从而得到一种模仿树木枝干生长模式的表达。

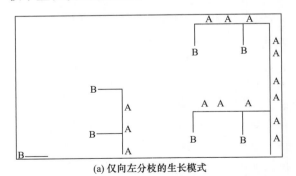 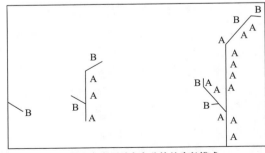

(a) 仅向左分枝的生长模式　　　　　　　　(b) 具有左右两种方向分枝的生长模式

图 4-24　L 系统的树形表达

2) 树叶建模与表达

为实现树叶的真实感建模，可以假设同一棵树的叶子在形状上差异较小。对于一棵树而言，只要构建少量多边形表示的叶子，并在多边形上贴上纹理，通过这些少量叶子的实例化，便可以表示生成树木不同部位的树叶。例如，一片树叶由三个贴上纹理的多边形构成(图 4-25)。为了生成树叶在风下的卷曲效果，树叶沿着图 4-25 中的虚线表示的轴线产生卷曲，并假定卷曲的角度与风速、风向和叶面朝向相关。

图 4-25　树叶的三个多边形表示

2. 树木的图像表达与可视化

大规模户外环境可视化容易遇到大片树木乃至森林场景，而上节介绍的面向细节的树木模型会涉及大量的多边形和精细纹理，如果直接绘制由上千棵树木构成的三维场景，将影响可视化与交互速率。为此，可从整体图像出发构建树木模型，简化树木的精细程度，从而提高大规模树木和森林场景的绘制速度。

1) 基于广告牌的方法

树木整体建模的最简单方法是将树木图像贴在多边形(一般为矩形)上，形成类似广告牌的模型[图 4-26(a)]，该方法简单高效，在早期的虚拟环境模拟、三维游戏中极为常见。当用户在环境中漫游时，树木所在广告牌随视点运动，以保证树木一直朝向视点，以免视线与广告牌朝向不在同一直线上而产生视差。但是，该方法中的树木形状不随视点运动而变化，给用户的感觉是每棵树木均是沿树干完全对称的，真实感较低；此外，对于相近的两棵树，朝向视点的旋转可能导致两棵树图像所在多边形互相穿越，因而只适用于树木稀疏的场景。为解决该问题，可采用两个相互交叉的广告牌来表示一棵树[图 4-26(b)]，使树木形状随视点运动而改变，并产生一定的三维效果，但其可视化效果仍不够理想；对此，可采用多个广告牌以缓解这种视差效应。上述广告牌方法的共同问题是无法产生树木因风吹动产生枝干摇动的动画效果，而且光照是静态的。

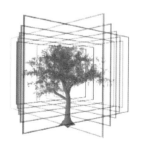

(a) 单一广告牌　　　　(b) 交叉广告牌　　　　(c) 多广告牌

图 4-26　广告牌模型

2) 基于图像绘制的方法

通过基于图像绘制(image based rendering)技术非常适合动态生成视点相关的树木图像。与一般图形光栅化绘制不同，基于图像的绘制原理是利用一组环境图像、通过图形变形和组合来绘制一幅任意视点下的新图像。与传统的光栅化绘制相比，基于图像的绘制方法速度更高，真实感更强。基于图像的树木绘制技术以二向纹理层次结构为代表，旨在获得不同光照条件下树木明暗效应的变化。因为树木冠层并非朗伯体，对光的反射并非各向同性，导致随着视点的运动，树木的颜色明暗将发生一定变化。此外，树木的阴影也会随光源的改变而变化。因此，除了需要在不同视点下对树木外观进行采样，还要针对不同光源方向对树木外观进行采样(图4-27)，以此获得树木在不同光入射方向和观察方向组合下的外观图像(即二向纹理)，构建描述树木不同部位反射属性的二向反射分布函数。绘制时，首先选择合理的细节层次，并根据当前视点方向和光源方向各选择3个采样方向最近的二向纹理，共形成9个二向纹理；通过9个二向纹理的颜色混合生成绘制图像的颜色亮度。上述方法不仅支持动态光照和阴影而生成逼真树木图像，还能针对上千棵树产生交互级的快速可视化。但是，该方法对图像采样率依赖程度较高，需要平衡采样率和内存开销之间的矛盾。

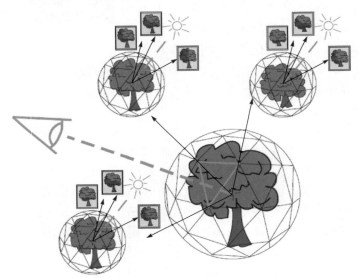

图 4-27　不同光源方向和视点方向组合的树木纹理图像采样策略

3. 基于体纹理的森林可视化

体纹理(volumetric texture)技术最初用于实现毛发的真实感绘制。当需要绘制的场景中有数百万个面片表达的微观细节时(如毛发、树木、草丛等)，可以将微观面片的密度和分布信息转换为三维体纹理，场景的复杂度与物体的几何复杂度无关，而只与体纹理分辨率等参数相关。该技术在大规模复杂场景的快速绘制方面有着非常显著的优势，同样也非常适用于森林这种具有大量微观细节的复杂场景的可视化。

体纹理由多个规则三维栅格模型(称为参考体)形变后得到的纹元(texel)拼接而成(图4-28)，每个纹元指用来近似表示许多微面元总体光学特性的一个三维参数数组。树木纹元存储叶子和枝干微面元的几何和光学信息。纹元数组中的每个体元分别存储体元中的密度、局部坐标系和光照模型。其中，密度表示的是该体元包含的所有微面元的相对投影面积，例如，如果体元不包含树木，则体元密度为0；如果包含树木，则为树木叶子和枝条的投影面积。因为微面元将遮挡一部分光线，所以密度也可表述为不透明度。引入局部坐标系和光照模型是因为在体元中不再存储多边形(如叶子的面片模型)，而只需要表示体元内的微面元(如一组叶片)如何对入射光线进行散射。因此，局部坐标系表示的是该体元中各微面元的总体方向，而光照模型将决定由多少光线从微面散射出来。

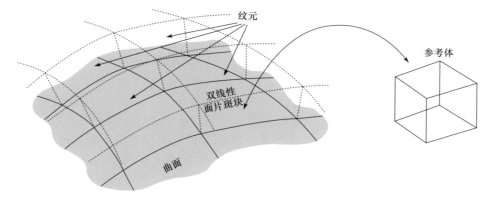

图 4-28　纹元映射及纹元的光线跟踪

4. 基于粒子系统的树木森林可视化

粒子系统是三维计算机图形学中模拟具有"模糊"形状物体(如烟雾、雨雪、火焰、水流、树木、草丛等)的建模与绘制技术。"模糊"物体的共同点是外观随时间发生不确定变化,其几何形状和变化无法用多边形或曲面以及数学变换来表示。粒子系统由一群随时间演化的粒子构成,每个粒子的运动具有动态性和随机性;随着时间的推移,系统中不仅已有的粒子不断改变形状、不断运动,而且不断有新粒子加入,旧粒子消失。为了模拟粒子的生长和死亡过程,每个粒子均有一定的生命周期,使其经历出生、成长、衰老和死亡的过程。这些动态随机粒子集合在一起,构成了物体的总体形态和运动模式。

树木森林可视化的粒子系统中,树枝可视为一个粒子,树的生长从主干开始,树枝随机地排列在树干的不同高度上。根据不同概率,树枝会产生新的分枝或继续延伸,树枝的角度和长度通过在预定的分布中抽样产生;这种过程不断地迭代下去,产生出树的枝干。树叶按不同形状、朝向、颜色随机产生,并随机地插在没有子分枝的枝干上。绘制时,粒子系统采用随机的光照和阴影模型。光照模型包括环境光、散射光、镜面高光及阴影等。其中,环境光由粒子处于树冠中的位置决定,随粒子距离树冠边缘的距离不断衰减,散射光由光线进入树冠后到达粒子的直线距离决定,随着距离增加呈指数衰减;而镜面高光则是根据距离大小而随机产生,在靠近光源的树冠边缘更容易产生高光。为模拟相邻树木在当前树冠上产生的阴影,该方法采用近似

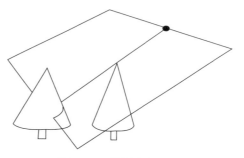

图 4-29　阴影参考平面

策略确定阴影区域,即由光源到相邻树冠的顶端确定参考平面,如图 4-29 所示,然后对高于参考面的粒子利用着色模型直接着色,而低于参考面的粒子则随机地减弱散射光和镜面高光的贡献,而且贡献程度随粒子距参考面的距离不断衰减,从而产生自然的阴影效果。

4.2.3　地矿体可视化

地矿体三维可视化是地学可视化的重要分支,是以反映地质体或矿体(统称地矿体)边界及特征的数据(主要为钻孔、坑道等地质工程数据)为基础,利用可视化方法表达地矿体的表面形态特征和内部属性特征,逼真地再现地矿体空间形态及内部属性,描述资源分布状况,

为地质找矿、矿山开采提供信息支持。地质勘探工程所获得的地质数据一般是非常稀疏的，大多沿钻孔、坑道或断面分布。然而，直接对稀疏的钻孔、坑道和断面数据进行可视化并不能较好地表达地矿体的三维结构。所以，地矿数据可视化的首要问题在于如何将稀疏的地矿数据构建为连续的地矿体几何模型，然后进行可视化表达。

1. 地矿体三维建模

三维地质建模针对地质空间实体的几何形态和空间属性进行模拟重构，旨在实现地球内部地质现象、勘探和采矿工程的三维可视化、查询分析及工程应用。地矿体(岩体、地层、矿体、断层、褶皱等)三维建模方法有很多(见 3.2.1 节所述)，最常用的是地矿体边界表示模型，即通过直接绘制三角形(多边形)表达的地矿体边界格网，实现地矿体的可视化。由于地质断面是勘探工程揭露的垂直剖面和水平中段等，是勘探工程揭示的地质界限和分析成果的综合反映，以垂直剖面最为普遍和典型，故通常基于地质断面实现地质三维形体建模。联合一组剖面，可生成所谓的联合剖面，进而将各个剖面上的由二维轮廓线表达的地质界限连接起来，形成一个地矿体的外边界，从而获得对地矿体形态的几何表达。基于二维轮廓线重建三维形体需要考虑四个问题：轮廓线对应问题、轮廓线连接问题、轮廓线分支问题(图 4-30)。

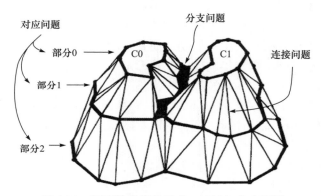

图 4-30　剖面轮廓线的对应、连接与分支问题

1) 轮廓线对应问题

在一个剖面中，经常会出现多个轮廓线集合。在进行相邻两层轮廓线连接过程中，由于多个轮廓线的存在，就会产生轮廓线的对应问题。为实现轮廓线对应，可以采用基于圆柱体的剖面描述语言来解决在一个剖面中存在的多个轮廓线对应的情形，具体包括以下几点。

(1) 轮廓线分析。将每个剖面的轮廓线转化为带有 5 个参数描述的椭圆，参数包括中心坐标(x,y)，椭圆长短轴 A,B，以及主轴与 x 轴的夹角 θ。这些参数可以根据每个轮廓线的点集数据来拟合得到。同时计算椭圆与轮廓线的标准差，根据设定的误差界限将轮廓线分为椭圆形形体和复合型形体两类。

(2) 圆柱体生长。根据轮廓线类型，通过圆柱体生长建立包含多个轮廓线的圆柱体。圆柱体生长主要通过贪心策略来完成。给定一个轮廓线，首先判断其是否为椭圆:①若是，则逐一判断该轮廓线是否处于现有圆柱体的端部附近，以及如果将轮廓线赋给该圆柱体(使得圆柱体生长)是否会导致产生合理的圆柱体，一旦上述条件均满足，则将该轮廓线加入到已有的圆柱体中。②若非，且又没能找到合适的圆柱体，则利用该轮廓线构建一个新的圆柱体并将其放入到该圆柱体中。对所有轮廓线进行如上操作，可得到生长出来的圆柱体，每个圆柱体与多个轮廓线相关联。圆柱体由它的名字、最大最小剖面编号、平均方向和由椭圆参数变量(A,B,x,y)确定的关于 z 方向的最小二乘拟合函数 $[A(z),B(z),x(z),y(z)]$ 的截距和斜率等参数来确定。

获取剖面中的轮廓线的圆柱体集合后，需要确定圆柱体集合中每个圆柱体的连接方式。圆柱体中的连接一般通过两个判断来实现。首先，判断当前全局搜索中每个圆柱体和它相邻剖面下的圆柱体的连接是否存在，如果存在则将当前搜索的圆柱体放入到一个已存在的对象中，并记录所有与当前圆柱体的连接信息。然后，如果判断当前的圆柱体与其他圆柱体都不存在连接关系，那么将该圆柱体放入新建的单独对象中。通过这两种判断方式，直到所有的圆柱体都被处理完。

通过上面建立的轮廓线集合和圆柱体间的连接信息，就可以通过剖面描述语言来表达每个剖面中的轮廓线是如何对应的。

(3) 分支点确定。分支点位置的确定正是通过前述轮廓线连接信息来确定的。如图 4-31 所示，连接信息有三种可能的连接方式：①两个圆柱分支相连，上下两个末端的圆柱体对应。②3 个圆柱分支相连，其中两个上圆柱与一个下圆柱，或者是两个下圆柱和一个上圆柱。③两个圆柱分支相连，一个末端的圆柱体与非末端的圆柱体对应。

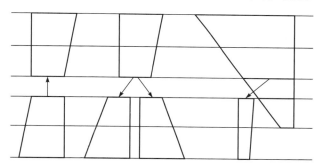

图 4-31　三种分支点的对应情况

2) 轮廓线连接问题

轮廓线之间表面连接常用的是三角面片方式，以此形成地矿体表面轮廓的三角网格。相邻两个轮廓线顶点的连接需要顶点相互对应。为选择合理的顶点对应连接方式，需要设置合理的目标，如令连接后得到曲面围成的体积最大，或令连接后的曲面表面积最小。这里介绍一种基于贪心策略的同步前进法来构建三维形体表面。

同步前进法轮廓线连接的基本思想是：在用三角形面片连接相邻两条轮廓线上的点列时，使得连接操作在两条轮廓线上尽可能同步进行。如图 4-32(a)所示，假设上轮廓线上的点列为 $P_0,P_1,\cdots,P_{m-1}$ ，下轮廓线上的点列为 $Q_0,Q_1,\cdots,Q_{n-1}$ ，上轮廓线的周长为 $\varPhi_p$ ，下轮廓线的周长为 $\varPhi_q$ 。如果三角面片已从起始点分别连接到 P_j 、 Q_i [图 4-32(b)]，则从 P_0 到 P_j 的总长度为 $\varPhi_h'$ ， Q_0 到 Q_i 的总长度为 $\varPhi_v'$ 。此时，下一步选取的三角形有两种可能，即 $\triangle Q_iQ_{i+1}P_j$ 或 $\triangle Q_iP_jP_{j+1}$ 。如果 $\varPhi_h/\varPhi_p<\varPhi_v/\varPhi_q$ ，则上轮廓移动一步连接三角形 $\triangle Q_iQ_{i+1}P_j$ ；反之，下轮廓线移动一步连接三角形 $\triangle Q_iP_jP_{j+1}$ 。这样经过 $m+n$ 步就可以实现相邻两轮廓线间的三角形连接。

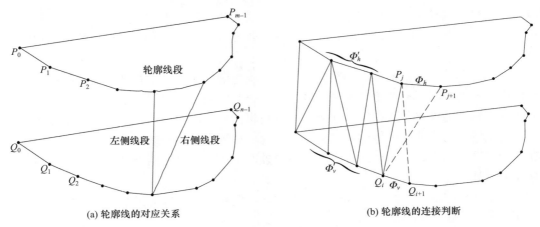

(a) 轮廓线的对应关系　　　　　　　　(b) 轮廓线的连接判断

图 4-32　轮廓线之间的同步连接法

同步前进法的优点是算法简单、易于实现；缺点是当两条轮廓线的点数相差较大时，容易产生交叉现象；轮廓线出现大幅凹凸时，也容易受到凹凸起伏影响而导致点的错位连接。

3) 轮廓线分支问题

在某些情况下，可能存在某一剖面上的 m 条轮廓线对应相邻剖面上 n 条轮廓线的情形（ $m,n > 0, m \neq n$ ），由此导致轮廓线间的分支问题。为解决分支导致的非对称问题，可以将分支视为一个连续曲线来处理，通过以下步骤实现。

(1) 在两个邻近的分支之间引入新的顶点，顶点的 z 坐标等于该分支所涉及的两个剖面的 z 坐标均值。

(2) 对分支及新顶点重新编号。其中,引入的新顶点及其在相邻两个剖面的连接顶点均被编号两次，从而令分支的两个轮廓线和新顶点形成一个闭环，如图 4-33 所示，左、右两个分支之间引入新的顶点被重复编号为 6t/17t，同时左、右分支上连接此新顶点的相邻顶点则分别编号为 5t/18t 和 7t/16t；按此编号规则，两个分支上的顶点刚好形成由 1t 至 23t 顺序编号的完整闭环。

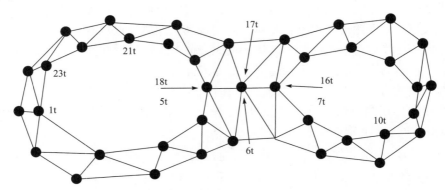

图 4-33　轮廓线及新顶点的重编号方案

(3) 利用上面介绍的轮廓线连接方法连接(2)形成的闭环和相邻剖面上的轮廓线。

2. 地矿体可视化方法

通过直接绘制三维地质模型上的多边形，可以实现地质对象的可视化。在可视化过程中，需要针对不同的应用环境、数据传输、硬件设备等条件的差异，对所得到的三维格网模型进行相应的可视化处理。为实现大规模地矿体模型的精细可视化，可从三维地矿体模型本身出发，采用基于特征局部增强的可视化方法。其关键在于通过对局部数据的最优控制来实现大规模区域的实时显示。主要方法有：在插值过程中通过预先建立的插值函数映射位置区域的函数值，实现快速内插；通过对关键区进行部分拾取来舍弃图形绘制中不需要的部分或进行粗粒度化显示；在进行大场景实时渲染时，适当降低用户关注较低区域的纹理映射的精细化程度。

此外，网络渐进传输是大规模三维地质模型可视化的有效方法。地质数据按结点-层模型存储在数据库中，服务器根据客户端的请求通过空间索引获取特定的数据模型后，再根据视点位置通过一系列的边折叠方法对格网进行简化，获得多分辨率地质模型，并通过网络渐进传输到客户端；客户端则与服务器简化过程相反，对模型重建并完成可视化过程。

目前，已有许多可视化软件用于地矿三维交互式建模与可视化，其中，国外主流的建模与可视化软件有 GoCAD、Mircomine 和 Datamine 等。GoCAD 是法国 Nancy 大学开发的，基于离散光滑插值(discrete smooth interpolation)方式进行三维建模与可视化，可以构建光滑平顺的地质三维形体模型。Micromine 和 Datamine 分别是是澳大利亚 Micromine 公司和英国 Datamine 软件公司开发的。除此之外，我国的 GeoMo3D、Geos3D、Digital Mine、3D Mine 等软件也提供了地质三维建模与可视化功能，在地矿、岩土、水利与军事工程领域有一定应用。

4.3　交通数据可视化

人类生活离不开交通，平均每天有约 40% 的人口至少花 1 个小时在路上，由此不断生成的交通数据已成为大数据的重要组成部分。对交通数据进行可视化，可以帮助人们了解交通数据的时空分布、空间结构与尺度特征，揭示数据中的隐含模式，发现交通设施或者人群活动中的相关特征和异常，以便更好地做出个人行为决策或城市运营调控。

4.3.1　交通数据的形式

交通数据是指交通工具或沿道路安装的传感器生成和收集的数据集，包括视频监控、车辆 GPS 和事件日志等。常见的交通数据有三种主要形式：空间事件数据、轨迹和基于空间位置的时间序列。

(1) 空间事件。空间事件是指在某些空间位置出现并存在有限时间的实体，如交通堵塞或事故等。而其中一些空间事件，如交通堵塞这类事件，可能会随着时间的推移而延伸到更大的区域。所以空间事件数据一般要描述空间事件的空间位置或范围，存在着时间以及其他一些与问题相关的属性。

(2) 轨迹。轨迹是按时间顺序排列的记录序列，它描述了运动物体在不同时间的空间位置，如出租车、公交车等的行驶路径。因为轨迹是由采样点表达的，所以根据采样点之间的时间和空间间隔可以分为准连续轨迹和离散轨迹。准连续轨迹可以通过插值或地图匹配方法估计对象的中间位置。而离散轨迹则因采样点间空间间隔较大，导致采样点之间的位置估计不准确。对于准连续轨迹和离散轨迹需要采用不同的分析方法。离散轨迹的一种极端情形是不对任何中间过程采样，仅保留起始位置和终止位置，主要描述大量物体的聚合移动，比较熟悉的例子是对迁移模式的可视化。此外，广义的轨迹还包括了随着物体移动而改变的专题属性值。

(3) 基于空间位置的时间序列。基于空间位置的时间序列是与固定空间位置或固定空间物体(如街道或公共交通站点)相关联的时变主题属性的时间序列。例如，街道上某段道路的交通量或速度产生的时间序列数据。事实上它还可以用于表达运动的聚合特征，如平均速度和行进时间。值得一提的是，轨迹数据提供单个车辆的移动信息，而聚合后的轨迹还是一种基于空间位置的时间序列数据。这种序列除描述了不同空间位置上的交通密度外，还描述了在特定时间范围内有多少车辆从一处驶向另一处，通常被称为流数据。

4.3.2 交通数据动态表达

位置是交通数据的主要空间属性，表示行为或事件发生的地点；一系列沿时间轴分布的动态位置形成了运动轨迹。这些动态位置和描述位置发生地点的静态地图一起，是交通数据可视化中的重要因素。根据动态位置信息的聚合级别，面向动态位置的交通数据可视化可以分为三类：基于点的可视化(无聚合)、基于线的可视化(一阶聚合)和基于区域的可视化(二阶聚合)。

1. 基于点的可视化

大多数交通数据是汽车、飞机和行人的运动记录，基于点的可视化将交通信息的样本视为单独的离散点，并利用点相关视觉通道来呈现这些样本。因此，这种技术可以直观地显示多个物体在一个具体时间点的位置。在动画技术的帮助下，可以直观地观察运动对象的轨迹。例如，对于全国或区间火车的运行轨迹而言，可以将每列火车视为一个行驶在二维地图上的运动点。如图 4-34 所示，点的大小可以表示乘客的数量，点的颜色表示列车是否延迟。这种基于点的可视化方法的优点是可以有效显示交通运算分布的实时状况。

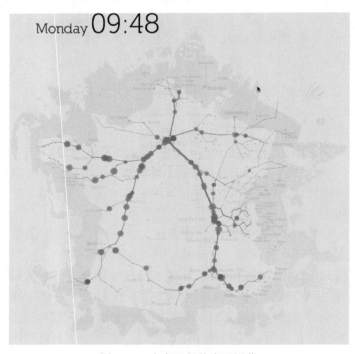

图 4-34　火车运行状态可视化

基于点的单独表示方法可以使用户清晰地观察到每个对象的状态。但是，当数据量很大时，如果再对每个数据对象都进行单独显示，将显得非常拥挤，令整个可视化不够清晰而难以理解。对此，可以采用热力图来可视化大规模数据(图 4-35)，橙色区域表示较大的交通密度，而浅蓝色区域表示交通密度较低。基于点数据生成热力图的最常用方法是核密度估计(kernel density estimation)。基于点的可视化的优点是可以明确地表示出数据的时空分布信息，能帮助用户快速获知交通网络中的热点区域。但是，在显示连续信息方面其效率较低，难以表达诸如有多少车辆从一个地点发往另一个地点等流数据信息。

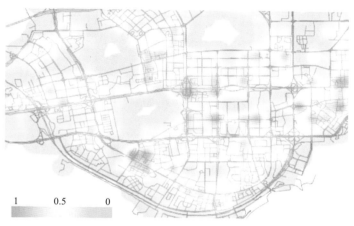

图 4-35　城市交通流量的热点可视化

2. 基于线的可视化

基于线的可视化技术旨在显示交通轨迹、大区域的路线图和网络中的交通流量。通常，轨迹采用线或弧段进行表达，并且可以选择不同的颜色、线型和宽度等来表示其附带属性。

和基于点可视化一样，当在有限的图幅上需要显示大量的轨迹数据时，同样会使整幅图显得杂乱不堪，造成视觉混淆。如何减少重叠和交叉来降低视觉复杂度，是基于线的可视化需要解决的问题。一种有效的方法是采用边捆绑(edge bundling)技术，类似于将家电设备的电源线按照走向分别捆绑在一起。该方法通过使用不同的聚类策略(如几何策略、中心线策略)将大量轨迹简化合并成若干线束，在显著降低视觉复杂度的同时，可清晰展现数据的整体模式(图 4-36)。

(a) 基于线的直接可视化　　　　　(b) 基于几何策略的边缘捆绑　　　　(c) 基于中心线策略的边缘捆绑

图 4-36　美国不同州之间移民信息的可视化

虽然边捆绑技术可以有效降低线的相互干扰，但也弱化或丢失了交通流方向和密度等有用信息。对此，可以采用基于矢量的密度模型图(图 4-37)表示两地之间交通流的主要方向；此外，核密度估计方法也可用于交通流密度的可视化。

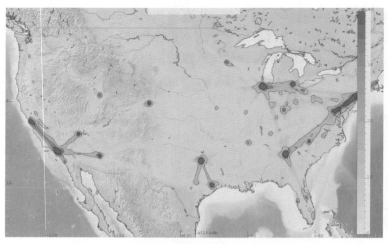

图 4-37　美国航班可视化

3. 基于区域的可视化

虽然基于线的可视化可以处理分析连续的轨迹数据，但当轨迹数据不断增长时，干扰问题会越来越严重。而基于区域的可视化则可以在一定程度上减少干扰和可视化结果的复杂性。

基于区域的可视化主要用于表达地区之间的交通状况，其优势在于可以揭示交通数据中的宏观格局。一般地，交通数据会基于预定规则聚合到各个区域中，例如，统计某个时间段区域内所有街道的交通流量。图 4-38 表示了不同区域之间交通流的交换模式，4 个区域分别用 4 种颜色表示，当前区域到其他区域的流量用圆环图的条带表示，条带的宽度表示了流量的大小[图 4-38(a)]；为区分流入流出，如果流量为流入，则条带与边缘留有缝隙，否则为流出[图 4-38(b)]。每组条带附近都有一个黑白颜色表示的统计箱图，用于统计每个区域向相邻区域流入和流出总量。此外，还可以采用多个视图表达区域内部不同尺度的子区域之间的交通交换[图 4-38(c)]。需要指出的是，这种方法仅显示了一个时间段内的流量交换信息，要显示多时间段信息，则需要采用多个圆环图。

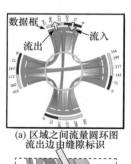

(a) 区域之间流量圆环图
流出边由缝隙标识

条带缝隙
(b) 流入流出的区分

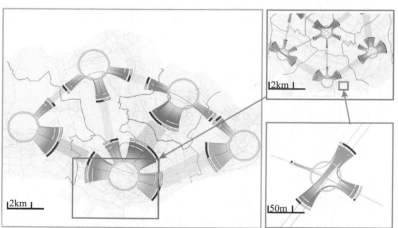

(c) 区域内不同尺度子区域之间的流量圆环图

图 4-38　基于区域的交通数据流可视化示例

4. 时空综合可视化

时空立方体(spatio-temporal cubic, STC)是一种较成熟的综合表达时空属性的方法。在STC 的 3D 坐标系中(图 4-39)，X 轴和 Y 轴构成的平面用于映射空间地理信息，Z 轴表示时间轴。采用这种方式，任意对象的空间-时间变化均可描绘在规范空间中。

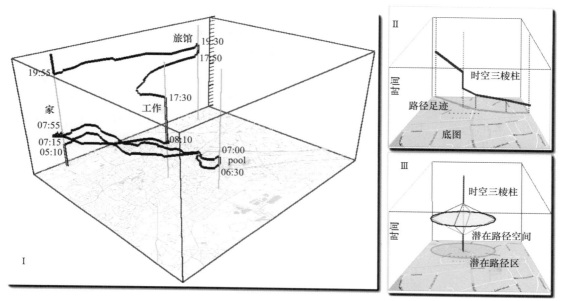

图 4-39 时空立方体可视化实例

很多情况下，需要同时可视化时空信息与相关的属性信息，此时 STC 不再适用，需要进行 STC 增强表达。目前，代表性的 STC 增强表达方法有 GeoTime 和基于堆栈的 STC。前者在 STC 的对应点添加对象和事件[图 4-40(a)]，沿着轨迹将每个事件放置在相应的时间节点周围以标示事件源，然后用虚线连接相关对象和事件；后者沿着 Z 轴堆叠多个轨迹，并将其可视化为堆叠带，并用颜色表示属性值[图 4-40(b)]。

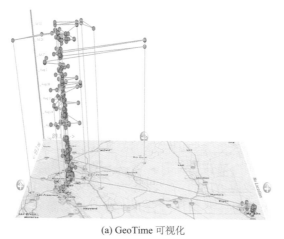

(a) GeoTime 可视化

图 4-40 STC 的两类增强表达实例

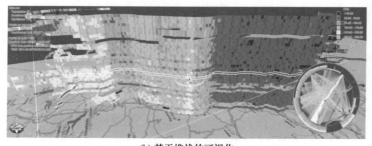

(b) 基于堆栈的可视化

图 4-40　(续)

　　当需要表达的交通数据过多时，叠加方法容易导致三维空间中轨迹相互遮挡和视觉拥挤。为更好地同时可视化时空信息及其关联，出现了基于路径放大的焦点上下文(focus+context)可视化技术，实现了基于二维地图的轨迹时空信息及统计信息的叠加显示(图 4-41)。为了在狭窄道路上嵌入时间及统计信息，该方法可以将地图中道路进行非线性拓宽并尽可能避免地图形变，然后以时间为单位，在虚拟拓宽的道路上显示不同方向的交通流信息[图 4-41(a)]，或在分离的视图中链接显示不同方向的交通流信息[图 4-41(c)]，相比于在原始道路图上集成显示交通流信息[图 4-41(b)]更为清晰简洁。

(a) 在虚拟拓宽的道路图上嵌入时变显示　(b) 在原始道路图上集成时变显示　(c) 在不同的视图中链接时变信息

图 4-41　嵌入视图、集成视图和链接视图的比较

4.3.3　交通数据的时空尺度

　　任何交通现象和过程都发生于特定时间点或时间范围以及空间域中，离开了时空尺度的交通数据可视化将变得毫无意义。交通数据可视化方法需要针对目标任务的不同而采用适合的空间尺度和时间尺度。例如，在空间尺度上，涉及街道、街区、城区、省(州)、国家等多个尺度；而时间尺度则一般具有小时、天、月、年等多个级别。

　　若要开展多尺度分析，交通数据需要经过变换以应用于其他时空尺度。特定大小的时间或空间单位可按不同方式聚合成更大的单位。例如，我们将 30 天聚合成一个月作为一个离散的时间点；又如，在分析国内航班数据时，将一个城市作为空间上的一个地理位置。相反地，也可以将时间或空间分解成更小的单位，如将一年分解为 12 个月来表示。与聚合不同的是，聚合只需要在原有基础上将数据进行合并汇总即可，而分解则需要获取或添加额外的数据。对于交通数据，在时间上除了线性分布外，还具有周期性变化。

1. 线性时间可视化

　　线性时间将时间视为从起始时间点到结束时间点的线性场。按时间顺序直观表达交通数据随时间的变化情况，并突出表达变量演化随时间推移的峰值或谷值，是使用最广泛的一种时间表示。常见的线性时间可视化形式是按时间顺序作二维折线图进行显示，其中 X 轴表示时间，Y 轴表示其他的变量。图 4-42 表示了美国纽约市某段时间内的出租车行程小费赚取情况。

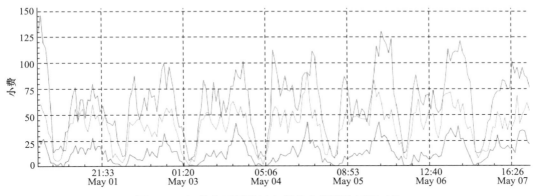

图 4-42　纽约市不同地区出租车小费赚取情况对比

2. 周期时间可视化

自然世界中许多过程都具有周期性，如天、星期和季节的循环。周期性变化可视化的一种常见形式是径向布局，所谓径向布局是将时间序列沿圆周排列，一个圆周代表一个周期，圆周的每个扇区代表周期中的一个时间点。如图 4-43 中交通信息的可视化，每个圆代表一周的某一天，圆的每个扇区代表一个小时。径向布局的优点是周期性表达直观，缺点是空间效率较低。纵向布局方式表达周期性变化则可以克服空间效率低的问题，缺点是周期性表达欠直观。如图 4-44 所示纵向布局实例，横轴为小时尺度，纵轴为日尺度，颜色代表交通流量密度变化情况。

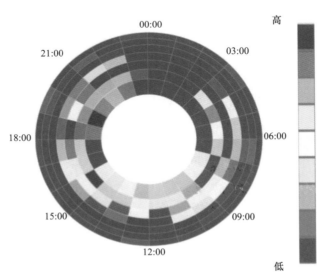

图 4-43　径向布局的周期性交通流量密度可视化表达

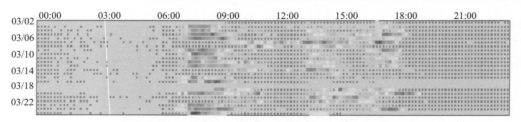

图 4-44　纵向布局的周期性交通流量密度可视化表达

4.4　网络数据可视化

网络数据是现实世界与信息世界最常用的数据类型之一。如互联网网络、社交网络、交通网络、合作网络及传播网络等网络结构普遍存在于现实生活中。网络通常用图(graph)来表示。网络数据可视化是可视化技术领域的一个重要分支,它将数据中的各种抽象信息转化为图形信息,并通过图形交互技术,加深人们对网络信息的理解和认识。网络数据可视化旨在快速直观地解释及概览图形结构数据,一方面辅助用户认识网络的内部结构,另一方面有助于挖掘隐藏在网络内部的有价值信息。

目前,网络数据可视化包括三部分内容:网络布局、网络属性和用户交互。其中,网络布局通过绘制出节点和边来构造出图形结构,是可视化的核心要素。常用的网络布局方法有节点-链接法、邻接矩阵法和混合布局法。节点-链接法和相邻矩阵法两种方法各有优劣,在实际应用中,需要针对不同的数据特征以及可视化需求而选择;混合布局是两种方法的综合应用。

4.4.1　节点-链接法

节点-链接法是一种用节点表示对象、用线(或边)表示关系来构造出图形结构的布局方法。它能直观地表达出图形结构,易于理解、容易实现,是网络数据可视化的主流方案。然而,图的各种性质,如方向性、连通性、平面性等,可能会对网络数据的布局产生影响。例如,不具有平面性的图存在边交叉、节点覆盖等问题,大大增加了可视化的难度。

在图的可视化中,美观和可读性相关联,无论图形的数据量大小如何,不符合美学标准的网络布局不仅可视化的美观性得不到保证,而且会增加用户对图信息的理解难度,容易给用户造成误导。随着网络数据可视化的不断成熟,目前已形成了一定的制图规则,常用的美学标准包括最小化交叉边、对称性、边长和节点均匀布局、分离不相邻节点和节点与边分离等布局原则。为实现上述规则,节点-链接法主要有两种布局方法:力引导布局(force-directed layout)和多维尺度分析布局,其中力引导布局又分为基于弹力-电场力和基于能量的布局方法。

1. 力引导布局

1)基于弹力-电场力的方法

(1) 弹簧嵌入方法。力引导布局方法以弹簧嵌入方法为基础。它把整张网络想象成一个虚拟的物理系统,把节点看作刚性环,把边看作弹簧,相邻节点受到弹簧的弹力而相互吸引,而其他的节点被看成电荷,因受到电荷之间的库仑斥力而相互排斥,最终节点在系统中的平衡状态即为网络的布局。为获得平衡状态,首先将系统置于随机的初始状态中并释放,节点因受到弹簧弹力和库仑力的作用而不断产生位移,位移后节点的受力情况也随之变化。

经过反复迭代，最终系统中每个节点所受合力为零，达到稳定状态。其中，每个节点所受的弹力包括吸引力 $f_a = c_1 \log(d/c_2)$，斥力 $f_r = c_3/d^2$，此处 d 是弹簧的长度，c_1, c_2, c_3 是常量。采用这种方法所得布局的边均匀分布并且具有对称性。图 4-45 是弹簧嵌入算法用于蛋白质之间相互作用布局的一个例子，图中有 283 个节点和 1749 个边(后续例子同此)。

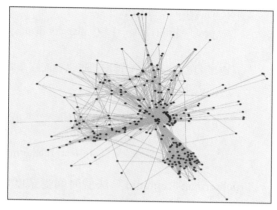

图 4-45　弹簧嵌入算法布局结果

弹簧嵌入方法实现简单，广泛应用于工业界。但是，此方法仅适用于节点数量少于 50 的简单图结构(如网格、树和稀疏图等)，当图形较大或结构较密集时，该算法产生的网络布局的视觉效果不理想。

(2) 改进的弹簧嵌入方法。Fruchterman 和 Reingold 对弹簧嵌入方法进行了优化和改进。该算法旨在找到符合节点分布均匀、边交叉较少、边长度均匀、对称性等美学标准的图形布局。与弹簧嵌入方法一样，所有节点通过三步过程排斥相邻节点：首先计算所有节点之间的斥力 $f_r = k^2/d$，其中 d 是两个节点之间的距离，$k = C\sqrt{s/|v|}$ 是两个节点之间的最佳距离，s 指可用空间的范围，C 是由实验确定的常数；然后计算有边相连的节点之间的引力 $f_a = d^2/k$；最后将引力和斥力相结合，计算每个节点在迭代期间移动的距离，并引入"温度"的概念来控制每次迭代所移动的距离。该算法的伪代码如图 4-46 所示。

```
graph_layout(G = {V, E})
{
for istep = 0, …, MAX_NUM_OF_STEPS {
    // 计算每个顶点的斥力
    foreach(vertex v in V) {
        // v 存储有位置.pos 和位移.displ 两个向量
        v.displ = 0;
        foreach(vertex u in V) {
            d = v.pos – u.pos;
            v.displ += f_r · (d/|d|)
        }
    }
    // 计算每条边上引力
    foreach(edge e in E) {
        d = e.vi.pos – e.vj.pos;
        e.vi.displ -= f_a · (d/|d|);
        e.vj.displ += f_a · (d/|d|);
    }
    // 根据当前温度 t 限制每个顶点的最大位移
```

```
foreach(vertex v in V) {
    v.pos += min(v.disp, t) * (v.disp / |v.disp|);
}
// 温度 t 随着当前布局逐渐趋近最佳而逐步降低
t = cool(t);
  }
}
```

图 4-46　Fruchterman-Reingold 算法伪代码

Fruchterman-Reingold 算法的时间复杂度为 $O(|V|^2 + |E|)$ ，可以在不到 1s 的时间内实现节点数少于 100 的网络图的布局。不过，该算法不能保证收敛，Fruchterman 和 Reingold 建议迭代 50 次使算法达到近似最优解即可，而不需要调整各种参数以产生最优的布局。图 4-47 为使用改进的弹簧嵌入算法得到的布局图。

2) 基于能量的方法

基于能量的方法将图的布局问题转化为优化问题，其中能量函数是图的目标函数，描述了希望图所具有的性质。与弹簧嵌入方法类似，图的节点在最优化过程中逐步移动，从而降低布局的能量，经逐步逼近使能量函数达到极小值。如代表性的 Kamada-Kawai 算法,同样利用弹簧模型进行图布局，图中任意一对节点用弹簧进行连接，求取系统平衡状态即能量最小状态作为布局结果。为在布局中保持对称性，基于胡克定律度量布局中的"不平衡度"(不对称性)，作为布局的能量。给定布局中的任意一对节点(p_i, p_j)，希望它们在布局中的欧氏距离应接近于节点在图论中的距离 l_{ij} ，即两个节点之间的最短路径长度。因此，弹簧模型的能量可表达为

$$E_s = \sum_{i=1}^{n-1} \sum_{j=i+1}^{n} \frac{1}{2} k_{ij} \left(\left| p_i - p_j \right| - l_{ij} \right)^2 \tag{4-4}$$

式中， k_{ij} 是连接 p_i 和 p_j 弹簧的倔强系数。采用牛顿法进行迭代实现极小化，在每次迭代只移动能量梯度最大的节点。图 4-48 为使用 Kamada-Kawai 算法得到的布局图。

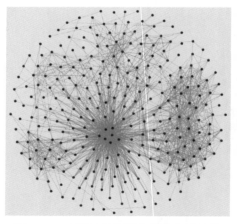

图 4-47　改进的弹簧嵌入算法布局结果

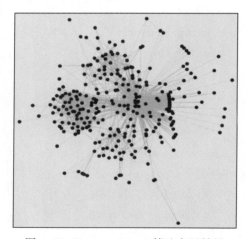

图 4-48　Kamada-Kawai 算法布局结果

上面介绍的力引导布局方法模型比较简单，易于理解和实现，产生的结果能够直观准确地表达出网络的内部。但是，这类布局方法仍存在诸多缺点，首先，容易出现大量的交叉边，影响图形的可视化表达；第二，因采用迭代方式改变布局位置，每次迭代要对图中所有节点进行访问，算法速度较慢，并且布局的质量取决于迭代的次数；第三，模型可扩展性较差，不能很好地扩展到数千个节点或更多节点的图结构；第四，迭代策略容易导致陷入局部最优布局，很难保持各局部与整体布局之间的均衡关系。

2. 多维尺度分析布局

多维尺度(multi-demensional scale, MDS)分析布局旨在弥补力引导布局的不足。MDS 将高维空间的数据投影到低维空间，并尽量使高维空间中数据之间的相对距离在低维空间中得以保持，是一种保持整体偏移最小的全局控制算法，算法的结果更加符合原始数据的特征。

假定 n 个数据点 $V = \{1,2,3,\cdots,n\}$ 在原始空间的距离为 $D \in R^{n \times n}$，其第 i 行 j 列的元素 dist_{ij} 为数据点 x_i 和 x_j 的距离。MDS 的目标是获得数据点在 $d' \leqslant d$ 维空间的表示 $Z \in \mathcal{R}^{d \times n}$，并尽量使任意两个数据点在 d' 维空间中的距离等于原始空间中的距离。设低维空间坐标用矩阵表示为 $Z = (z_1,z_2,z_3,\cdots,z_n)^{\mathrm{T}} \in \mathcal{R}^{d' \times n}$，则 MDS 目标旨在满足 $\| z_i - z_j \| \approx \mathrm{dist}_{ij}$。

该问题求解有两种方法：基于距离的尺度分析方法和经典尺度分析方法。前者的分析思想是直接极小化每对节点的图论距离 d_{ij} 和欧氏距离的误差，换言之，就是求解优化问题使得高维空间和低维空间距离的误差函数 Stress 最小：

$$\mathrm{Stress}(Z) = \sum_{i,j} w_{ij}(d_{ij} - \| z_i - z_j \|)^2 \tag{4-5}$$

如果误差函数 Stress 过大，就认为该布局不能准确地表示原始的相异性。这种误差函数与 Kamada-Kawai 算法关于力导向的能量函数相似，区别在于：Kamada-Kawai 算法使用牛顿迭代找到最小值，而距离尺度分析通过误差函数优化(majorization)的统计技术来极小化式(4-5)。优化过程同样可能会导致局部最小解。

经典尺度分析方法基于欧氏几何理论和矩阵近似，其思想是计算伪内积空间与内积空间中点的相异性，极小化内积空间中的内积误差 $\mathrm{Stress}(Z)$：

$$\mathrm{Stress}(Z) = \left(\frac{\sum_{i,j}(b_{ij} - <z_i,z_j>)^2}{\sum_{i,j} b_{ij}^2} \right)^{1/2} \tag{4-6}$$

在式(4-6)中，b_{ij} 是从距离矩阵 D 计算得到的中心矩阵 B 的元素。新的布局坐标 Z 可以通过对 B 进行谱分解求得：首先对 B 进行特征值分解，然后选取 d' 个最大的特征值及其特征向量，最优化由特征值构成的对角矩阵 Λ 和以特征向量为列的矩阵 E，计算获得布局坐标 $Z = E \Lambda^{1/2}$。

如图 4-49 所示，MDS 具有能直观表达网络内部关系、结构紧凑等优点。和力引导布局方法相比，MDS 方法因保持对全局进行优化而能得到整体更优布局，同时能够处理节点数更大的图形，具有良好的可扩展性。但是，对于距离较远的点对，因为高维空间和低维空间的误差较大，容易在 MDS 方法的目标函数中产生较大值，从而使目标函数的优化以距离较远的点为主导，而忽略较近点对的误差。因此，MDS 具有对局部细节的控制较差的缺点。

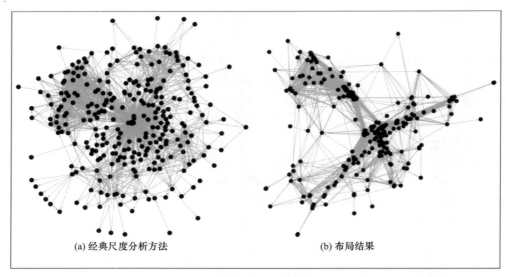

图 4-49　基于距离的尺度分析方法

4.4.2　邻接矩阵法

当图形结构较密集时，节点-链接图会产生大量的边交叉现象，难以提供理想的可视化结果。相比之下，邻接矩阵法提供了非常紧凑的图形表示，不会造成节点重叠和边交叉问题。

邻接矩阵法是用邻接矩阵来表示图形结构的一种方法(图 4-50)。邻接矩阵是指用一个 N 阶方阵来表示具有 N 个节点的图形结构。其中矩阵的位置 $(i,j)(i \neq j)$ 表示第 i 个节点和第 j 个节点之间的关系，当 $i = j$ 时，表示第 i 个点和它自己的关系，而在实际工作中一般不考虑此

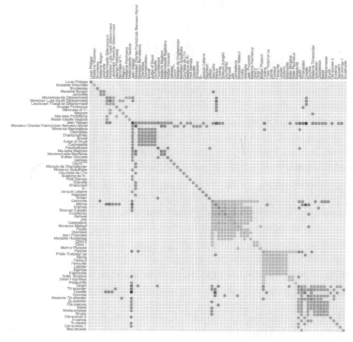

图 4-50　邻接矩阵法表示图形结构实例

关系。在无权图中，用 1 表示第 i 个节点和第 j 个节点之间有关系存在，0 表示没有关系存在；在有权网络中，位置(i,j)上的值不为 0 代表有关系存在并且其值代表关系的权值；对于无向关系网络，第 i 个节点和第 j 个节点间的关系与第 j 个节点和第 i 个节点间的关系是相同的，所以邻接矩阵是对称矩阵，而对于有向关系网络来说则不具备这种性质。

邻接矩阵的表达方式非常简单，既可用数值矩阵直接表示，也可按定量关系将其映射到色彩空间中进行可视化表达。邻接矩阵表达方法的最大优点是可以完全避免边的交叉和节点重叠等问题，不会造成视觉混乱；而且允许交互式的聚类和排序，使得邻接矩阵法适用于网络结构的深层探索。然而，邻接矩阵表达图形只能直观地表示相邻节点之间的关系，对于间接关系的表达和隐藏信息的挖掘并不容易，一般需要结合矩阵排序和路径可视化增强邻接矩阵的可视化表达；而且，当图的节点规模增大时，可视化结果可能会受到分辨率的限制；而在边数量较少的网络结构中，不能够呈现网络的拓扑结构。

4.4.3　混合布局法

综上，节点-链接和邻接矩阵各有优缺点和适宜性限制。对于部分稀疏、部分密集的网络和较大的社交网络来说，单独采用任何一种布局也都不能得到很好的结果，因此，发展形成了将两种方法组合起来的混合布局方法，旨在利用相互优势来克服自身局限性。混合布局方法存在以下三种主要方式。

(1) 多同步视图：MatrixExplorer 使用两个视图同步地显示网络的相邻矩阵和节点-链接图。如图 4-51 所示，用户可以从一个视图切换到另一个视图。但是，该方法的混合布局只是单纯地将两个视图并排在一起，使用户可同时查看两种视图，并没有真正将两种方法的优点结合起来，对于节点-链接布局来说，整体布局看起来仍然显得杂乱，可视效果不够理想。

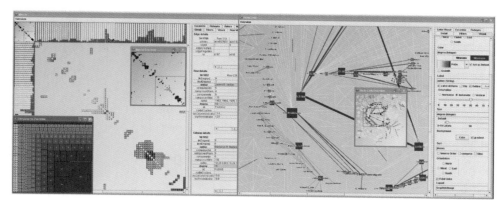

图 4-51　MatrixExplorer 的双视图同步显示实例

(2) 链接叠加矩阵：MatLink 方法通过矩阵边界处的链接(连接节点)来增强矩阵可视化效果。如图 4-52 所示，使用链接，可以轻松地在 MatLink 视图中发现路径，并保留矩阵表示的优点。

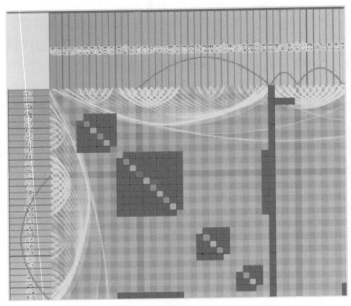

图 4-52　使用 MatLink 表达的社交网络

(3) 矩阵和节点-链接组合表示：NodeTrix 在一个视图中用节点-链接布局表达社交网络的全局结构，用邻接矩阵表达社区内部关系。如图 4-53 所示，社区是社交网络中内部相互联系紧密而和其他群体联系较为松散的小群体。据此，用户可更方便地探索社区的结构和社区之间的联系。

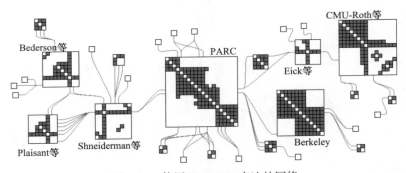

图 4-53　使用 NodeTrix 表达的网络

4.5　点云数据可视化

近些年来，激光扫描、激光雷达等三维遥测技术发展日益成熟，人们对于空间对象的探索也从二维空间上升到三维空间。通过三维激光扫描系统采集得到的原始数据被称为点云数据，激光点云扫描正逐渐成为三维空间信息快速获取的主要手段之一，在土木工程、工业测量、自然灾害调查、数字化保护、城乡规划等领域中有重要应用。激光扫描系统具有采样密度高、点云分布密集等特点，容易获得海量的测量数据及空间信息。例如，Riegl 公司的 VMX-450 系统能在一个小时内，基于车载平台获取沿途 40km 的点云数据，数据量高达 1TB，这给点云数据可视化与分析带来了巨大挑战。图 4-54 左所示的局部建筑物三维重建点云含 15896875 个点，数据量达 303MB。

　　与多边形格网表示三维物体相比，点云之间并不具备拓扑连接性。在直接绘制时，容易混淆点云中的深度信息，难以区分点云对象的前后表面和左右邻接关系，容易导致表达原本物体连续表面时出现显示空洞，难以准确展现物体表面的原始形状，如图 4-54 右所示。此外，高度密集且叠加的点云不仅难以可视化得到必要的形状细节特征，而且会产生大量的数据冗余。因此，点云可视化问题可归结为绘制效率和可视化质量两方面。为了解决大规模海量点云的绘制问题，一般采用点云压缩机制，在实现高效地内存装载点云的同时，一般利用压缩结构中的隐含空间关系来加速点云绘制。为解决直接可视化无拓扑连接性点云而导致的相关问题，常需提取点云中的隐含特征，通过特征的可视表达，实现物体原始形状和细节特征的可视化。

图 4-54　建筑物三维重建点云(左)及激光点云原始数据(右)

4.5.1　点云压缩与可视化

　　为了保证海量点云数据在内存中快速装载及访问，本节首先介绍点云数据的压缩处理方法，并在此基础上介绍基于压缩数据组织的点云可视化方法。

　　首先，建立基本结构描述点云数据的低频特征；然后，基于基本结构对点云高频剩余特征进行表达和编码。基本结构一般为空间邻近点云的共享低频特征，能够大幅度减小点云的信息熵，从而达到有效压缩点云数据的目的；而基本结构支持下的高频剩余特征编码相比于原数据同样降低了信息熵，进一步提高了压缩效率。目前这种基本结构一般采用空间层次结构来实现。用于点云可视化加速的空间层次结构主要包括八叉树和层次包围球方法，其中以八叉树最为典型，而基于层次包围球的方案与此类似。

1. 八叉树压缩原理

　　八叉树作为一种实现点云数据压缩的有效方式，已广泛应用于点云数据可视化、配准、分析和信息提取中。给定一个三维立方体空间，对每个维度上进行对半二分，由此将三维空间八等分，形成八个较小的立方体(称为八分体，octant)。这种八等分过程可以不断地进行下去，直至满足空间细分的终止条件，或到达最小的细分单元为止。一般而言，最小的细分单元被定义为体元(voxel)。用一棵树进行表达，树的根节点为三维立方空间，其他结点对应于八分体；体元是叶结点；非叶结点的孩子为其对应的 8 个八分体(图 4-55)。空间细分的终止条件是实现空间数据压缩的关键所在；如果当前八分体内所有体元属性是一致(或接近均一)的，则可认为达到空间细分的终止条件，可用当前八分体统一表达八分体内所有体元的属性，实现数据压缩。

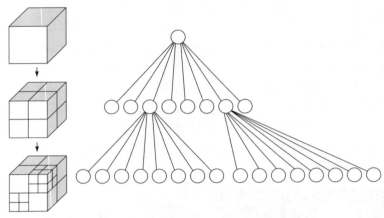

图 4-55　空间八等分与八叉树结构

　　因为点云在三维空间中是离散表示的，且点云没有体积，八分体中的数据不能视为绝对均一，导致传统的三维栅格压缩空间细分终止条件不再适用，需要重新定义八分体的终止条件。点云八叉树可视为点云的层次分割过程，在可视化过程中，一般不希望某个分割区域具有过多的点云，所以，细分终止条件可设置为：落入八分体的点云个数小于某阈值，或者当前结点的深度达到预先设定的最大深度。当结点满足此终止条件，则成为存储点云的叶结点，落入体元中的所有点云将会存储在体元所对应的叶结点上。点云八叉树构建过程的伪码如图 4-56 所示。

```
Create_sub_tree(octant, points)
{
    if(number_of(points) > MAX_NUM_NODE_POINTS
       && depth of(octant) == MAX_DEPTH) {
        // 将八分体八等分
        split_octant(sub_octants);
        // 根据点云落入的八分体分割点云
        split_points(points, sub_octants, sub_point_set);
        // 对每个八分体递归细分
        foreach i = 0, …, 7
            create_sub_tree(sub_octants[i], sub_point_set[i]);
    }
}
```

图 4-56　点云八叉树构建流程

2. 八叉树压缩存储

　　八叉树存储有两种基本方式，即子结点八指针的常规表达和不带指针的顺序存储方式。前者虽然因子结点指针占用了存储空间，但在需要频繁访问不同区域的大规模点云可视化中十分高效。后者通过特定编码顺序而有序地将叶结点进行存储，无须存储八叉树结构和子结点指针。该方法虽然具有相当高的存储效率，但在实际应用中难以开展八叉树遍历操作。相比之下，指针八叉树因为显式存储了八叉树的树形层次结构及属性信息，能保证较高的访问和操作效率，而且指针八叉树因为存在冗余信息，具备再次压缩的潜力。如图 4-57 所示传统结构的八叉树结点表达，在 64 位的计算机体系结构下(指针为 8 个字节)，结点结构总共需要 100 字节之多的存储空间。数据冗余量大，具有较大的压缩潜力。因此，指针八叉树适合于大规模点云压缩和可视化。

```
struct Octree {
    float center[3]; // 结点所对应八分体的中心位置
    float size[3]; // 结点所对应八分体的大小
    Octree *child[8]; // 结点的 8 个子结点的指针
    int nr_points; // 结点所对应八分体中点云的个数
    float **points; // 存储结点所对应八分体中点云的数组
}
```

图 4-57　带冗余的指针八叉树结点定义

首先，八叉树结点所对应八分体的大小 size 和位置 center 是冗余的，可以通过由根结点到当前结点的路径获得。八叉树描述的是空间递归八等分的过程，结点的深度表示的是结点所对应八分体是由多少次等分得到的，也表示了八分体的大小。另外，如果知道当前八分体是其父结点的第 i 个孩子，即能得到当前结点与其父结点的相对坐标。因此，给定根结点所对应空间的大小和位置，八叉树中任一结点的大小和位置可以通过从根结点到当前结点的层序访问计算获得。

其次，占用 64 字节的子节点指针 child 具有压缩潜力。因为只需要存储包含点云的八分体信息，子结点指针数组的压缩可采用按位的方式，依次对 8 个子结点是否有效(即是否存在点云)进行标识。不需要将当前结点下有效的子结点连续存储，而只需在当前结点中记录首个子结点的地址；为进一步减少存储这一指针的开销，还可只记录子结点的相对地址。

最后，对于点云个数 nr_point 和点云指针 points 的 12 字节，因为只在叶结点上存储点云信息，非叶结点则无须存储此项。对于叶结点，可以其子结点的指针指向结点下的点云数组作为代替。为了避免叶结点和非叶结点的指针 points 的混淆，通过按位标识的方式，用额外的 1 个字节指示 8 个孩子是否为叶结点。进而，可在仅存储包含点云结点的基础上，使用 8 字节描述一个八叉树结点。如图 4-58 所示，valid 为有效子节点标记，共 8 位；leaf 为叶结点标记，共 8 位；child pointer 为子结点首地址相对指针，共 6 字节。因此，可在保留八叉树存储结构的同时，大幅地减小开销。

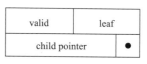

图 4-58　压缩后的八叉树结点结构

3. 基于八叉树的点云可视化

点云八叉树压缩组织支持视景体剔除(frustum)和细节层次模型(LOD)方式，实现点云的交互级快速可视化。为实现快速绘制，只有在视域范围内的点云才上传给 GPU 进行绘制，而对于其余不可见的点云则无须处理，直接剔除。对于点云八叉树而言，给定八分体，如果它的 8 个顶点完全落入视景体内，则八分体内的所有点云都将直接提交给 GPU 进行绘制；如果 8 个顶点完全在视景体外部，则八分体内的所有点云可被直接剔除；否则，对当前八分体下的子八分体进行下一级视景体剔除判断(图 4-59)。这种八分体剔除方式可以按深度优先的顺序逐级地进行下去，直到到达叶结点为止。

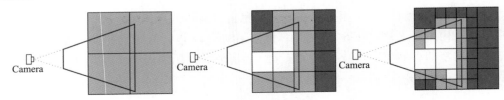

图 4-59　八分体的逐级视景体剔除判断

当绘制海量点云的整体性视图时，有可能出现导致大量点云落入视景体而无法剔除，严重拖慢计算速度的情形。对此，可以采用 LOD 方法，利用八叉树的层次组织方式，对较远点云只绘制其低分辨率模型。可视化过程中按层序对八叉树进行遍历，计算各结点所对应八分体在屏幕上的投影面积，如果八分体在屏幕上的投影面积小于 1 个像素，则采用 1 个像素绘制八分体中的所有点云。如果结点的屏幕投影面积小于预先设定的阈值，则绘制根据结点深度按比例所得下采样的点云(下采样点云可在预处理中执行)；否则，按深度优先顺序递归访问并绘制当前结点的子结点，直到子结点的平面投影面积小于预先设定的阈值，或是到达叶结点为止。这里如果到达叶结点，则说明到达了 LOD 中的最高细节层，则绘制叶结点中包含的所有点云。

4.5.2　点云特征提取与表达

如前所述，因点云不存在拓扑连接性而导致难以处理前后遮挡关系，直接绘制点云可能导致无法区分点云中的近表面、远表面，而形成前后表面的叠加[图 4-60(a)]；同时，过密的点云将导致无法获得点云细节。本节将介绍点云可见面的提取方法。另外，因点云不具备拓扑连接性而容易导致点云在直接绘制产生空洞，不便于可视化点云采样的原始表面信息，对此，本节还将介绍面向原始曲面形状的点云可视化方法，实现点云连续表达的 Splatting 方法。

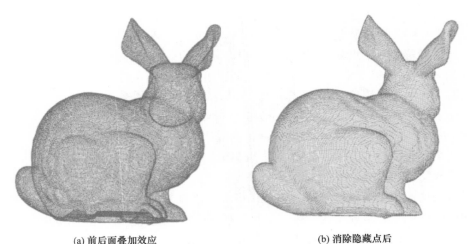

(a) 前后面叠加效应　　　　　　　　　　　(b) 消除隐藏点后

图 4-60　点云直接绘制的可视化结果

1. 可见点云提取方法

可见点云提取通过隐藏点消除算子(hidden point removal operator，HPR)来实现。虽然点云之间不具备显式的空间连接性，难以直接确定相互遮挡关系，但实际工作中发现点云的相互遮挡关系确实可以基于重建的曲面获得，这说明点云本身确实蕴含可见性信息。如图 4-60(b)所示，如果能有效提取出点云中的可见点集合 P_V，则能够更好地可视化点云的深度和三维轮廓信息。

给定三维空间中的点云 $P = p_i$ 和视点 C，可见点云提取需要在点集 P 中找出从 C 处观察的可见点集合 $P_V = \{p_i\}$。HPR 算子包括坐标变换和建立凸包两个步骤。

(1) 坐标变换。给定点云集合 P 和视点 C，将 P 的坐标转换至以 C 为原点的坐标系下，并寻找一个将点 $p_i \in P$ 映射至 C 到 p_i 的射线上，且随着 $\|p_i\|$ 单调递减的映射，实现点云坐标 P 的变换。如图 4-61(a)所示，球面翻转(spherical flipping)法是针对一个 D 维空间中球心在原点 C 上、半径为 R 的球体(令 R 足够大使得球体包含 P 的所有点)进行变换，把球内点 p_i 沿着 C 到 p_i 的射线反射至球外：

$$\hat{p}_i = f(p_i) = p_i + 2(R - \|p_i\|)\frac{p_i}{\|p_i\|} \tag{4-7}$$

图中，基于视点为圆心的二维圆(绿色)对物体(蓝色)的翻转变换(红色)及变换后图形与视点构成的凸包(黑色)。此外，还有更为简单的反射函数实现变换：

$$\hat{p}_i = p_i \|p_i\|^{\gamma-1} \tag{4-8}$$

式中，$\gamma < 0$ 为参数，且 $\|p_i\| \neq 0$。

(2) 建立凸包。令 $\hat{P}$ 为 P 反射后的点云：$\hat{P} = \{\hat{p}_i = f(p_i) \mid p_i \in P\}$，计算 $\hat{P} \bigcup \{C\}$ 的凸包。凸包围成的集合将包含反射后的集合和球心。

消除隐藏点算子认为，提取 $\hat{P} \bigcup \{C\}$ 的凸包上的点等价于确定点云 P 上的可见点，即如果点 $p_i \in P$ 的反射点 $\hat{p}_i$ 在 $\hat{P} \bigcup \{C\}$ 的凸包上，则 p_i 被标记为可见点。如图 4-61(b)所示,凸包的反变换结果，刚好对应于视线和物体的可见部分。

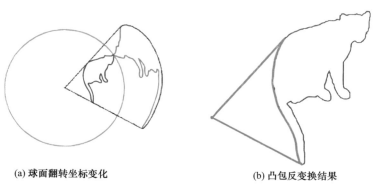

(a) 球面翻转坐标变化　　　　　　　　(b) 凸包反变换结果

图 4-61　消除隐藏点算子原理示意图

2. 云颜色绘制方法

为了高质量可视化点云表示的原始曲面信息，Splatting 技术也被用于点云颜色绘制。对于三维空间中的点，绘制时首先将它投影到屏幕上，得到屏幕空间中的二维投影点；并将点的颜色赋值给距离投影点最近的像素。当点云采样率不足时，这种方法会留下空洞[图 4-62(a)]。Splatting 方法是将三维点的颜色按某种规则分布在屏幕投影点周围，为表达颜色在屏幕投影点附近的分布，每个三维点都定义了一个足迹函数 $\rho_i(x)$，x 是屏幕坐标位置。足迹函数一般是以屏幕投影点为中心而快速连续衰减的函数，同时具有局部支撑性，如图 4-62(b)中的椭圆区。

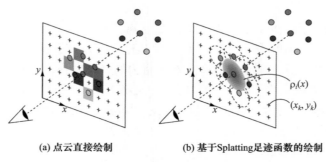

(a) 点云直接绘制   (b) 基于Splatting足迹函数的绘制

图 4-62   点云的 Splatting 绘制

令图像绘制过程表达为屏幕坐标 (x, y) 的函数 $\varphi(x, y)$ 。假定图像为灰度图像，则 $\varphi(x, y)$ 为标量函数；如果是彩色图像，可以按 RGB 三个通道分量做同样处理。对于空间中的点云集合 $\{p_i\}$ ，给定各点 p_i 的颜色及其足迹函数 $\rho_i(x, y)$ ，Splatting 方法可以通过对所有点求和得到绘制图像：

$$\varphi(x, y) = \sum_i c_i \rho_i(x, y) \tag{4-9}$$

但是，由于足迹函数存在计算误差，由上式得到的图像难以较好地还原真实的点云颜色。为此，对足迹函数做进一步正则化：

$$\varphi(x, y) = \sum_i c_i \frac{\rho_i(x, y)}{\sum_j \rho_j(x, y)} \tag{4-10}$$

式(4-10)保证了不受足迹函数误差的影响，点云颜色能被准确地绘制出来。

如图 4-63 伪代码所示，点云 Splatting 绘制的两步算法为：第一步，遍历点云，计算每个点的足迹函数 ρ_i 和颜色值 c_i ，将计算得到的值经过深度测试后累积在帧缓存中。在遍历完所有点后，帧缓存中将记录屏幕的每个像素 (x, y) 的累计颜色值 $c(x, y) = \sum_i c_i \rho_i(x, y)$ ，权值 $w(x, y) = \sum_i \rho_i(x, y)$ 和深度测试得到的深度值 $z(x, y)$ 。第二步，对于每个像素 (x, y) ，根据帧缓存中记录的累计颜色值和权值，按式(4-10)计算图像的最终颜色。

```
Splat_rendering(p[], c[], w[], z[]) {
    foreach(point i in p[]) {
        rho_i = footprint(p[i]);
        c_i = shade(p[i]);
        rasterize(rho_i, c_i, c[], w[], z[]);
    }
    foreach(pixel [x,y]) {
        c[x,y] /= w[x,y];
    }
}
```

图 4-63   点云 Splatting 伪代码

4.6　社交数据可视化

社交网络(social network service，SNS)的出现为人们提供了新的交流和沟通平台。它以网络为载体促进人与人之间的交流沟通，拓展用户的人际关系圈。社交网络的核心是用户和消息，用户可以在社交网络上发布、评价或转发其他用户的消息，而消息的内容主要包括文本、图像、事件信息和地理标签等。

4.6.1　社交网络数据

用户在社交网络上的活动，可以产生不同类型的社交网络数据。根据社交网络中用户和消息及它们间的相互联系可以构建不同的网络数据：不同用户的社会关系和兴趣爱好等构成用户的关系网络；用户发布或者转发他人的消息，构成转载网络；用户发布消息的行为导致信息传播，构成了消息的扩散网络。用户发布的消息具有时间和空间属性，结合这些信息我们可以了解消息在不同地区、城市甚至国家之间的扩散情况；将时空信息的分布情况与语义信息相结合，能够了解社会事件的时空分布；把每个用户的地理位置信息按照时间顺序连接，可以粗略地构建出用户的运动轨迹。

因此，可将社交网络数据分为两种类型：网络和时空信息。网络包括用户关系网络、信息扩散网络及转载网络；时空信息包括地理信息扩散、时空事件及运动轨迹。

4.6.2　社交网络可视化

将社交网络定义为 $G=(V, E)$ ，$V=\{v_1, v_2, \cdots, v_n\}$ 表示一组实体，如一组用户或消息，$E=\{e_1, e_2, \cdots, e_n\}$ 表示实体间的关系，包括关注用户、发布和转发消息，其中 $e_k=\{v_i, v_j\}$ 为实体 v_j 到实体 v_i 的关系。默认情况下，本节讨论的网络是定向网络。

1. 用户关系可视化

在社交网络中，用户可以在个人资料里描述自己的年龄、婚姻状况和兴趣爱好等，并且可按友情链接的形式公开表达各用户间的"友谊"，形成以用户为节点，友谊链接为边的关系网络。在关系网络 $G=(V, E)$ 中，节点 $v_i \in V$ 表示用户，边 $e_{ij}=\{v_i, v_j\} \in E$ 表示用户 v_i 关注了用户 v_j ，描述了社交网络用户之间的社交关系。

使用 4.4 节介绍的节点-链接方式进行社交网络用户关系可视化是一种普遍做法。该方法能直观地表达网络中的社区及各用户之间的直接或间接关系。以此为基础，发展了一款专门用于社会网络用户可视化的工具 Vizster，实现了朋友关系网络(friendster)的可视化，并且能够对网络中的关系进行在线探索，发现网络中的社区，如图 4-64 所示。

除节点-链接法之外，4.4 节介绍的邻接矩阵也是社交网络用户关系可视化的另一种方法。该方法不会产生节点重叠和边交叉问题，当图形较密集时不会造成视觉混乱，可视化效果较好。但是，复杂用户关系探索比较困难。因此，将节点-链接和邻接矩阵两种方法的优点相结合的混合布局方法(如 4.4.3 节中介绍的 NodeTrix 方法)是一种比较好的选择。

2. 扩散网络可视化

在扩散网络 $G=(V, E)$ 中，节点 $v_i \in V$ 表示消息，边 $e_{ij}=\{v_i, v_j\} \in E$ 表示消息 v_j 中提及或者引用了消息 v_i ，它显示了消息的传播过程。

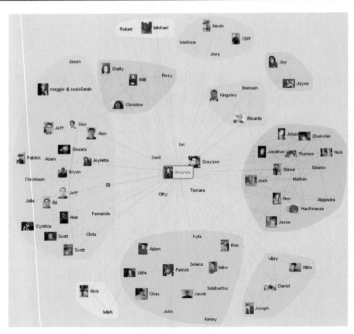

图 4-64　社交网络用户关系的 Vizster 可视化

　　扩散网络可视化的典型工具是 Google+Ripples。如图 4-65 所示，该工具采用基于节点-链接和圆形地图隐喻方法混合的形式来可视化消息扩散情况。每个固定颜色的圆代表一棵消息扩散树；其中，最大的圆表示根节点用户发布消息的扩散情况。每个圆内由箭头和更小的圆组成，其中箭头指向转发了消息的子节点，表明消息的扩散方向；小圆表示子节点的扩散树。通常,将直径较大的圆放置在视图中心，而直径较小的圆放置在各个大圆之间。

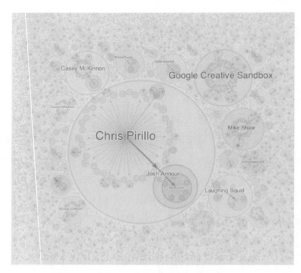

图 4-65　基于节点-链接和圆形地图隐喻方法混合的扩散网络可视化

3. 转载网络可视化

　　基于用户转载和评论行为的转载网络，可用于研究社区关系，也可用来分析用户之间的信息传播过程。在该网络中，节点 $v_i \in V$ 表示用户，边 $e_{ij} = \{v_i, v_j\} \in E$ 表示用户 v_j 转发或者评论了用户发布的消息 v_i。

D-Map(diffusion map)是一种基于地图隐喻显示信息传播的转载网络可视化方法,用于社交网络信息传播过程中的社会行为探索和分析。如图 4-66 所示,该方法收集所有参与转发中心用户所发送消息的用户,根据行为的相似性将其映射到六边形网格,并将转发的消息按时间顺序排列。颜色用来区分不同的社区,社区的大小代表社区人数的多少。通过额外的交互和链接,D-Map 能够提供有影响力用户的视觉肖像并可视化他们的社会行为。

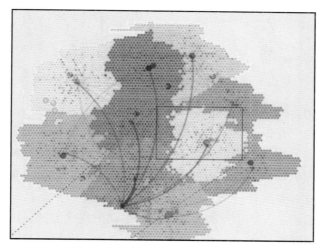

图 4-66 转载网络的 D-Map 可视化

4.6.3 网络信息扩散可视化

社交网络的空间信息有两个主要来源:一是用户在资料中标记自己生活的城市或地区,一般认为该地点就是用户的现居地,通常这些信息不具有精确的经纬度坐标,但可以表示一个地区,一个城市甚至一个国家;二是随着智能手机和 GPS 技术的发展,用户很容易发布带有精确地理位置的消息,以微博数据为例,带地理位置的消息占总消息的 3%左右。而当用户发布消息时,系统便会自动记录下当前的时刻,即社交网络具有时间属性。考虑到社交网络中每天都有大量的消息,因此也将产生大量的带有时间和空间印记的网络消息。

1. 网络信息扩散可视化

$V = \{v_1, v_2, \cdots, v_n\}$ 表示一组用户,每个 $v_i \in V$ 都有表示生活地点的属性 h_i,通过这些网络信息可以在不同空间尺度下进行扩散分析。

Whisper 是一种采用向日葵视觉隐喻的可视化方法,描述网络消息从中心向外传播过程。如图 4-67 所示,向日葵中心圆盘中的点表示人们感兴趣的消息,花瓣中的射线表示消息的扩散途径,花瓣末端表示用户群组。首先,将未被转发的消息放置在圆盘中心,在给定时间内如果消息被转发,则点由中心向外围移动;否则,表示消息未被转发,不再关注该消息的扩散过程。然后,将用户指定的时间段映射到中心圆盘和花瓣末端之间的区域上,表示消息在不同时刻的扩散情况。

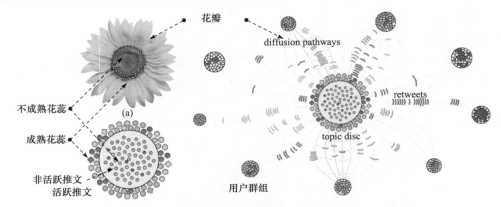

图 4-67　网络信息扩散过程的 Whisper 可视化原理

2. 时空事件可视化

时空社会事件为时空背景下一系列主题相似的有地理位置的消息，用 $S=(V, G)$ 表示，其中 $V=\{v_1, v_2, \cdots, v_n\}$ 表示一组用户，$G=\{g_1, g_2, \cdots, g_n\}, g_j=(t_j, \text{pos}_j, \text{text}_j, \text{addAttr}_j)$ 是一组带有地理位置的消息，每个消息包含时间戳、位置(纬度和经度)、文本信息等，V 中的每个用户可以发布一条或多条消息。

对于有地理位置的消息，基于点的方式是最简单的可视化方法。用点表示用户发布的消息，点的位置为消息的地理位置。此外，也可采用 4.3.2 节介绍的基于密度的点可视化方法表示该位置用户发布消息的数量。图 4-68 为纽约曼哈顿地区政府颁布撤离令前后的时空事件密度图对比，据此可以分析用户、基础设施和灾害的空间分布及其空间关系。

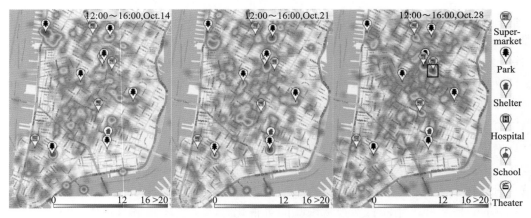

图 4-68　曼哈顿地区 Twitter 用户空间分布密度图变化

3. 用户轨迹可视化

每个用户 v_i 会不时发布一系列带有地理位置的消息 G，其中 $G=\{g_1, g_2, \cdots, g_k\}$。按照消息发布的时间顺序，可从中构建出用户移动的粗略轨迹。流图是显示对象运动轨迹的常用方法，当轨迹叠加时，通过合并边以减少视觉混乱。如图 4-69 所示，可将合并轨迹的权重线性映射为轨迹宽度，合并的轨迹数越多，曲线越粗。当两条轨迹存在交叉时，较窄的轨迹位于较宽的轨迹之上。

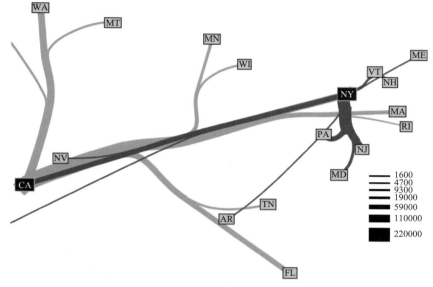

图 4-69　用户轨迹的流图可视化

4.6.4　网络文本可视化

网络用户生成的文本中隐含了用户表达内容的关键词、主题和用户情感。在社交网络的背景下，关键词和主题揭示了文本内容的两个不同层次，关键词是文本中高频出现的词，主题是对文本内容的高度总结，社交网络文本可视化可挖掘提取主题级语义和用户情感。

1. 关键词可视化

词语是构成文本的基础，从文本中提取的关键字可基本代表消息内容的含义。标签云 (Tag Cloud，又名 Text Cloud、Word Cloud)技术是最常用的关键词可视化技术。它直接抽取文本中的关键词，按一定顺序(如字母和数字顺序)、规则和约束整齐美观地排列在屏幕上。标签云采用不同颜色、字体大小或两者的组合来反映关键词在文本中分布的出现频率、重要程度及其差异，如图 4-70 所示。

图 4-70　奥巴马 2007 年演讲关键词的标签云可视化结果

2. 主题可视化

主题通常由社会事件产生，并且随着人群分布和时间的推移而不断变化。通过对主题进行可视化，可以分析社会事件衍生的主题及起因。

主题河流(ThemeRiver)是一种经典的主题可视化方法，它将主题隐喻为时间上不断延续的河流。每条河流代表一个主题，用不同的颜色相互区分；在流动过程中河流的宽度沿着时间轴从左向右不断变化，代表包含当前主题的文本所占文本总数的比率。它可以展示发生某些社会事件时文本集合中主题的演化过程。如图 4-71 所示，在古巴领导人卡斯特罗没收美国炼油厂前后，"石油"主题河流较宽，表明与"石油"主题相关的文本数量在这段时间较多。

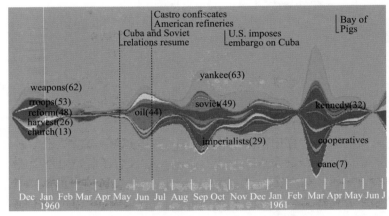

图 4-71　与卡斯特罗相关的演讲、访谈、文章等集合的主题可视化结果

3. 情感可视化

通过分析社交网络用户对社会事件的看法，可以估计公众对社会事件的态度和情感，这对舆情政治、广告宣传等有着极为重要的指引作用。

基于矩阵视图的可视化是情感可视化最常用的方法。矩阵中通常包含三类基本信息：参与评价的用户，被评价的对象以及对象的属性。在可视化矩阵中，行表示被评价的对象，列表示被评价对象的属性，并采用颜色来表达用户对评价对象的喜恶程度。如图 4-72 所示，分别用红色、蓝色表示用户对被评价对象的消极和积极情感，用透明度代表用户对该种评价的情感程度。每个小方格内的格子大小代表参与评价的用户人数，即人数越多，格子越大。

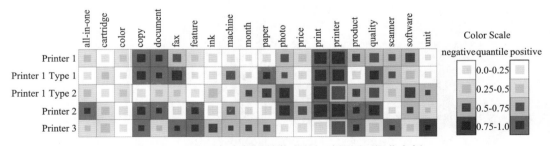

图 4-72　用户对打印机反馈信息的矩阵视图可视化实例

思 考 题

1. 若要同时实现分层设色和地形晕渲，应采取哪些制图规则？
2. 分析比较规则格网、半规则格网和不规则三角网地形可视化方法的优缺点。

3. 简述建筑可视化的关键问题和解决策略。

4. 不同的森林可视化方法分别适用于哪些应用场合?

5. 与其他地物可视化相比,地矿数据可视化有何不同和特殊之处?

6. 交通数据有何特点,针对不同类型交通数据在可视化方法上有何不同?

7. 实现大规模交通数据的时空可视化可采用哪些策略?

8. 尝试设计一种兼备节点-链接法和邻接矩阵布局方法优点的网络数据可视化方案。

9. 点云压缩方法能否同时用于点云特征的快速提取,具体如何实现?

10. 利用 ColorBrewer 工具,实现一种地形的分层设色方案。

11. 采用 OpenGL 开发工具,实现一种受限四叉树层次细节模型的构建。

12. 以建筑、树木为例,简述如何实现点云八叉树的快速绘制。

13. 实现 BIM 模型格式的读取,提取其中的 LOD 层次。

14. 学习 OpenAlea 开源库(http://openalea.gforge.inria.fr/),实现树木可视化及枝干自动生成,探讨不同生成规则对树木形态生成的影响。

15. 基于北京市出租车交通数据(https://www.microsoft.com/en-us/research/publication/t-drive-trajectory-data-sample/),选择或设计一种方法实现轨迹数据的可视化,展示不同时间段内北京的热点变化。

16. 实现一种力引导布局的图可视化方法。

17. 根据自己的社交账号,设计一种可视化方式,实现用户关系网络可视化与信息扩散过程可视化。

第 5 章　空间数据可视化程序开发

前述章节系统学习了可视化基础知识、空间数据可视化表达方法与关键技术。本章重点学习可视化程序设计的基础知识与开发工具，首先学习 IDL、OpenGL、BIM 的初级可视化技术，其次学习利用多线程、GPU、VisIT 的高级可视化技术，并结合具体案例进行可视化程序开发训练；最后学习虚拟现实与增强现实技术。

5.1　可视化程序设计基础

可视化程序设计首先需要了解和掌握基本的程序设计语言。此外，可视化程序设计除了面向计算处理单元(computer processing unit,CPU)编程之外，还涉及专门的图形硬件，在某些情形下需要针对图形硬件进行专门编程，如图形处理单元(graphics processing unit，GPU)编程。同时，可视化程序设计涉及诸多图形变换操作，还需预先掌握相关变换的数学基础。与其他领域的程序设计一样，可视化程序设计涉及专门的开发工具。下面将分别从图形硬件、数学基础和开发工具等方面介绍可视化程序设计的基础知识。

5.1.1　可视化图形硬件

图形硬件(也称为显示卡、图形卡、显示适配器或图形适配器)是一种扩展卡，是计算机最基础、最重要的配件之一，作为电脑主机里的一个重要组成部分，进行数模信号转换，承担输出显示图形的任务。通常，它们被视作独立的或专用的图形卡，用以强调与集成图形之间的区别，其核心是 GPU。

自 1999 年 NVIDIA 发布第一款 GPU 以来，GPU 的发展就一直保持了很高的速度。为了实时生成逼真的 3D 图形，GPU 不仅采用了最先进的半导体制造工艺，在设计上也不断创新。传统上 GPU 的强大处理能力只被用于 3D 图像渲染，应用领域受到限制。随着以 CUDA 为代表的 GPU 通用计算 API 的普及，GPU 在计算机中的作用日益重要，GPU 的含义从图形处理器(graphic processing unit)扩展为通用处理器(general purpose unit)。

GPU 渲染流水线的主要任务是完成从 3D 模型到图像的渲染(render)。常用的图形学 API(如 Direct3D/OpenGL)编程模型中的渲染过程被分为几个可并行处理的阶段，分别由 GPU 中渲染流水线的不同单元进行处理。GPU 输入的模型是数据结构(或语言)定义的三维物体的描述性信息，包括几何、方向、物体表面材质以及光源所在位置等；而 GPU 输出的图像则是从观察点观测到的 3D 场景的二维图像。GPU 渲染需要处理的对象分别是顶点(vertex)、几何图元(primitive)、片元(fragment)和像素(pixel)。典型的渲染过程可分为以下几个阶段。

1. 顶点生成

图形学 API 用简单的图元(点、线、三角形)表示物体表面。每个顶点除了 (x,y,z) 三维坐标属性外还有应用程序的自定义属性，如位置、颜色、标准向量等。

2. 顶点处理

本阶段主要是通过计算把三维顶点坐标映射到二维屏幕，计算各顶点的亮度值等。这个阶段是可编程的，由顶点着色器完成。输入与输出一一对应，即一个顶点被处理后仍然是一个顶点，各顶点间的处理相互独立，可以并行完成。

3. 图元生成

根据应用程序定义的顶点拓扑逻辑，把上阶段输出的顶点组织起来形成有序的图元流。顶点拓扑逻辑定义了图元在输出流中的顺序，一个图元记录由若干顶点记录组成。

4. 图元处理

这一阶段也是可编程的，由几何着色器完成。输入和输出不是一一对应，一个图元被处理后可以生成 0 个或者多个图元，各图元处理也是相互独立的。本阶段输出一个新的图元流。

5. 片元生成

这一阶段将对每一个图元在屏幕空间进行采样，即光栅化。每一个采样点对应一个片元记录，记录该采样点在屏幕空间中的位置、与视点之间的距离以及通过插值获得的顶点属性等。

6. 片元处理

片元处理阶段也是可编程的，由片段着色器完成，主要完成图形的填色功能，模拟光线和物体表面的交互作用，产生每个片元的颜色及透明度。

7. 像素操作

用每个片元的屏幕坐标来计算该片元对最终生成图像上的像素的影响程度。本阶段计算每个采样点离视点的距离，丢弃被遮挡的片元。当来自多个图元的片元影响到同一个像素时，往往根据图元处理输出流中定义的图元位置进行像素更新。

5.1.2　可视化几何变换

1. 变换矩阵

1) 二维几何变换

二维齐次坐标变换的矩阵形式为

$$\begin{bmatrix} a & b & c \\ d & e & f \\ g & h & i \end{bmatrix} \tag{5-1}$$

式中，$\begin{bmatrix} a & b \\ d & e \end{bmatrix}$ 可以对图形进行缩放、旋转等变换；$\begin{bmatrix} c \\ f \end{bmatrix}$ 是对图形进行平移变换；$[g\ \ h]$ 是对图形做投影变换；$[i]$ 则是对图形整体进行缩放变换。

(1) 平移变换。如图 5-1 所示，在二维平面上，一个点平移到另一个点是将平移距离 t_x 和 t_y 加到原始坐标 (x, y) 上，得到一个新的坐标 (x', y')：

$$\begin{bmatrix} x' \\ y' \\ 1 \end{bmatrix} = \begin{bmatrix} 1 & 0 & t_x \\ 0 & 1 & t_y \\ 0 & 0 & 1 \end{bmatrix} \begin{bmatrix} x \\ y \\ 1 \end{bmatrix} = \begin{bmatrix} x + t_x \\ y + t_y \\ 1 \end{bmatrix} \tag{5-2}$$

(2) 缩放变换。如图 5-2 所示，在二维平面上，对一个点进行缩放变换是将该点的坐标按缩放系数 s_x 和 s_y 进行变化，得到一个新的坐标 (x', y')：

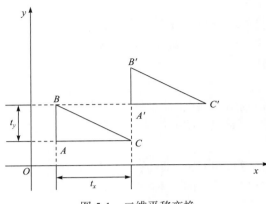

图 5-1　二维平移变换

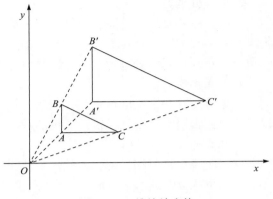

图 5-2　二维缩放变换

$$\begin{bmatrix} x' \\ y' \\ 1 \end{bmatrix} = \begin{bmatrix} s_x & 0 & 0 \\ 0 & s_y & 0 \\ 0 & 0 & 1 \end{bmatrix} \begin{bmatrix} x \\ y \\ 1 \end{bmatrix} = \begin{bmatrix} s_x \cdot x \\ s_y \cdot y \\ 1 \end{bmatrix} \tag{5-3}$$

(3) 旋转变换。如图 5-3 所示，二维旋转是指将原始点绕坐标原点旋转 θ 角得到新的坐标位置 (x', y')：

$$\begin{bmatrix} x' \\ y' \\ 1 \end{bmatrix} = \begin{bmatrix} \cos\theta & -\sin\theta & 0 \\ \sin\theta & \cos\theta & 0 \\ 0 & 0 & 1 \end{bmatrix} \begin{bmatrix} x \\ y \\ 1 \end{bmatrix} = \begin{bmatrix} x\cos\theta - y\sin\theta \\ x\sin\theta + y\cos\theta \\ 1 \end{bmatrix} \tag{5-4}$$

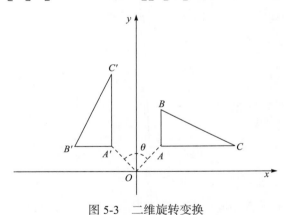

图 5-3　二维旋转变换

其中，逆时针旋转 θ 取正值，顺时针旋转 θ 取负值。

2) 三维几何变换

三维几何变换用齐次坐标表示的矩阵是一个 4 阶方阵：

$$\begin{bmatrix} a_{11} & a_{12} & a_{13} & a_{14} \\ a_{21} & a_{22} & a_{23} & a_{24} \\ a_{31} & a_{32} & a_{33} & a_{34} \\ a_{41} & a_{42} & a_{43} & a_{44} \end{bmatrix} \tag{5-5}$$

把以上矩阵分为四块，其中，$\begin{bmatrix} a_{11} & a_{12} & a_{13} \\ a_{21} & a_{22} & a_{23} \\ a_{31} & a_{32} & a_{33} \end{bmatrix}$ 产生缩放、旋转等几何变换；$\begin{bmatrix} a_{14} \\ a_{24} \\ a_{34} \end{bmatrix}$ 产生平移变换；$\begin{bmatrix} a_{41} & a_{42} & a_{43} \end{bmatrix}$ 产生投影变换；$\begin{bmatrix} a_{44} \end{bmatrix}$ 产生整体的缩放变换。

(1) 平移变换。如图 5-4 所示，参照二维的平移变换，得到三维平移变换矩阵：

$$\begin{bmatrix} x' \\ y' \\ z' \\ 1 \end{bmatrix} = \begin{bmatrix} 1 & 0 & 0 & t_x \\ 0 & 1 & 0 & t_y \\ 0 & 0 & 1 & t_z \\ 0 & 0 & 0 & 1 \end{bmatrix} \begin{bmatrix} x \\ y \\ z \\ 1 \end{bmatrix} = \begin{bmatrix} x + t_x \\ y + t_y \\ z + t_z \\ 1 \end{bmatrix} \tag{5-6}$$

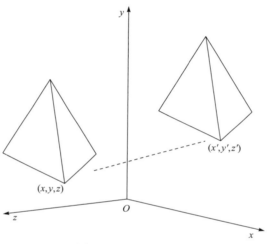

图 5-4　三维平移变换

(2) 缩放变换。如图 5-5 所示，直接考虑相对于参考点 $F(x_f, y_f, z_f)$ 的缩放变换，步骤如下：

第一步，将参考点平移到坐标原点处；

第二步，进行缩放变换；

第三步，将参考点移回原来位置。

则变换矩阵为

$$\begin{bmatrix} 1 & 0 & 0 & x_f \\ 0 & 1 & 0 & y_f \\ 0 & 0 & 1 & z_f \\ 0 & 0 & 0 & 1 \end{bmatrix} \begin{bmatrix} s_x & 0 & 0 & 0 \\ 0 & s_y & 0 & 0 \\ 0 & 0 & s_z & 0 \\ 0 & 0 & 0 & 1 \end{bmatrix} \begin{bmatrix} 1 & 0 & 0 & -x_f \\ 0 & 1 & 0 & -y_f \\ 0 & 0 & 1 & -z_f \\ 0 & 0 & 0 & 1 \end{bmatrix} = \begin{bmatrix} s_x & 0 & 0 & (1-s_x)x_f \\ 0 & s_y & 0 & (1-s_y)y_f \\ 0 & 0 & s_z & (1-s_z)z_f \\ 0 & 0 & 0 & 1 \end{bmatrix} \tag{5-7}$$

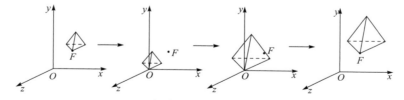

相对 F 点作缩放变换

图 5-5　三维缩放变换

(3) 绕坐标轴的旋转变换。考虑右手坐标系下相对坐标原点绕坐标轴旋转 θ 角的变换。

A. 绕 x 轴旋转。空间立体绕 x 轴旋转 θ 角后，各顶点的 x 坐标不变，y 和 z 变化。

$$
\begin{bmatrix} x' \\ y' \\ z' \\ 1 \end{bmatrix} = \begin{bmatrix} 1 & 0 & 0 & 0 \\ 0 & \cos\theta & -\sin\theta & 0 \\ 0 & \sin\theta & \cos\theta & 0 \\ 0 & 0 & 0 & 1 \end{bmatrix} \begin{bmatrix} x \\ y \\ z \\ 1 \end{bmatrix} = R_x(\theta) \begin{bmatrix} x \\ y \\ z \\ 1 \end{bmatrix} \tag{5-8}
$$

B. 绕 y 轴旋转。空间立体绕 y 轴旋转 θ 角后，各顶点的 y 坐标不变，x 和 z 变化。

$$
\begin{bmatrix} x' \\ y' \\ z' \\ 1 \end{bmatrix} = \begin{bmatrix} \cos\theta & 0 & \sin\theta & 0 \\ 0 & 1 & 0 & 0 \\ -\sin\theta & 0 & \cos\theta & 0 \\ 0 & 0 & 0 & 1 \end{bmatrix} \begin{bmatrix} x \\ y \\ z \\ 1 \end{bmatrix} = R_y(\theta) \begin{bmatrix} x \\ y \\ z \\ 1 \end{bmatrix} \tag{5-9}
$$

C. 绕 z 轴旋转。空间立体绕 z 轴旋转 θ 角后，各顶点的 z 坐标不变，x 和 y 变化。

$$
\begin{bmatrix} x' \\ y' \\ z' \\ 1 \end{bmatrix} = \begin{bmatrix} \cos\theta & -\sin\theta & 0 & 0 \\ \sin\theta & \cos\theta & 0 & 0 \\ 0 & 0 & 1 & 0 \\ 0 & 0 & 0 & 1 \end{bmatrix} \begin{bmatrix} x \\ y \\ z \\ 1 \end{bmatrix} = R_z(\theta) \begin{bmatrix} x \\ y \\ z \\ 1 \end{bmatrix} \tag{5-10}
$$

D. 绕任意轴旋转。如图 5-6 所示，设旋转轴 AB 由任意一点 $A(x_a, y_a, z_a)$ 及其方向 (a, b, c) 定义，空间一点 $P(x_p, y_p, z_p)$ 绕 AB 轴旋转 θ 角到 $P'(x'_p, y'_p, z'_p)$，则有

$$
\begin{bmatrix} x'_p \\ y'_p \\ z'_p \\ 1 \end{bmatrix} = R_{ab}(\theta) \begin{bmatrix} x_p \\ y_p \\ z_p \\ 1 \end{bmatrix} \tag{5-11}
$$

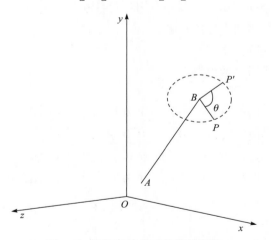

图 5-6　绕任意轴的三维旋转变换

P 点旋转步骤：①将 A 点移动到坐标原点；②使 AB 分别绕 x 轴、y 轴旋转 α 和 β 角使其与 z 轴重合；③将 AB 绕 z 轴旋转 θ 角；④作上述变换的逆操作，使 AB 回到原来的位置。其中，α、β 分别是 AB 在平面 yOz 与 xOz 平面的投影与 z 轴的夹角。

可以得如下的矩阵：设旋转轴 $A(a,b,c)$ 过原点，旋转角度为 θ ，则旋转矩阵为

$$
\begin{bmatrix}
a^2+(1-a^2)\cos\theta & ab(1-\cos\theta)+c\sin\theta & ac(1-\cos\theta)-b\sin\theta & 0 \\
ab(1-\cos\theta)-c\sin\theta & b^2+(1-b^2)\cos\theta & bc(1-\cos\theta)+a\sin\theta & 0 \\
ac(1-\cos\theta)-b\sin\theta & bc(1-\cos\theta)-a\sin\theta & c^2+(1-c^2)\cos\theta & 0 \\
0 & 0 & 0 & 1
\end{bmatrix}
\tag{5-12}
$$

设旋转轴 $A(u,v,w)$ 不过原点， $P(a,b,c)$ 是旋转轴的起点，旋转角度为 θ ，则旋转矩阵为

$$
\begin{bmatrix}
u^2+(v^2+w^2)\cos\theta & uv(1-\cos\theta)-w\sin\theta & uw(1-\cos\theta)+v\sin\theta \\
uv(1-\cos\theta)+w\sin\theta & v^2+(u^2+w^2)\cos\theta & vw(1-\cos\theta)-u\sin\theta \\
uw(1-\cos\theta)-v\sin\theta & vw(1-\cos\theta)+u\sin\theta & w^2+(u^2+v^2)\cos\theta \\
0 & 0 & 0
\end{bmatrix}
\tag{5-13}
$$

$$
\begin{bmatrix}
\left[a(v^2+w^2)-u(bv+cw)\right](1-\cos\theta)+(bw-cv)\sin\theta \\
\left[b(u^2+w^2)-v(au+cw)\right](1-\cos\theta)+(cu-aw)\sin\theta \\
\left[c(u^2+v^2)-w(au+bv)\right](1-\cos\theta)+(av-bu)\sin\theta
\end{bmatrix}
$$

对一个三维顶点作任意轴的旋转变换，只需左乘旋转矩阵即可。

3) 投影变换

(1) 世界坐标系与观察坐标系。物体在空间的表示是用世界坐标，但当人们去观察物体时，坐标系就转化为观察坐标系。将世界坐标系变换到观察坐标系，可以通过平移、旋转来实现(图 5-7)。

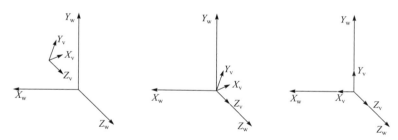

图 5-7　世界坐标系转换为观察坐标系

平移后，用单位矢量法得到旋转矩阵。

A. 取 Z_v 轴向为观察平面的法向 v_{PN} ，其单位矢量 $n=v_{PN}/|v_{PN}|=(n_x,n_y,n_z)$ 。

B. 取 X_v 轴向为观察方向 P_{REF} ，其单位矢量 $u=P_{REF}/|P_{REF}|=(u_x,u_y,u_z)$ 。

C. 取 Y_v 轴向的单位矢量 $v=u\times n=(v_x,v_y,v_z)$ 。

得到旋转矩阵

$$
\begin{bmatrix}
u_x & u_y & u_z & 0 \\
v_x & v_y & v_z & 0 \\
n_x & n_y & n_z & 0 \\
0 & 0 & 0 & 1
\end{bmatrix}
\begin{bmatrix}
1 & 0 & 0 & -x_0 \\
0 & 1 & 0 & -y_0 \\
0 & 0 & 1 & -z_0 \\
0 & 0 & 0 & 1
\end{bmatrix}
\tag{5-14}
$$

(2) 正平行投影。即投影方向垂直于投影平面。正投影变换可得到标准规定的六个基本视图(主视图、俯视图、左视图、右视图、仰视图和后视图)。如图 5-8 所示，三视图的生成是把 xyz 坐标系的形体投影到 $z=0$ 的平面，变换到 uwv 坐标系。

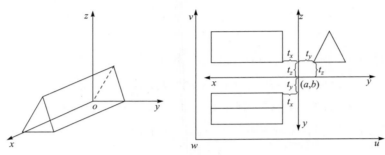

图 5-8　物体的三视图

其中，(a,b) 为 uv 坐标系下的值，t_x、t_y、t_z 如上图所示。

主视图变换矩阵为

$$\begin{bmatrix} u \\ v \\ w \\ 1 \end{bmatrix} = \begin{bmatrix} -1 & 0 & 0 & a-t_x \\ 0 & 0 & 1 & b+t_z \\ 0 & 0 & 0 & 0 \\ 0 & 0 & 0 & 1 \end{bmatrix} \begin{bmatrix} x \\ y \\ z \\ 1 \end{bmatrix} \tag{5-15}$$

俯视图变换矩阵为

$$\begin{bmatrix} u \\ v \\ w \\ 1 \end{bmatrix} = \begin{bmatrix} -1 & 0 & 0 & a-t_x \\ 0 & -1 & 0 & b-t_y \\ 0 & 0 & 0 & 0 \\ 0 & 0 & 0 & 1 \end{bmatrix} \begin{bmatrix} x \\ y \\ z \\ 1 \end{bmatrix} \tag{5-16}$$

侧视图变换矩阵为

$$\begin{bmatrix} u \\ v \\ w \\ 1 \end{bmatrix} = \begin{bmatrix} 0 & 1 & 0 & a+t_y \\ 0 & 0 & 1 & b+t_z \\ 0 & 0 & 0 & 0 \\ 0 & 0 & 0 & 1 \end{bmatrix} \begin{bmatrix} x \\ y \\ z \\ 1 \end{bmatrix} \tag{5-17}$$

(3) 透视投影。投影中心与投影平面的距离有限，投影线从观察点出发，视线是不平行的。不平行于投影平面的视线汇聚的一点称为灭点，在坐标轴上的灭点为主灭点。主灭点数和投影平面切割坐标轴的数量相对应。按主灭点个数，透视投影可分为一点透视、两点透视和三点透视，如图 5-9 所示。

以一点透视投影为例，其投影计算原理如图 5-10 所示。从图中可知，P' 点的参数方程为

$$\begin{cases} x' = x - xu \\ y' = y - yu \\ z' = z - (z - z_{prp})u \end{cases}, u = \frac{z_{vp} - z}{z_{prp} - z} \tag{5-18}$$

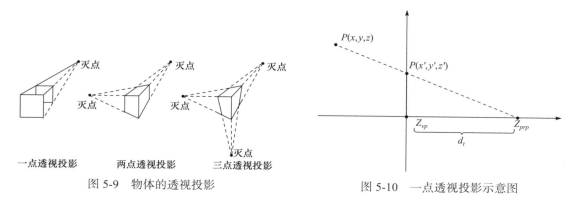

图 5-9　物体的透视投影　　　　　　　　　图 5-10　一点透视投影示意图

即

$$x' = x\left(\frac{z_{prp} - z_{vp}}{z_{prp} - z}\right) = x\left(\frac{d_p}{z_{prp} - z}\right)$$

$$y' = y\left(\frac{z_{prp} - z_{vp}}{z_{prp} - z}\right) = y\left(\frac{d_p}{z_{prp} - z}\right) \tag{5-19}$$

用齐次坐标表示一点透视的投影公式为

$$\begin{bmatrix} x_h \\ y_h \\ z_h \\ 1 \end{bmatrix} = \begin{bmatrix} 1 & 0 & 0 & 0 \\ 0 & 1 & 0 & 0 \\ 0 & 0 & -z_{vp}/d_p & z_{vp}(z_{prp}/d_p) \\ 0 & 0 & -1/d_p & z_{prp}/d_p \end{bmatrix} \tag{5-20}$$

式中，$h = \dfrac{z_{prp} - z}{d_p}$。

2. 齐次坐标

齐次坐标指的是将一个原本是 n 维的向量用一个 $n+1$ 维向量来表示。以矩阵表达式来计算这些变换时，平移是矩阵相加，旋转和缩放则是矩阵相乘，综合起来可以表示为 $p' = pm_1 + m_2$ (m_1 为旋转缩放矩阵，m_2 为平移矩阵，p 为原向量，p' 为变换后的向量)。它提供了用矩阵运算把二维、三维甚至高维空间中的一个点集从一个坐标系变换到另一个坐标系的有效方法。

三维数据可以通过三维向量与 3×3 矩阵的乘法操作来完成缩放和旋转的线性变换。但是，3×3 矩阵的乘法操作无法实现三维笛卡儿坐标的平移。线性变换总是将 $(0,0,0)$ 映射到 $(0,0,0)$，所以需要做仿射变换(不属于线性变换)，即用一个额外的向量，将点 $(0,0,0)$ 移到另一个位置。但加入这个额外向量的运算过程后，就无法再运用线性变换的各种优势，如将多个变换过程合成为复合变换。因此，需要寻求一种能用线性变换来表达平移操作的方法。将数据置入四维坐标空间中，仿射变换就成为一种简单的线性变换，即可以使用 4×4 矩阵的乘法操作来完成平移操作。

例如，将数据沿着 y 轴移动 3，假设第四个向量坐标为 1，则

$$\begin{bmatrix} 1 & 0 & 0 & 0 \\ 0 & 1 & 0 & 3 \\ 0 & 0 & 1 & 0 \\ 0 & 0 & 0 & 1 \end{bmatrix} \begin{pmatrix} x \\ y \\ z \\ 1 \end{pmatrix} \rightarrow \begin{pmatrix} x \\ y+3 \\ z \\ 1 \end{pmatrix} \tag{5-21}$$

其中，额外的第四分量用来实现透视变换。

齐次坐标有一个额外的分量，如果所有的分量都除以一个相同的值，不会改变它所表示的坐标位置。

例如，以下坐标都表达了同一个点：$(2,3,5,1)$、$(4,6,10,2)$、$(0.2,0.3,0.5,0.1)$。因此，齐次坐标所表达的其实是方向而不是位置，且对一个方向值的缩放不会改变方向本身。如从点 $(0,0)$ 开始，齐次点 $(1,2)$、$(2,4)$ 等均沿着同一条线排列，为同一个方向，表达的是同一个位置。如果将它们投影到一维空间，那它们所表示的都是一维点 2。

斜移是一种线性变换。在一维空间内，我们不可能以线性变换的方式对一维空间的点进行平移，因为原点也会随之移动，而所有的线性变换都要保持原点不变。但是，通过二维的线性斜移变换，可以实现对一维空间点的平移。

如果齐次坐标的最后一个分量为 0，那么它表示的是一个"无限远处的点"。在一维空间只有两个点位于无限远处，一个正方向，一个负方向。但是，如果三维空间用四维坐标的齐次空间去表达，那么任何一个方向都会存在无限远处的点。然而，在透视空间里面，两条平行线可以相交，这两条平行线最终相交的位置即为透视投影的点。例如，铁轨随着视线的变窄，最后两条平行线在无穷远处交于一点。

(1) 笛卡儿坐标转换为齐次坐标：可以直接添加第四个分量 w，并设置值为 1。

$$(2,3,5) \rightarrow (2,3,5,1)$$

(2) 齐次坐标转换为笛卡儿坐标：可以使用第四个分量去除所有其他分量，并将其去掉，就重新得到笛卡儿坐标。

$$(4,6,10,2) \xrightarrow{\text{除以}w} (2,3,5,1) \xrightarrow{\text{舍弃}w} (2,3,5)$$

透视变换将 w 分量修改为 1 以外的值，w 越大，坐标位置越远。

OpenGL(open graphics library)显示几何体时，用前三个分量除以最后一个分量，将齐次坐标变换到三维的笛卡儿坐标系。因此，距离越远的物体的笛卡儿坐标会越小，绘制的比例也就越小。w 为 0 表示(x, y)坐标位于无限近的位置，即物体与观察点非常近，透视效果是无限大，这样可能会出现无法预知的结果。理论上讲，w 的值可以为负，例如 $(2,3,5,1)$、$(-2,-3,-5,-1)$ 表达的是同一个点。但是，由于 w 值为负可能会导致：与其整数 w 值进行插值计算后，得到非常接近或正好为 0 的结果。为避免这个问题，需要保证 w 的值总是为正数。

5.1.3 可视化开发工具

三维可视化程序的开发离不开相应的可视化开发工具。可视化开发工具可分为可视化语言、三维图形编程接口以及可视化软件开发接口。三者的核心都是一些可供调用的三维可视化函数。可视化语言是一种编程语言，通常自带一定功能的可视化函数库，编程人员只需调用某类函数即可实现特定的可视化功能，缺点是需要编程人员掌握专门语言。此外，可视化语言的 GUI 功能比较弱，适合一些弱 GUI 的应用，如科学数据分析。常见的可视化语言有 IDL 及 VRML。

三维图形编程接口是若干三维图形绘制及相关操作的函数集合。相对于可视化编程语言，三维图形编程接口一般不限于某一开发语言，而且留给编程人员的操作空间更大。现有 3D 应用软件基本都在三维图形编程接口的基础上开发而得。根据层次的不同，三维图形编程接口可分为低级三维图形编程接口(low-level 3D API)和高级三维图形编程接口(high-level 3D API)。相对于高级三维图形编程接口，低级三维图形编程接口提供的函数较为底层，不能直接创建较为复杂的图形及使用较为高级的可视化功能，需要编程人员自己动手去实现。常见的低级三维图形接口有 OpenGL、WebGL、Direct3D 等，高级三维图形接口有 VTK、OpenScenGraph、Mayavi 等。一般地，所有的高级三维图形编程接口都可由低级三维图形编程接口来实现。

可视化软件开发接口是生产商在可视化软件的基础上提供给编程人员进行可视化操作的二次开发接口。相对于三维图形接口，可视化软件开发接口提供的可视化操作空间往往很有限，而且所开发的程序必须依赖于可视化软件本身，不可独立运行；其优点是编程工作量小，程序较为稳定、健壮。

1. 可视化语言

1) IDL 语言

数据可视化交互语言(interactive data language，IDL)是 Exelis VST(Visual Information Solutions)公司推出的第四代可视化交互语言，具有较好的交互性和跨平台性(可运行于 Windows、UNIX、Macintosh 等)，已成为多平台可视化应用工程开发的高效软件和理想工具，被广泛用于天文学、大气、医学及遥感等领域的数据分析与可视化。

IDL 完全面向矩阵，具有快速分析超大规模数据的能力，可以通过灵活方便的 I/O 分析任何数据，可读取和输出任意有格式或者无格式的数据类型，支持通用文本及图形数据。IDL 支持 OpenGL 软件或硬件加速，可加速交互式的 2D 及 3D 数据分析、图像处理及可视化。除了保留传统的直接图形法外，IDL 还采用了先进的面向对象技术；可以实现曲面的旋转和飞行；用多光源进行阴影或照明处理；可观察实体(volume)内部复杂的细节；一旦创建对象后，可从各个不同的视角对目标进行可视分析，而不用费时地反复重画。

IDL 具有强大的数据分析能力，从 IDL5.5 起支持多进程运算。IDL 带有完善的数学分析和统计软件包，提供强大的科学计算模型，支持 IMSL 函数库。IDL 图像处理软件包提供了大量方便的分析工具、地图投影变换软件模块。

2) VRML 语言

虚拟现实建模语言 (virtual reality modeling language, VRML)是由 SGI 公司根据 Open Inventor 文件格式增加一些必要的 WWW 特征而制定出的一种文件格式，后期逐渐发展成一种通用的、面向网络的三维造型建模语言，并形成标准，具有开放及可扩展等特性。最早的 VRML 标准(1.0 版本)于 1995 年推出；其后于 1997 年进行了更新，推出了 2.0 标准(俗称 VRML97)。1998 年以后，国际标准化组织将 VRML 与 Java3D 及 XML 技术相结合，并更名为 Extensible3D (X3D)标准。用户可以从 www.web3d.org 网站上获取 VRML97 及 X3D 的规范。

VRML 语言中，用户可借助节点这一元素构建任意复杂的、具有真实感效果的三维场景。为达到逼真效果，用户还可对三维场景的各个部分指定不同的颜色、材质及纹理，并通过路由、事件及脚本等元素将三维场景定义为不同的交互行为及响应行为。VRML 代码无须借助特殊软件进行编写。任何文本编辑器都可用于 VRML 代码编写，编写好的代码通过 VRML 浏览器即可实现可视化与交互。常见的 VRML 浏览器有：Parallel Graphics 公司开发的 Cortona 软件、SGI 公司开发的 CosmoPlayer 软件及 Management 公司开发的 BS Contact 软件等。

2. 三维图形接口

1) OpenGL

OpenGL 是一个功能强大、调用方便的底层三维图形接口。OpenGL 的前身是 SGI 公司为其图形工作站开发的 IRIS GL。IRIS GL 功能虽然强大但移植性不够好，于是 SGI 公司便在 IRIS GL 的基础上开发了 OpenGL。1992 年，SGI 公司正式发布了 OpenGL1.0 标准。之后，SGI 将 OpenGL 先后交给 OpenGL Architecture Review Board 及 Consortium Khronos Group 两个组织来管理。他们负责制定 OpenGL 规范，不同厂商则基于该标准给出了相应的实现。用户可从官网(www.opengl.org/)找到相应的标准规范以及不同的实现版本链接。

OpenGL 具有跨平台、跨语言、网络透明等特性，可运行于几乎所有系统平台之上，为此，在工业界具有极为广泛的应用。OpenGL 分为核心库和扩展库，其中：核心库定义了上百个核心函数，用户通过这些函数可以实现几何模型构建、图形变换、添加光照和材质、反走样、雾化与融合、位图操作以及纹理映射等众多三维可视化操作。由于核心库函数不提供对视窗系统的支持，用户可借助 OpenGL 扩展库及第三方库实现窗口的创建、消息的处理及外设的交互。常用的扩展库及第三方库有 AUX 库、GLUT 库、GLFW 库、freeglut 库、QT 库等。

2) Direct 3D

Direct3D 是微软开发的一款底层三维图形接口，最早源于 RenderMorphics 公司面向医疗影像及 CAD 软件开发的一款三维图形编程接口 Reality Lab。1995 年微软收购了该公司，将 Reality Lab 重新打包并以 Direct X 的名称发布在 Windows95 操作系统之中。作为 OpenGL 的最大竞争者，Direct 3D 目前在 3D 游戏领域占据了较大的市场。

Direct3D 是 DirectX 的一个子集，包含许多用于三维图形渲染的命令与函数。与 OpenGL 不同，Direct3D 不支持跨平台系统，只能运行于 Windows 系统；它向用户直接提供基于三维图形硬件的高级图形处理能力，如 Z 缓冲区(z-buffering)、W 缓冲区(w-buffering)、模板缓冲区(stencil buffering)、空间反走样(spatial anti-aliasing)、alpha 融合(alpha blending)、颜色融合(color blending)、层次细节纹理映射(mipmapping)、纹理融合(texture blending)、裁剪(clipping)及大气效应(atmospheric effects)等可视化处理功能，而获得较高的三维图形渲染性能。除此之外，Direct3D 还支持多线程技术。

3) VTK

VTK 是由 Kitware 公司开发并维护的一款高级三维图形接口，最早源于 VTK 公司技术手册的示例代码，后经世界各国用户、开发者及组织的支持、使用与完善，逐渐形成了一个成熟的开源三维图形可视化工具包。如今，VTK 已在全球范围内广泛应用，是许多先进可视化应用系统的基础，如：Molekel，ParaView，VisIt，VisTrails，MOOSE，3DSlicer，MayaVi 和 OsiriX。

VTK 底层用 C++语言撰写，它通过解译接口层的包装向 Tcl/Tk、Java、Python 等语言提供支持，支持多种可视化算法，包括标量、向量、张量、纹理和体绘制，以及一些高级建模技术，如隐式建模、多边形缩减、格网平滑、切割、等值线和 Delaunay 三角剖分等。VTK 具有广泛的信息可视化框架，具有一套 3D 交互小部件，支持并行处理，并与各种数据库和 GUI 工具包(如 Qt 和 Tk)集成。VTK 是跨平台的，可在 Linux，Windows，Mac 和 UNIX 平台上运行。VTK 需要在 BSD 许可下进行使用。

4) OpenSceneGraph

OpenSceneGraph(OSG)最早是由 Don Burns 等人为游戏模拟器开发的一个三维场景组件，后经开源方式而逐渐发展成为一个较为成熟的三维图形编程接口，目前广泛应用于构建游戏、虚拟现实及科学计算与可视化等领域的软件。用户可从官网(www.openscenegraph.org)下载相应的源代码，然后编译使用，也可直接下载已编译好的安装包进行安装使用。OSG 以 OpenGL 为基础，采用 C++语言编写，具有跨平台、可移植、可扩展等特性，可在 Windows、Linux、 iOS 及 Android 等众多操作系统平台下运行编写。尽管 OSG 采用 C++语言编写， 但它仍支持 Java 及 Python 等主流编程语言。

OSG 是一种面向对象的三维可视化开发库，支持各自主流的三维数据格式，如 .flt, iv, .dae, .org, .obj, .3ds, .wrl 及 .dxf。除 OpenGL 的基础功能之外，OSG 还支持包括视景体裁剪、物体裁剪、碰撞检测、细节层次、粒子效果等高级可视化功能，以及多线程、GPU、数据库优化、大规模数据可视化等技术，具有较高性能。

5) Mayavi

Mayavi 是由 Enthought 公司开发的一款面向 Python 语言的高级三维图形接口。当前最新版本 Mayavi2 是 Enthought 公司 Python 科学应用程序的一个组件。它构建在 VTK 之上，是免费、开源及跨平台的，可运行于任何 Python 及 VTK 可运行的操作系统与平台上。

Mayavi 提供了丰富的用户接口，并自带 GUI，是一个面向对象及 VTK 的、友好的三维图形开发包，可简单地实现三维数据的交互可视化。 它提供对计算格网、标量、矢量及张量等类型数据的可视化，支持多种数据格式并具有三维体绘制功能。由于 Python 语言简单易用，Mayavi 是三维科学数据可视化的不错选择。

5.2　IDL 开发技术

5.2.1　IDL 语法基础

1. IDL 数据类型

IDL 共有十二种基本数据类型，每个都有自己的常量形式(表 5-1)。分配给变量的数据类型由创建变量时使用的语法确定，或者由某些更改变量类型的操作产生。下面根据 IDL 的基本数据类型讨论每种数据类型的定义和使用场景。此外，IDL 提供了几种复合数据类型，作为其他数据类型变量的容器。复合数据类型的示例包括指针、结构、对象、列表和散列。

表 5-1　IDL 基本数据类型

数据类型	数据描述	数据位	取值范围
Byte	字节型	8	0~255
Integer	整型	16	−32768~32768
Unsigned Integer	无符号整型	16	0~65535

数据类型	数据描述	数据位	取值范围
Long	32 位长整型	32	$-2^{31} \sim (2^{31}-1)$
Unsigned Long	32 位无符号长整型	32	$0 \sim (2^{32}-1)$
64bit Long	64 位长整型	64	$-2^{63} \sim (2^{63}-1)$
64bit Unsigned Long	64 位无符号长整型	64	$0 \sim (2^{64}-1)$
Floating-point	单精度浮点型	32	$-3.4e-38 \sim 3.4e38$
Double-precision	双精度浮点型	64	$1.7e-308 \sim 1.7e308$
Complex	复数	64	同浮点型
Double-precision complex	双精度复数	128	同双精度浮点型
Null	空类型	0	$0 \sim 255$

IDL 针对复合数据类型也给出了相应的说明，如表 5-2 所示。

表 5-2　IDL 复合数据类型

数据类型	数据描述
String	字符串，包含了从 0 到 2147483647 个字符的长度，可以看成是文本
Struct	结构体，可以看成是一个或多个变量的组合
Pointer	指针变量，指向一个任何数据类型的值的变量
Object	对象，它是 IDL 对象类的一个实例
List	一系列数据集合
Hash	一个键值对的集合，其中键可以为任意标量类型，值为任意数据类型
Dictionary	一个哈希，哈希的键是不区分大小写的字符串，必须是有效的变量名
OrderdHash	有序哈希，保存的是有序的键值对

基本数据类型如表 5-1 比较简单，以下针对表 5-2 给出一些简单的例子来具体说明各种复合数据类型在 IDL 中是如何使用的。

String
L='Hello'
L=$STRING([72B,101B,$108B,108B,111B])
Struct
S={name,tag:0b}
S=$CREATE_STRUCT(tag1,$0b,tag2,'string')
List
L=LIST(1,2)
Hash
H=HASH('ld',1234)
Dictionary

D=DICTIONARY('key',1234)

OrederdHash

O=ORDEREDHASH('A',1,'B',2)

上面简单地说明了 IDL 常用的几种数据类型，并且就几种复合数据类型给出了相应的示例，用户可以根据自己的需要选择其中的一种或多种数据类型。

2. IDL 变量

IDL 中变量的定义是有一套命名规范的。首先变量的名称必须以字母开头，剩余的可以由字母、数字、下划线、美元符号等组成。下面是一些有效的变量名，如 ID_data，ID_user，Back_track，This_image 等。此外在定义变量时，应避免使用 IDL 中的保留字(表 5-3)。

表 5-3 IDL 保留字

And	endfor	Gt	or
Begin	endif	If	pro
Case	endrep	Le	repeat
Common	endwhile	Lt	then
Do	eq	Mod	until
Else	for	Ne	while
End	function	Not	xor
Endcase	ge	Of	
Endelse	goto	on_ioerror	

3. IDL 数组

IDL 是面向矩阵的数据语言，因此 IDL 中数组的应用是十分广泛的。IDL 可以定义任意类型的数组，IDL 提供了多种机制来创建数组，最多可以有 8 个维度。每个维度的长度可以为 1 和最大整数值(32 位的 IDL 为 32 位整数，64 位的 IDL 为 64 位整数)。

1) 创建数组

使用方括号，可以将标量或数组组合成单个数组，如

$$A = [1, 2, 3, 4, 5]$$
$$B = [6, 7, 8, 9, 10]$$
$$C = [A, B]$$

2) 数组操作

IDL 中数组是按列存储的，所以通常二维数组的创建函数都是以列作为函数的第一参数，如 arr = replicate(2.0，4，2)，那么这个函数就是创建了 4 列 2 行的数组，并且每个元素的值都是 2.0。上面的数组创建用到了 replicate 函数，这里列举 IDL 中用于创建数组的一些函数，如表 5-4 所示。

表 5-4 创建数组的相关函数

数据类型	零数组	索引数组
Byte	bytarr()	bindgen()
Int	intarr()	indgen()
Uint	uintarr()	uindgen()
Long	lonarr()	lindgen()

续表

数据类型	零数组	索引数组
Ulong	ulonarr()	ulindgen()
Long64	lon64arr()	l64indgen()
Ulong64	ulon64arr()	ul64indgen()
Float	fltarr()	findgen()
Double	dblarr()	dindgen()
Complex	Complexarr()	cindgen()
Dcomplex	Dcomplexarr()	dcindgen()
String	strarr()	sindgen()

　　另一个创建数组的函数为 make_array()，该函数同样可创建特定维度的数组，示例如下：

$$zeroed = make\_array(3, 2, /byte)$$

这将会输出 3 列 2 行，元素值为 0 的二维数组。

4. IDL 结构

IDL 提供了类似于结构体的结构，是由一个或一组变量组成的。其形式定义为

{Structure_Name,Tag_Name1: Tag_Definition1,…}

匿名结构以相同的方式创建，但结构体名称被省略。同样，可以利用 CREATE_STRUCT 函数创建匿名结构。通过上面这种形式，可以定义一个结构：

$$A = \{ star, name ", ra: 0.0, dec: 0.0, inten: FLTARR(12) \}$$

上面语句定义了一个名为 star 的结构类型，它包含四个字段。标签名称是 name，ra，dec 和 inten。具有标记名称的第一个字段包含标签定义给出的标量字符串。以下两个字段都包含浮点标量。第四个字段 inten 包含一个 12 元素的浮点数组。请注意，常量的类型为 0.0，为浮点数。如果常数写为 0，则字段 ra 和 dec 将包含短整数。

5. IDL 指针

在 IDL 中可以使用 PTR_NEW 和 PTRARR 两个例程进行创建，其形式如下：

$$A = PTR\_NEW()$$

$$B = PTR\_NEW(/ ALLOCATE\_HEAP)$$

变量 A 创建了一个空指针，变量 B 创建了指向一个堆变量的指针。需要注意的是，不能将常量赋给未分配内存的指针变量，如 *A = 1，则会出现错误，而对于 B 指针变量来说则是可以的。同样，可以使用 PTRARR 函数创建所需指针变量，例如，使用 PTRARR 创建一个 2*2 的指针数组：

$$Ptrarr = PTRARR(2, 2)$$

值得注意的是，这里创建的指针数组在每个维度上的元素都被设置成了空指针，同样需要像上面的示例一样创建一个指向堆变量的指针变量。

6. IDL 运算符

IDL 运算符分为逻辑运算符、数学运算符、按位运算符、关系运算符、矩阵运算符、最小和最大运算符等。下面简单介绍这些运算符及运算符的优先级。

(1) 逻辑运算符。IDL 支持 3 个逻辑运算符：&&，||，~~。当处理逻辑运算符时，非零数值、非空字符串和非空堆变量(指针和对象引用)被认为是真的，其他一切都是假的。

(2) 数学运算符。数学运算符主要指常用的算术运算符：+，-，*，/，++，--，MOD(取模运算)，[]数组下标，()括号，##矩阵行乘，·结构成员操作，>求最大、<求最小、^乘方。

数值型运算符的优先级，按高到低依次如下：

$$() [] \cdot\ \verb|^| ++ -- * \# \# / MOD + -$$

(3) 按位运算符。IDL 有 4 个按位运算符：AND，NOT，OR 和 XOR。对于整数操作数(字节，有符号和无符号整数，长字和 64 位长字数据类型)，按位运算符对操作数或操作数的每一位进行独立运算，如

5 AND 6 = 4

3 OR 5 = 7

IF(NOT(5 GT 6)) THEN $打印，'真'

3 XOR 5 = 6

(4) 关系运算符。IDL 关系运算符主要包含有 EQ、NE、GE、GT、LE 和 LT 等六种关系运算符，每种运算符的内涵如表 5-5 所示。

关系运算符可应用于数组中。例如，对数组中大于一定范围的数进行操作，如

A = arr * (arr LE 100)

这里，如果 arr 数组中的元素大于 100，则相应的元素值变为 0。

表 5-5　IDL 关系运算符

操作符	描述	例子
EQ	等于	2 EQ 2.0 TRUE
NE	不等于	' Sun' NE' happy' TRUE
GE	大于或等于	2 GE 2.0 TRUE
GT	大于	2 GT 2.0 FALSE
LE	小于或等于	2 LE 2.0 TRUE
LT	小于	2 LT 2.0 FALSE

5.2.2　IDL 程序设计基础

1) 判断语句

IF 语句的主要功能就是实现程序中的判断操作，其使用方式如下：

IF 表达式 THEN 语句 1 ELSE 语句 2

或者

IF 表达式 THEN BEGIN

语句序列 1

ENDIF [ELSE BEGIN 语句序列 2 ENDELSE]

通过以下具体示例，可以看到 IF 控制语句在 IDL 中如何使用。

```
PRO USEIF NUM1, NUM2
if((num1 + num2) eq 10) then begin
   print num1, num2
endif

if((num1 * num2) eq 10)then begin
   print num1, num2 'multiply is 10'
endif else begin
   print num1, num2 'multiply is 10'
endelse
END
```

示例中，通过两个变量 num1 和 num2 分别计算这两个数的和是否为 10，以及它们的乘积是否为 10。假设程序输入的两个变量值分别为 2 和 5，那么第一个无结果(因为没有需要输出的 num1 和 num2)，第二个则会输出 num1 和 num2 的乘积为 10。

2) 循环控制语句

程序中，有时需要对某个数组进行遍历或者在某个判断条件为真时，执行某种操作。此时，需要通过循环控制语句进行程序设计，IDL 有 3 种循环控制语句，分别是 WHILE 语句、FOR 语句、REPEAT 语句。下面就 WHILE 语句和 FOR 语句进行简介。

(1) WHILE 语句。WHILE 语句的一般形式也有两种：

WHILE 表达 DO 语句

WHILE 表达 DO BEGIN 语句

ENDWHILE

例如：

I = 10

while(I GT 0) DO PRINT, i--

该语句就会一直输出 i 递减的结果，直到 I= 0 为止。

WHILE ～EOF(1) DO READF, 1, A, B, C

该语句从文件中读取数据，直到文件结尾。

WHILE ～EOF(1) DO BEGIN
   READF, 1, A, B, C
ENDWHILE

这里与上面语句执行结果是一样的，所要区别的是第二句中重复执行的是 DO BEGIN 与 ENDWHILE 之间的语句。

下面例子是为了得到一个数组中第一个大于或等于给定的值的元素的值：

array = [2, 3, 5, 6, 10]

i = 0

n = N_ELEMENTS(array)

WHILE (array[i] LT 5) && (i LT n) DO i++

PRINT, 'The first element >= 5 is element ', i

程序输出的结果是：The first element >= 5 is element　　2

（2）FOR 循环语句。FOR 语句和 WHILE 语句具有相似功能。通过定义某个变量，当变量值满足判断要求时，重复执行一个或多个语句，并递增或递减这个变量值，直到判断条件为假，循环语句退出。FOR 语句的一般形式为：

FOR 变量 = init,limit [，　Increment] DO 语句

FOR 变量 = init,limit [，　Increment] DO BEGIN

语句

ENDFOR

相关示例如下：

FOR I=0,32000 DO J = I

HELP, I

FOR I=0,33000 DO J = I

HELP, I

FOR I=0,33000.0 DO J = I

HELP, I

程序输出的结果为：

I　INT　　　=　　　32001

I　LONG　　=　　　33001

I　FLOAT　　=　　　33001.0

隐式增量的 FOR 表达式

FOR 变量=表达式，表达式 DO 语句

示例：

FOR I = 1，4 DO PRINT，I，I ^ 2

此语句产生以下输出：

1　1

2　4

3　9

4　16

5.2.3　IDL 可视化功能

1. IDL 数据可视化

选取绘制线函数 PLOT 和绘制表面 SURFACE 这两个部分进行介绍。本节所有示例的代码可在附录代码 1 中获取。

（1）PLOT。PLOT 函数主要是进行线的绘制，既可以是直线，也可以是曲线，取决于所定义的参数方程，PLOT 的语法定义如下：

变量 = PLOT(Y，[格式] [，关键字 = 值] [，属性 = 值])

变量 = PLOT (X，Y，[格式] [，关键字 = 值] [，属性 = 值])

变量 = PLOT (方程式，[格式] [，关键字 = 值] [，属性 = 值])

PLOT 函数中的 X、Y 类似于数学中的自变量和因变量。

（2）SURFACE。SURFACE 函数用于绘制三维表面，通过传入一个二维数组实现三维图形的绘制。SURFACE 函数也支持使用输入参数或 EQUATION 属性来输入一个关于 X 和 Y

的等式。此时，IDL 会生成独立的 X 和 Y 的值，并使用定义的 EQUATION 等式进行 Z 值计算。其函数调用原型为：

变量= SURFACE(数据[，X，Y] [，关键字= value] [，属性= value])

2. IDL 地图可视化

IDL 的地图操作十分丰富，常用的操作有地图加载、地图投影、地图坐标变换等，通过这样一系列操作，可以实现地图显示的功能。

(1) 地图加载。IDL 中使用 MAP 函数加载一幅地图，它可以在图形窗口中显示图形数据。MAP 函数的调用句法如下：

变量= MAP(投影, [,地图投影 = value] [,地图格网属性 = value] [关键字= value] [,属性= value])

MAP 参数中投影主要是指定在添加一幅地图时所使用的投影，常用的投影有墨卡托投影、多圆锥投影、阿尔伯特投影等。

MAP 中地图格网属性主要是指定格网的大小、颜色、标签，以及相关的属性值。

MAP 中的关键字主要是针对屏幕、窗口、窗口布局等进行设定。

MAP 中的属性同样是针对地图窗口中的背景颜色、地图标题的名称、字体颜色、字体样式进行设置。

(2) 地图投影。IDL 中初始化地图投影使用 MAP_PROJ_INIT 函数，函数调用原型为

Result = MAP_PROJ_INIT(投影[, ELLIPSOID = value] [,/ GCTP] [, LIMIT = vector] [,/ RADIANS] [,/ RELAXED])

需要注意：函数的结果是一个包含 map 参数的 MAP 结构，可以用作 Map_PROJ_FORWARD 和 MAP_PROJ_INVERSE 的映射变换函数的输入。其相应的参数为：

投影参数和之前 MAP 函数中所说的投影是相同的，可以参阅 MAP 中对投影的描述。

ELLIPSOID 表示要使用的椭球体类型，可选择的有克拉克 1880、克拉克 1866、WGS72、WGS84 等。

GCTP 表示使用 GCTP 投影库进行投影，默认情况下，使用 IDL 投影库。如果投影仅在一个系统(GCTP 或 IDL)中存在，或者如果将 Projection 参数指定为索引，则忽略此关键字。

LIMIT 表示选定映射区域的边界，它是一个四元组向量[Latmin，Lonmin，Latmax，Lonmax]。

RADIANS 表示使用弧度而不是使用度数。

因篇幅所限，这一小节仅介绍了 IDL 程序设计的基础内容，关于详细的 IDL 程序设计文档和资源，可参考线上资料[①]。

5.2.4　IDL 开发实验

1. IDL 基础界面演示

Windows 平台下的 IDL 主界面如图 5-11 所示，主要包含了新建工程、打开工程，以及程序编译、修改、调试窗口。编写好程序执行文件，即可通过点击"运行"按钮得到所需要的结果。

---

① http://www.idlcoyote.com/; https://worldwind.arc.nasa.gov/

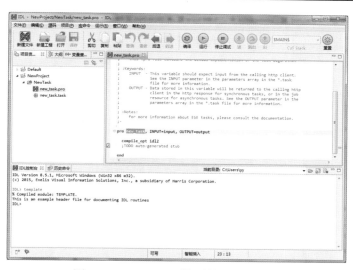

图 5-11 Windows 环境下的 IDL 主界面

2. PLOT 绘制

图 5-12 是用附录代码 1 绘制的一幅螺旋条带的 3D 可视化图像。

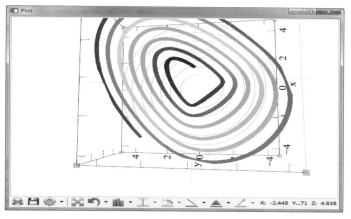

图 5-12 IDL 的三维螺旋可视化

3. SURFACE 绘制

图 5-13 是用附录代码 2 和代码 3 调用 SURFACE 函数而绘制的可视化的地形表面与等高线图。

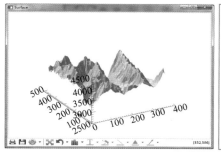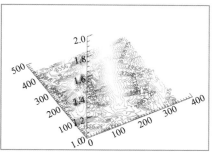

图 5-13 地形表面及等高线的 IDL 可视化

4. 地图可视化

图 5-14 是用附录代码 4 绘制的全球投影可视化图。

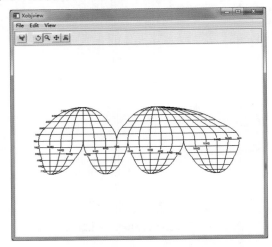

图 5-14　全球投影的 IDL 可视化

5.3　OpenGL 开发技术

5.3.1　OpenGL 概述

1. OpenGL 特点

OpenGL 一般被认为是一种应用程序接口(application programming interface, API)，通过定义一系列图形、图像方法而对图形设备进行操作。OpenGL 发展至今，已经发布到了 OpenGL4.6 版本。就 OpenGL 本身来说，它只是一种规范，OpenGL 程序的具体实现有很多种方式，只要保证结果和功能与规范相一致即可。通过 OpenGL 规范，开发人员可以制定相应的 OpenGL 库，这也使得 OpenGL 可以脱离硬件平台进行开发，因此 OpenGL 程序的可移植性非常好。此外，OpenGL 发展至今出现了很多优秀的 OpenGL 库和相应的帮助文档。下面针对 OpenGL 学习中的基础和重点进行展开，便于大家今后从事 OpenGL 开发工作。

1) 核心模式与渲染模式

OpenGL 版本更新过程中，不断出现了新的功能。例如，在 OpenGL2.0 版本中引入了着色器语言，通过编写着色器程序，用户可以更方便地控制顶点着色和像素着色。在 OpenGL3.2 版本以前，OpenGL 使用的是立即渲染模式(固定渲染管线)，在一定程度上使图形绘制变得更加方便。但这种情况下，开发人员受到的约束很多，只能在仅有的框架下进行开发。OpenGL 3.2 版本采用了全新的渲染方式，即核心模式。OpenGL 移除很多旧的特性如 glLight 等函数，具体可参考 OpenGL 官网。在新版本中，OpenGL 更强调了开发细节，让用户真正理解图形编程的细节。

2) 扩展

因为 OpenGL 本身并不进行实际函数的编写实现，所以 OpenGL 在版本更新中，就会加入一些新的功能，称为扩展。OpenGL 很容易进行扩展，而且在 OpenGL 新版本未更新时，也可以使用扩展，只要显卡支持这种扩展即可。当某种扩展很流行时，OpenGL 将会在新版本的更新中将其纳入变为 OpenGL 规范的一部分。

3) 状态机

OpenGL 可视为一种状态机，它管理着 OpenGL 中所有变量应如何操作。OpenGL 中很多变量的操作都遵循这种状态描述，在整个 OpenGL 程序执行过程中，当修改某一变量的属性时，OpenGL 状态机就会感知到，进而做出状态调整以满足变量修改后的结果。举例来说，当定义一个顶点变量时，可根据时间来调整顶点颜色属性值；那么，随着时间变化，顶点的颜色值也会发生变化，此时 OpenGL 就会做出状态调整，程序输出结果界面中顶点的颜色也会产生相应改变。

4) 对象

OpenGL 中的对象类似于 C 风格的结构体。这一点有别于 C++对象，OpenGL 库的实现语言为 C 语言，所以这一点上对象可以看成是一系列相关变量的组合。在 OpenGL 中，可以使用这种组合(后面将统一用结构体)来表示对象。例如，在定义材质时，可以定义一个关于材质的结构体：

```
#version 330 core
// 指定版本和渲染模式

struct
{
    vec3 ambient; // 光照环境下的颜色
    vec3 diffuse; // 漫反射光照颜色
    vec3 specular; // 物体受到镜面光照影响的颜色
    float shiniess; // 物体受到镜面高光的指数
};
```

OpenGL 程序中，可以使用材质结构体定义材质对象，用以进行材质操作。关于变量和类型的定义将会在 GLSL 变量一节中详细介绍。

5) OpenGL 程序中使用的库

OpenGL 库有很多种，如 OpenGL 开发组织针对不同操作平台设计了相应的编程接口。常用的有 GLX(X 窗口系统下的 OpenGL 扩展)、WGL(Windows 平台下的 OpenGL 扩展)、CGL(MAC OS X 平台)等。此外，在 OpenGL 程序中窗口实现以及相应窗口的函数管理方面，也有很多相应的程序接口。下面主要介绍其中较为流行的 OpenGL 库。

GLU(OpenGL Utility Library)是 OpenGL 工具库，它包含了一系列由基本绘制函数综合的高级 OpenGL 函数，其中还有纹理过滤生成、二次表面绘制、NURBS 函数、多项式分布等高级功能函数库。在 OpenGL3.1 版本后，GLU 库已经过时，但部分功能仍可使用，本章不再赘述。

6) OpenGL 初始化环境

(1) OpenGL 上下文窗口。OpenGL 上下文窗口可通过 GLFW、FreeGlut 等专门针对 OpenGL 的 C 语言库实现。它们提供了一些渲染物件所需的最低限度的接口。它允许用户创建 OpenGL 上下文，定义窗口参数以及处理用户输入。

(2) OpenGL 加载库。因为 OpenGL 中的具体实现是交给具体的驱动开发商实现的，编写程序时，很多函数在编译时无法确定，所以需要定义函数指针来保证程序运行时函数的正确获取。OpenGL 提供了 GLEW、GLAD、GL3W 等软件库。

2. OpenGL 命名规范

OpenGL 中的基本函数都以库的名称为前缀，如 OpenGL 基本库中的函数均以 gl 为前缀开头，前缀后面定义的为具体实现的功能，函数的后缀一般为函数参数涉及的数据类型。例如，函数 glVertex3f 表示指定一个浮点类型的三维顶点。OpenGL 中也可以直接利用向量类型的函数来进行参数填充，这些函数后缀通常以 "v" 关键字表示，如利用三维数组指定颜色的 glColor3fv 函数：

GLfloat color[] = {1.0,2.0,3.0};
glColor3fv(color); // 利用 color 数组作为参数传给 glColor3fv()函数

OpenGL 中的基本常量都是以 GL_ 作为开头，并在其后附以具体功能定义的名称，如 GL_TRIANGLES、GL_TRUE、GL_POLYGON 等。

3. OpenGL 程序框架

OpenGL 程序框架就是对 OpenGL 相关库的使用。主要程序框架可以分成以下三个部分。

1) OpenGL 上下文窗口初始化

这一部分主要是进行图形绘制程序的窗口准备。主要用到的就是 OpenGL 中上下文窗口的相关库。此外，窗口生成之后，需要在每次绘制之前进行相应的清除操作，主要有颜色缓存、深度缓存和模板缓存的清除。

2) OpenGL 图形绘制准备

窗口加载完成后，主要是针对需要绘制的场景进行相关操作。例如，图形数据加载，着色器定义和编译，以及场景中的相机设置和视口设置。这些操作将会在后续部分逐一展开。

3) OpenGL 绘制操作

这一步主要是调用 OpenGL 中的相关命令进行图形的显示操作，需要使用在上一步编译好的着色器程序。最后，调用绘制命令完成场景中物体的显示。

4. 着色器概述

1) 着色器语言简介

着色器是 OpenGL2.0 版本之后推出的一种全新功能，现有版本的 OpenGL 很多功能实现都是通过编写着色器程序实现的。下面举一个示例来展示 GLSL 是如何工作的。

简单的顶点着色器程序

```
#version 330 core
// 指定版本和渲染模式
in vec3 pos;
void main()
{
    gl_Position = vec4(pos, 1.0);
}
```

这个示例定义了一个位置变量，通过给定一个顶点坐标，可以将顶点传入到顶点着色器，利用片段着色器最终在屏幕上显示该顶点。

2) GLSL 语法基础

通过上面示例可以看到：GLSL 也是在 main()函数中实现的，所不同的是：着色器分为 7 个阶段，其中顶点着色(vertex shading)、细分着色(tessellation shading)、几何着色(geometry shading)和片段着色(fragment shading)这 4 个阶段可以通过编写着色器程序进行控制。

3) GLSL 变量类型

GLSL 中的变量类型和 C 语言中的变量类型很相似，变量的声明主要有向量类型如 vec2、vec3，数据类型如 int、float、double 等，以及矩阵类型 mat3、mat4。变量的命名规范可以使用字母、数字，以及下划线等组成变量名称。但是，数字或下划线不能作为变量名称的第一个字符。

在 GLSL 程序中，需要注意的是：通过在变量前添加修饰符，可以改变变量的具体行为。GLSL 中定义了四种全局范围内的修饰符：const、in、out、uniform。

(1) const 存储限制符。const 类型的修饰符设置变量为只读类型。例如，const int a = 1。

(2) in 存储限制符。主要用于定义着色器阶段的输入变量。它可以是顶点属性(顶点着色器)，也可以是前一个着色器阶段的输出变量。

(3) out 存储限制符。主要用于定义一个着色器阶段的输出变量。例如，在顶点着色器中，定义一个颜色变量，可以通过定义 out 变量最终输入到片段着色器中。

(4) uniform 存储限制符。uniform 修饰符可以在着色器程序运行之前，通过在应用程序中指定一个设置好的变量，并利用相应函数对 uniform 变量进行赋值。

GLSL 编译器在链接着色器程序时，会创建一个 uniform 变量列表。利用 glGetUniformLocation 函数，通过着色器程序中定义的 uniform 变量名，可以得到变量在 uniform 列表中的索引。

Glint glGetUniformLocation(Gluint program, const char* name)

该函数中 program 就是着色器程序，name 就是在着色器程序中定义的变量名。其中，name 可以是单个变量、数组变量、结构体变量等。

当得到 uniform 变量的索引后，可以通过 glUniform*()或者 glUniformMatrix*()系列函数来设置 uniform 变量的值。例如：

/*着色器程序中定义的 uniform 变量 element 对应的索引*/

GLint eleloc ;

Glint value ;

eleloc = glGetUniformLocation(program, "element");

glUniform1i(eleloc, value);

通过函数 glGetUniformLocation 获取了 uniform 变量的索引位置 eleloc，就可以通过 glUniform1i 进行赋值操作了。

表 5-6 简单列举了 glUniform*()系列函数的具体形式。

表 5-6 glUniform*()系列函数具体形式

glUniform{1,2,3,4}{fdi ui}(GLint location, TYPE value)
glUniform{1,2,3,4}{fdi ui}v(GLint location, Glsizei count, const TYPE *values)
glUniform{1,2,3,4}{fdi ui}v(GLint location, Glsizei count, GLboolean transpose, const Glfloat *values)
glUniform{2x3,2x4,3x2,3x4,4x2,4x3}{fd}v(GLint location, Glsizei count, GLboolean transpose, const Glfloat *values)

4) 着色器编译

GLSL 中不同阶段着色器程序的执行需要利用 C 等基于编译器的程序语言，通过编译器对不同阶段的着色器代码进行编译和链接，在主程序执行过程中动态编译执行各阶段着色器代码。OpenGL 提供了 GLSL 程序编译的一套流程。其主要步骤如下：

第一步，创建一个着色器对象；

第二步，将着色器代码编译为对象；

第三步，验证着色器编译是否成功。

在链接过程中，将多个着色器对象链接为一个着色器程序，主要有：

第四步，创建一个着色器程序；

第五步，将着色器对象关联到着色器程序；

第六步，链接着色器程序；

第七步，判断着色器链接成功与否；

第八步，使用着色器处理顶点和片段。

OpenGL 提供了着色器编译和链接过程中的一系列函数，下面针对上述过程做相应介绍。

函数 GLuint glCreateShader(GLenum type)可产生一个着色器对象。函数中的 type 必须是 GL_VERTEX_SHADER 、 GL_FRAGMENT_SHADER 、 GL_TESS_CONTROL_SHADER 、 GL_TESS_EVALUATION_SHADER 或者是 GL_GEOMERTRY_SHADER 中的一种。函数返回一个非零值，若返回 0 则表示函数出错。

利用该函数创建一个着色器对象后，可通过 glShaderSource()将着色器代码关联到当前对象：

void glShaderSource(GLuint shader, Glsizei count, const Glchar** string, const GLint* length)

其中，shader 即为 glCreateShader 创建的着色器对象。参数 string 表示有 count 行个 GLchar 类型的字符串组成的数组，表示着色器源代码数据。string 中的字符串可以 NULL 结尾，此时 length 参数设为 NULL。若 length 不为空，那么 length 中必须有 count 个元素，分别对应 string 中的每一行的长度。此时，length 数组中的值分别表示每一行字符串的字符数；如果有负数，那么 string 中的对应行为 NULL 结尾。

通过调用 glCompileShader()函数，可以对着色器对象进行编译。需要注意的是，在函数执行完后，需要调用 glGetShaderiv()函数来判断编译过程是否正确地完成。在函数中需要传入 GL_COMPILES_STATUS 来进行编译状态的查询，当函数返回为 GL_TRUE 时，此时编译成功，若函数返回 GL_FALSE，那么编译失败。通过 glGetShaderInfoLog()函数可以了解编译过程的相关信息，用以修改着色器源代码。

当着色器对象编译成功后，需要利用 glCreateProgram()函数进行着色器对象链接。

GLuint glCreateProgram(void)函数创建了一个空的着色器程序。函数返回一个非零整数，表示创建成功。

下一步需要将着色器对象与该着色器程序关联，需要用到 glAttachShader()函数 void glAttachShader (GLuint program, GLuint shader)，将着色器对象 shader 关联到程序 program 上。

同样，当需要改变程序中关联的着色器对象，就需要用到 glDetachShader()函数，函数主要是将程序中关联的着色器对象解除关联。如果解除了关联，那么调用 glDeleteShader 函数直接删除该着色器对象。

然后，将关联的着色器对象链接为可执行程序。需要调用 void glLinkProgram(GLuint program)将所有与参数 program 关联的着色器对象链接为一个完整的着色器程序。同样，链接成功与否可以通过 glGetProgramiv()函数进行判断，设置参数为 GL_LINK_STATUS。返回 GL_TRUE 则表明链接成功；否则，返回 GL_FALSE。

最后，通过调用 void glUseProgram(GLuint program)函数启用着色器程序，函数传入一个链接过的 program，此时可以执行顶点或片段程序。若不指定一个具体的 program，那么函数执行是未定义的，但是不会产生错误。

5.3.2　OpenGL 图元绘制

OpenGL 中有很多不同类别的图元，这些图元最终都可以简化为由点、线、三角形这些基本的图元组成。常用的多边形、条带、扇面等都可以由三角形基本图元通过不同的组合方式构成。OpenGL 针对这些基本图元也定义了一系列函数，用于这些基本图元的绘制。当然，除了上述的 3 种基本图元，OpenGL 也支持几何着色器输入的邻接图元(adjaceny primitive)等。

1. 基本图元绘制

OpenGL 中的点就是空间中的一个位置，通常用一个 4 维的齐次坐标来表示。在实际渲染中，由于点没有面积，通常是通过渲染一定区域的四边形来模拟的。在 OpenGL 中，点的绘制是由 glPointSize()函数来指定。

void glPointSize(GLfloat size)

该函数中的参数 size 表示四边形的边长，通过 size 来确定点的大小。值得注意的是，当给定的参数大于 1.0 时，将根据点的位置来决定像素的显示。

OpenGL 中线表示一条线段，它是通过两个顶点来指定绘制的具体长度。OpenGL 提供了相应的函数用于绘制线段，即 glLineWidth()函数。

void glLineWidth(GLfloat width)

其中，参数 width 用于设置线段的固定宽度，默认值为 1.0。线段的宽度 width 必须大于 0.0，否则会产生错误。如果程序中没有开启反走样的话，线段端点及线宽的光栅化是相对自由的。如果设置了反走样，那么线的绘制会沿着所给线宽的矩形块进行绘制。

2. 多边形绘制

多边形绘制实际上就是点、边、三角形这些基本图元的复合形体。对于多边形绘制，从绘制的图元类型来看，可绘制成点的集合、边的集合或者三角形的集合。此外，针对多边形存在正反面的特性，也可控制它绘制正反面来达到不同的效果。OpenGL 中选择多边形绘制方式的函数是：

void glPolygonMode(GLenum face, GLenum mode)

其中，第一个参数 face 表示指定多边形的正面和背面的绘制方式。

GL_FRONT_AND_BACK：正面和反面；

GL_FRONT：正面；

GL_BACK：反面。

第二个参数 mode 表示绘制方式，主要有：

GL_POINT：只画顶点；

GL_LINE：线框绘制，只画多边形的边；

GL_FILL：填充多边形。

在绘制多边形时，也可以根据需要来调整多边形的正反面。默认情况下，沿多边形顶点逆时针方向出现的面为正面，反之为反面。当然，OpenGL 提供了 glFrontFace()函数来反转正反面：

void glFrontFace(GLenum mode);

其中，参数 mode 表示绘制方式，可选项如下：

GL_CW：顺时针方向为正面；

GL_CCW：逆时针方向为正面，默认值。

对于正常显示下的多边形，其背面多边形永远都是不可见的，即 OpenGL 会自动裁剪或抛弃背面多边形。如果多边形的面朝向模型的内部，那么多边形的背面将会可见。当需要只显示正面或背面时，可以通过 OpenGL 函数 glCullFace()达到想要的效果。此时，需要使用函数 glEnable 和参数 GL_CULL_FACE 来开启裁剪；也可以用 glDisable()和同样的参数进行关闭。

void glCullFace(GLenum mode)

其中，mode 表示需要裁剪(抛弃)哪一面多边形，可选择的项有：

GL_FRONT：裁剪正面；

GL_BACK：裁剪背面；

GL_FRONT_AND_BACK：裁剪正反面。

3. 顶点数据显示

由上已了解 OpenGL 基本图元的绘制概况，若要将顶点数据最终显示在屏幕上，还需获得一些顶点数据，并通过下述操作将顶点显示在屏幕上。

1) 定义顶点数据

通常，通过定义一个顶点数组来表示将要输入的数据。例如，一个三角形的顶点数据可以定义如下：

float vertices[] = {

−0.5f, −0.5f, 0.0f,

0.5f, -0.5f, 0.0f,

0.0f, 0.5f, 0.0f

};

2) 顶点数据的处理

定义了顶点数组之后，可把它作为输入传递给顶点着色器。OpenGL 中的顶点数据是通过顶点缓存对象(VBO)进行管理的。

OpenGL 会通过 glGenBuffers()函数生成一个顶点缓存对象和一个唯一的 ID：

void glGenBuffers(GLsizei n, GLuint* buffers);

其中，参数 n 指定需要返回的缓存对象，并保存到 buffers 数组中。

利用该函数得到的顶点缓存对象只有一个 ID 标识，仅当它绑定到具体的缓冲对象类型后，才被真正创建。OpenGL 中有很多缓冲对象类型，最常用的类型是 GL_ARRAY_BUFFER，利用该缓冲类型就可以完成顶点缓存对象的绑定。可使用 glBindBuffer 函数把新创建的缓冲绑定到 GL_ARRAY_BUFFER 目标上：

void glBindBuffer(GLenum target, GLuint buffer)

其中，第一个参数就是指定缓冲类型，第二个参数就是具体的顶点缓存对象。

当完成了顶点缓存对象的绑定后，就可以将输入的顶点数据复制到缓冲内存中，OpenGL 中通过 glBufferData()完成这一操作：

void glBufferData(GLenum target, GLsizeptr size, const GLvoid* data, GLenum usage);

其中，target 参数和前述函数的第一个参数一致；size 参数表示为当前绑定的缓存对象分配的存储空间大小；data 表示使用它所在的内存区域初始化整个空间；usage 表示应如何管理给定的数据。usage 有如下三种形式：

GL_STATIC_DRAW：数据不会或几乎不会改变；

GL_DYNAMIC_DRAW：数据会被改变很多；

GL_STREAM_DRAW：数据每次绘制时都会改变。

定义的顶点数组需要通过 OpenGL 中的顶点属性链接函数 glVertexAttribPointer 来加载到内存中，进而完成相应的操作：

void glVertexAttribPointer(GLuint index, GLint size, GLenum type, GLboolean normalized, GLsizei stride, const GLvoid* pointer)

其中，index 参数指定要配置哪一个顶点属性；size 参数指定顶点属性的大小；type 参数指定数据的类型；normalized 参数定义是否希望将数据标准化。如果设置为 GL_TRUE，所有数据都会被映射到 0(对于有符号型 signed 数据是−1)到 1 之间；stride 参数为步长，表达连续的顶点属性之间的间隔；pointer 参数表示位置数据在缓冲中起始位置的偏移量。

OpenGL 也提供了顶点数组对象(vertex array objects，VAO)和索引缓存对象(element buffer object，EBO，或者是 index buffer object，IBO)来实现多个顶点数组的绑定和读取。

顶点数组对象可以像顶点缓存对象那样被绑定，任何随后的顶点属性调用都会储存在这个 VAO 中。其好处在于：当配置顶点属性指针时，只要将那些调用执行一次，之后再绘制物体时只需绑定相应的 VAO 就行了。这使在不同顶点数据和属性配置之间切换变得非常简单，只需要绑定不同的 VAO 就行了。对顶点数组对象的操作和顶点缓存对象一致，不再赘述。

顶点索引对象和顶点缓存对象一样，EBO 也是一个缓冲，专门储存索引，OpenGL 调用这些顶点索引来决定该绘制哪个顶点。在操作顶点索引对象时，唯一需要区别的是：顶点索引对象的绑定缓冲类型为 GL_ELEMENT_ARRAY_BUFFER。

3) 图元绘制函数

完成上述所有操作后，剩下的最后一步就是调用 OpenGL 图元绘制函数。通常图元绘制函数分为索引形式和非索引形式，对应有如下的两种函数：

void glDrawArrays(GLenum mode, GLint first, GLsizei count);

该函数通过给定的数组元素建立连续的几何图元序列。其中，first 参数指定数组的起始位置；count 表示需要写的个数；mode 表示构建图元的类型，必须是 GL_TRIANGLES、GL_LINE_LOOP、GL_LINES、GL_POINTS 等类型标识符之一。

void glDrawElements(GLenum mode, GLsizi count, GLenum type, const GLvoid* indices)

该函数从当前绑定到 GL_ELEMENT_ARRAY_BUFFER 目标的 EBO 中获取索引。其第一、二个参数和前述函数的参数一致。需要注意的是，该函数的第三个参数 GLenum type 可使用的类型必须是 GL_UNSIGDNED_BYTE、GL_UNSIGDNED_SHORT、GL_UNSIGDNED_INT 中的一个，表示为元素的数据类型。最后一个参数 const GLvoid* indices 定义了元素数组缓存的偏移地址，也就是索引数据开始的位置。

图元绘制函数会从顶点属性数组中读取顶点的信息，然后使用它们来构建模式(mode)指定的图元类型，最后需要通过 glEnableVertecAttribArrray()来启用顶点属性数组。

void glEnableVertexAttribArray(GLuint index)

其中，index 必须是一个介于 0 到 GL_MAX_VERTEX_ATTRIBS−1 之间的值。

至此，完成了顶点显示的全部工作。但是，让顶点显示在最终的屏幕仍然需要在着色器中定义顶点着色器和片段着色器。关于本节中的具体实例程序，将会在附录代码 6 OpenGL 开发实验部分进行相应的介绍。

5.3.3　坐标空间与模型变换

1. 坐标空间

顶点坐标最终转化为屏幕上的像素并不是一个直接的过程。用户输入的顶点坐标需要经过 4 次矩阵变换才能显示在屏幕上，分别是模型变换、视图变换、投影变换和视口变换。如图 5-15 所示，此处先介绍变换先后经历的坐标空间：局部空间(loacl space)、世界空间(world space)、观察空间(view space)、裁剪空间(clip space)。

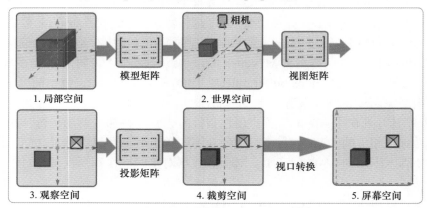

图 5-15　物体在几种空间下的变换流程[①]

1) 局部空间

当给定某个对象的坐标时，就定义了对象所在的坐标系，也称为局部坐标系，那么对象所在的空间被称为局部空间。

2) 世界空间

在局部空间定义的坐标往往都是以当前模型来定义的，所产生的结果是当存在多个物体时，它们各自都会有一个局部坐标系，因而它们之间的位置关系也就很难确定了。所以，需要一个可以容纳所有物体的一个全局坐标系，这个全局坐标系也就对应了一个全局空间。这时，物体坐标也就被变换到了世界空间中，这个变换称为模型变换。

3) 观察空间

观察空间常称为 OpenGL 的摄像机(有时也称为摄像机空间或视觉空间)。观察空间就是

---

① LearnOpenGL，https:// learnopengl.com/

将对象的世界空间坐标转换为观察者视野的坐标。因此，观察空间就是从摄像机的角度观察到的空间，通常由一系列的平移和旋转组合而使得特定的对象被转换到摄像机前面。这一步也就是将物体在世界空间的坐标变换到观察空间下的坐标，也被称为视图变换。

4) 裁剪空间

当顶点坐标变换到观察空间后，坐标会被变换到一个指定范围内的坐标空间中，任何在当前空间外的坐标将会被裁剪，此为裁剪空间的由来。裁剪空间的目的就是将观察空间的坐标变换为 OpenGL 标准化设备坐标(也就是让坐标每个维度的值的范围在–1.0 到 1.0 之间)。为了将顶点坐标从观察空间变换到裁剪空间，需要定义一个投影变换，并限定一个坐标范围，如在每个维度上的–100 到 100。投影矩阵将这个限定范围内的坐标变换为标准化设备坐标的范围(–1.0, 1.0)。所有在该范围外的坐标均被裁剪掉。例如，坐标(120, 10, 45) 的 x 坐标超出了范围，它被转化为一个大于 1.0 的标准化设备坐标，将是不可见的，所以被裁剪掉了。如图 5-16 所示，在进行投影变换过程中，通常会创建一个视景体(frustum)，类似于一个观察箱。在视景体中，每个出现在视景体范围内的坐标都会最终呈现在用户屏幕上。将观察坐标变换为裁剪坐标的投影变换有两种不同形式，每种形式都定义了不同的视景体，可以通过定义一个正射投影变换或一个透视投影变换建立视景体。正射投影的视景体由宽度(width)、高度(height)、近平面(near plane)和远平面(far plane)组成，表示的是由近平面和远平面之间的宽度和高度所限定的范围，这个范围内的对象是可以显示的。正射投影对于一般的视图显示较为正常，但对于物体的远近并没有考虑，这时就需要通过透视投影来解决这类问题。

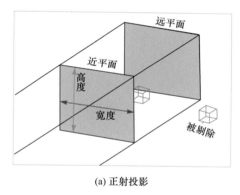
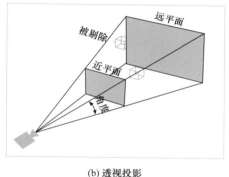

(a) 正射投影　　　　　　　　　　　　(b) 透视投影

图 5-16　两种平视的视景体

透视投影的投影方式类似于视锥体，将相机看成是圆锥的顶点，从顶点出发，根据圆锥体的视场角度(field of view, FOV)向外延伸，并给出同正射投影相似的远近平面来决定最终的裁减范围。透视投影将给定的视景体范围映射到裁剪空间，进而根据除法将齐次坐标转化为标准化设备坐标。

通过裁剪空间转化为标准化设备坐标后，需要进行的操作为视口变换。OpenGL 会使用 glViewPort 内部的参数将标准化设备坐标映射到屏幕坐标，每个坐标都关联了一个屏幕上的像素，这个过程称为视口变换。

2. 模型变换库

OpenGL 本身并没有封装相应的数学函数库，所以上面的变换操作及用户在模型变换中经常使用的平移、旋转、缩放等矩阵操作，均需要利用第三方函数库来完成，如 GLM(OpenGL mathmatics)、VMath、MathGL 等。这里主要介绍 GLM 数学库的使用。

GLM 是基于 GLSL 规范编写的数学库。GLM 库针对模型变换中常用的平移、旋转、缩放这 3 种操作分别定义了如下三种函数：

mat4 translate(mat4 const & m, vec3 const & translation);

mat4 scale(mat4 const & m, vec3 const & factors);

mat4 rotate(mat4 const & m, float angle, vec3 const & axis);

如下代码介绍了三个函数具体的使用方式。

```
glm::mat4 trans;
// 平移矩阵，平移的向量为 vec3(1.0f, 1.0f, 0.0f)

trans = glm::translate(trans, glm::vec3(1.0f, 1.0f, 0.0f));
// 旋转矩阵，旋转角度为 90 度，旋转轴为 z 轴

trans = glm::rotate(trans, glm::radians(90.0f), glm::vec3(0.0, 0.0, 1.0));
// 缩放矩阵，缩放因子为 vec3(0.5, 0.5, 0.5)

trans = glm::scale(trans, glm::vec3(0.5, 0.5, 0.5));
```

在观察空间中，视图变换使用了一个观察矩阵来完成模型从局部空间或世界空间到观察空间的变换。在GLM函数库中，它定义了一个观察矩阵函数来实现相应的视图变换。其函数原型如下：

mat4 lookAt(vec3 const& eye, vec3 const& center, vec3 const& up);

该函数包含了三个参数，其中 eye 参数表示观察(相机)的位置，center 参数表示的是相机观察的目标的位置，up 表示指向上面的方向向量。下面的代码展示了具体的使用方式。

```
glm::mat4 view;
view = glm::lookAt(glm::vec3(0.0f, 0.0f, 3.0f);

glm::vec3(0.0f, 0.0f, 0.0f);

glm::vec3(0.0f, 1.0f, 0.0f));
```

针对两种投影变换操作，GLM 同样定义了两种函数，如正射投影 ortho 和透视投影 perspective：

mat4 ortho(float left, float right, float bottom, float top, float zNear, float zFar);

mat4 perspective(float fovy, float aspect, float zNear, float zFar);

下面的代码展示了函数的具体使用方式。

```
// 设置坐标的起点为 0.0，右边为 800.0，底部为 0.0，上部为 600.0
// 视景体的近平面为 0.1f，远平面为 100.0f

glm::mat4 ortho_mat = glm::ortho(0.0f, 800.0f, 0.0f, 600.0f, 0.1f, 100.0f);
// 设置视野大小为 45.0f，宽高比为给定宽高度比值
// 视景体的近平面为 0.1f，远平面为 100.0f

glm::mat4 persp_mat = glm::perspective(glm::radians(45.0f),
        (float)width/(float)height, 0.1f, 100.0f);
```

通过 GLM 数学库，可以在模型矩阵 M_{model} 中使用旋转、平移、缩放操作，并利用相机的观察视角建立视图矩阵 M_{view}，然后在投影矩阵 $M_{\text{projection}}$ 实现正射投影或透视投影变换。那么从对象坐标 V_{local} 到裁减空间坐标 V_{clip} 的矩阵运算为

$$V_{\text{clip}} = M_{\text{projection}} M_{\text{view}} M_{\text{model}} V_{\text{local}}$$

(5-22)

5.3.4　OpenGL 可视化功能

1. 颜色渲染

　　OpenGL 中采用 RGB 或 RGBA 向量的形式来表示一个颜色值。对于 RGB 颜色可通过一个 vec3 向量的每个分量来分别表示颜色的 R、G、B 三个通道。在 OpenGL 中，颜色分量的值一般会被归一化在 [0.0,1.0] 区间中。当颜色映射到帧缓存数据区间时，会根据帧缓存中每个颜色分量所占用的数据位(一般为 8 位)来确定颜色分量的区间范围(当为 8 位时，区间为 [0,255])。

　　获取颜色值的方式多种多样。在 OpenGL 中主要有三种方式，并通过片段着色器来完成每个片元的颜色值的设置。

　　(1) 在顶点着色器中定义颜色向量，并通过应用程序中设置的颜色值，将其传入到顶点着色器，最终由片段着色器进行设置，如下面代码所示：

```
// 定义顶点数组，包含了颜色值
float vertices[] = {
    // 位置       // 颜色
    0.5f, 0.5f, 0.0f, 1.0f, 0.0f, 0.0f,
    0.5f, -0.5f, 0.0f, 0.0f, 1.0f, 0.0f,
    -0.5f, -0.5f, 0.0f, 0.0f, 0.0f, 1.0f,
    -0.5f, 0.5f, 0.0f, 1.0f, 1.0f, 0.0f
    };


// 顶点着色器
#version 330 core
layout (location = 0) in vec3 position;
layout (location = 1) in vec3 color;
out vec3 outColor;
void main()
{
    gl_Position = vec4(position, 1.0f);
    outColor = color;
}
```

　　(2) 在片段着色器中，通过设置一个常量颜色值传入到每个片段中，以此完成片段显示。

```
// 片段着色器
#version 330 core
out vec3 fragColor
void main()
{
    fragColor = {0.0, 1.0, 1.0};
}
```

(3) 可以在片段着色器中通过计算来生成颜色值。

2. 纹理渲染

纹理类似于一种图片,以用户想要的方式来设置图案细节(如木纹、砖墙等)。对于一个三角形,可以通过一张图片实现三角形内部细节的填充。要想实现图形的纹理填充,首先需要创建并指定纹理。以二维纹理为例,OpenGL 中创建和指定纹理通过三步实现:

第一步,定义 texture 变量,利用 glGenTextures 产生创建纹理的 ID 引用;

第二步,调用 glBindTextures 产生需要维度的纹理,然后进行绑定,使得后面的任何纹理指令都可以配置当前绑定的纹理;

第三步,调用 glTexImage2D 函数进行纹理的加载。

上述第一步中,函数 void glGenTextures(GLsizei n,GLuint *textures)创建 n 个纹理对象的 ID 引用,并存储在纹理数组 textures 中。在第二步,函数 void WINAPI glBindTexture(Glenum target, GLuint texture)中的参数 target 指定纹理对象的类型,必须是 GL_TEXTURE_1D、GL_TEXTURE_2D、GL_TEXTURE_3D 或 GL_TEXTURE_CUBE_MAP 之一,参数 texture 指定当前要绑定纹理对象的 ID。在第三步中,函数实现对当前二维纹理对象的指定:

void glTexImage2D(GLenum target,GLint level,GLint internalFormat,GLsizei width,GLsizei height,GLint border,GLenum format,GLenum type,const GLvoid * data)

该函数中,参数 target 指定了纹理目标(target),设置为 GL_TEXTURE_2D,意味着会生成与当前绑定的纹理对象在同一个目标上的纹理(任何绑定到 GL_TEXTURE_1D 和 GL_TEXTURE_3D 的纹理不会受到影响);参数 level 为纹理指定多级渐远纹理的级别,如果希望单独手动设置每个多级渐远纹理的级别,则设为 0;参数 internalFormat 定义纹理储存格式;参数 width 和 height 设置最终的纹理的宽度和高度;参数 border 应该总是被设为 0;参数 format 和 type 定义了源图的格式和数据类型;参数 data 是存储纹理图像数据的数组。

在创建并指定纹理对象后,显示纹理则需要将纹理映射到三维图元上,对此可以在顶点着色器中定义纹理坐标实现,利用 GLSL 中的 texture 函数进行纹理坐标和纹理图像的匹配,实现当前顶点纹理的采样。

3. 光照处理

1) 光照原理

现实世界中,很多场景因为有了光照而呈现不一样的色彩。OpenGL 中的场景渲染同样也需要对光照进行控制。往往在片段着色器阶段,将渲染阶段获取的光照值转换为颜色值,并分配到每个像素上。基本光照模型包括环境光、漫反射光和镜面光,以及由这 3 种基本光照组合的冯氏(Phong)光照模型。环境光是现实世界中各种方向投射的光,每一种光线在物体的反射都是任意的,在环境光设计中,通常需要设定某一常数值来表示环境光强度,并将它与给定的光照值相乘来获得最后的环境光照。在片段着色器中,也可以设置相应的环境光。

```
// 片段着色器
void main()
{
    float amibentStrngth = 0.2;// 设置环境光强度
    vec3 ambient = ambientStrength * lightColor;// 光照颜色值
```

```
vec3 result = ambient * objectColor;// 最终的环境光
    FragColor = vec4(result, 1.0);// 片段颜色
}
```

当给定某一光线投射到物体片段时，光照入射方向与物体片段表面法向量的夹角决定漫反射的强度。夹角越小时，看到物体表面的效果越强烈，反之，所看到的效果也就越不明显。假设光线入射方向为 L_d，物体表面的法向量为 N_o，那么光线在物体表面的漫反射强度 diffuse 为

$$\text{diffuse} = L_d N_o \tag{5-23}$$

在片段着色器中，漫反射光的代码如下：

```
// 片段着色器
in vec3 lightColor;
in vec3 lightDir;
in vec3 norm;
void main()
{
// 计算光线入射方向与法向量的点乘，若小于 0.0,设置为 0.0
    float diff = max(dot(norm, lightDir), 0.0);
    vec3 diffuse = diff * lightColor;// 漫反射光强度
}
```

镜面光是表面直接反射并由观察者接收到的高亮光。光源照射到物体表面会因不同的材质而让人看到不同的视觉效果，如金属球和木质球，在光线照射时会明显感觉金属球更耀眼一点。当然，镜面光的影响因素还与观察者的观察角度相关。当所观察的角度与光线反射方向一致时，会看到一个高光。

2) 冯氏光照模型

冯氏光照模型具有环境光、漫反射光和镜面光 3 个分量。在镜面光照中，镜面光的反光度(shininess)决定了光线在物体上的高光点大小。通常金属的高光效果更明显，木质材料则显得较为黯淡，在数学上通过计算光线的反射方向 L_{rd} 和观察视角 V_d 的点积，再给定反光度来计算最终的高光效果 spec。

$$\text{spec} = \left(L_{rd} \cdot V_d\right)^{\text{shininess}} \tag{5-24}$$

在片段着色器中，冯氏光照模型实现代码如下：

```
#version 330 core
in vec3 lightColor;
in vec3 norm;
in vec3 lightDir;
in vec3 viewDir;
void main()
{
    // 环境光照
```

```
float ambientStrength = 0.1;
vec3 ambient = ambientStrength * lightColor;


// 漫反射光照
float diff = max(dot(norm, lightDir), 0.0);
vec3 diffuse = diff * lightColor;


// 镜面光照
float specularStrength = 0.5;
// 光线反射方向
vec3 reflectDir = reflect(-lightDir, norm);
// 设置反光度的幂值为 32
float spec = pow(max(dot(viewDir, reflectDir), 0.0), 32);


vec3 specular = specularStrength * spec * lightColor;
// Phong 模型最终结果
vec3 result = (ambient + diffuse + specular) *
objectColor;
    FragColor = vec4(result, 1.0);
}
```

　　值得注意的是，在漫发射光照计算过程中，当点乘中的法向量在发生不均匀缩放时，法向量的正规化操作将会改变法向量的指向，得出的结果也会出现错误。法线矩阵 M_{normal} 表示为模型矩阵 M_{model} 的逆矩阵的转置矩阵，所以 OpenGL 提供了法线矩阵来保证法向量始终是正规化的向量，其数学表示形式为

$$M_{normal} = \left(\left(M_{model} \right)^{-1} \right)^{T} \tag{5-25}$$

　　上述实现代码见附录代码 10 实验部分。

　　上面简要介绍了关于 OpenGL 程序设计开发的基础内容，关于详细开发文档和资源，读者可参考官方资料(Kessenich et al., 2017)及线上帮助[①]。

5.3.5　OpenGL 开发实验

1. OpenGL 着色器基础演示

OpenGL 可编程着色器中需要开发人员手动设计的是顶点着色器和片段着色器，这里举一个着色器基础示例，见附录代码 5。

2. OpenGL 图元绘制

这里主要是关于 5.3.2 节中绘制多边形的代码。本实验以线状方式绘制了建筑模型的三

---

① https://www.opengl.org/

角格网结构, 如图 5-17 所示。实验中, 着色器部分代码见附录代码 7a, 主函数部分核心代码见附录代码 7b。

3. OpenGL 颜色相关实验

因为颜色实现的窗口部分代码和绘制多边形类似, 所以主要介绍光照场景中如何使用颜色的顶点着色器和片段着色器。程序(见附录代码 8)通过两个立方体来模拟点光源, 从而模拟光照场景, 运行结果如图 5-18 所示, 其中红色表示物体, 白色表示光源。

4. OpenGL 纹理相关实验

前文中介绍了纹理的相关内容, 这里将根据生成纹理、纹理映射等步骤开展实验。这里同样针对建筑景观进行相应绘制, 主要是对建筑物添加光照和纹理。其中, 主函数代码见附录代码 9a, 着色器部分代码见附录代码 9b, 程序运行结果如图 5-19 所示。

5. 冯氏光照模型实验

早期在顶点着色器中实现的冯氏光照模型又被称为 Gouraud 着色, 这里实验的是在片段着色器中实现冯氏光照模型, 主要实现代码部分见附录代码 10a。使用了两个立方体, 一个作为光源, 另一个作为具体的物体; 在着色器阶段, 需要分别为物体和光源设定顶点着色器和片段着色器。着色器代码见附录代码 10b; 程序执行的结果如图 5-20 所示, 其中镜面高光的指数为 32。

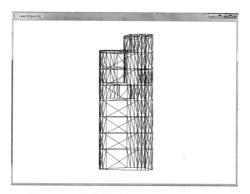

图 5-17   建筑物线框的 OpenGL 绘制

图 5-18   正方体颜色的 OpenGL 实现

图 5-19   建筑物光照纹理的 OpenGL 贴图效果

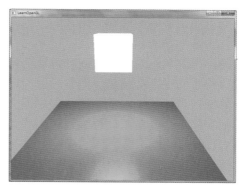

图 5-20   Phong 光照模型实验

利用 Phong 光照模型, 结合基于三角网的球体绘制及纹理映射, 可以实现地月系统的三维可视化(图 5-21)。其相关实现留作课外高级练习(见本章思考题 17)。

图 5-21　地月系统可视化效果

5.4　可视化技术进阶

5.4.1　多线程与 GPU 技术

1. 多线程技术简介

线程是计算机编程指令中最小的执行单元，通常是由操作系统中的调度器进行管理。多线程是指中央处理单元(CPU)或多核处理器中的单个核心同时执行多个进程或线程的能力，由操作系统支持。在操作系统中，线程往往被认为是进程的组件，通过进程实现线程任务的分发与执行。多线程技术通过使用线程级别和指令级并行性来增加单个内核的利用率。

2. 多线程特点

1) 多线程的优点

如果线程获得大量缓存而未被使用(命中)，其他线程可以继续利用未使用的计算资源，这可能导致更快的总体执行，因为如果只执行单个线程，这些资源将处于空闲状态。此外，如果线程不能使用 CPU 的所有计算资源(因为指令依赖于彼此的结果)，则运行另一个线程可能会阻止这些资源变得空闲。如果几个线程在同一组数据上工作，它们实际上可以共享缓存，则可实现更好的缓存使用或同步。

2) 多线程的缺点

硬件资源共享时，多个线程可能会相互干扰。因此，即使只有一个线程正在执行，单线程的执行时间也不会改善。但是，因为容纳线程切换硬件需要额外的流水线，所以执行时间不会降低；另外，手动汇编语言程序不会遭受高速缓存未命中或空闲计算资源的困扰。因此，这样的程序不会受益于硬件多线程，并且由于共享资源争夺而会导致性能有所下降。

3. GPU 特点

因为 GPU 是一类多核处理器，它本身具有很多流处理器簇，所以针对 GPU 执行大量非密集型数据的计算将会显得更有效率。从 GPU 发展至今，很多公司提出了 GPU 集成方案，并对 GPU 硬件架构进行调整使得它能更好地进行并行计算，节约了数据计算时间。GPU 上的线程是高度轻量级的。在一个系统运算中，往往有成千上万的线程排队等待工作。如果 GPU 必须等待一组线程执行结束，那么它只要调用另一组线程执行其他任务即可。GPU 中流处理器(SM)中的每个核正是用来处理大量并发的、轻量级的线程。现在非常流行的深度学习，正是利用 GPU 进行大数据处理，使得图片分类、语音处理、文本处理这种大数据任务的处理变得可能。

5.4.2　CUDA 编程技术

1. CUDA 编程简介

当前 GPU 并行计算中最流行的平台是 Nvidia 于 2006 年推出的统一计算设备架构(compute unified device architecture，CUDA)，它最早将 GPU 计算从传统图形处理领域扩展到通用计算领域。因 CUDA 是 Nvidia 旗下的开发语言，所以它只支持 Nvidia 硬件，可以运行于 Windows、Mac OS X、Linux 等操作系统中；CUDA8.0 是当前的最新版本。

进行 CUDA 编程实验之前，还要先了解一下 CUDA 在 Windows 平台下的安装过程：

(1) 下载对应安装程序包(本地和网络)，然后直接可以下载对应的安装包。

(2) 双击下载好的程序包安装程序，点击"下一步"安装所有组件。

(3) 最后，验证 CUDA 安装是否正确，导航到 CUDA Samples 下的 nbody 目录，打开安装的 Visual Studio 版本的 Visual Studio 解决方案文件，在 Visual Studio 中构建项目，成功后即可在 nbody 目录下出现 nbody.exe，双击执行即可。

2. CUDA 特性

CUDA 提供了诸如 C、C++、Fortran、Python 等程序语言的支持。CUDA 编程计算是一种异构计算平台，它是通过在 CPU 和 GPU 两种平台下实现具体的编程。对应于 CUDA 程序主要分为两种代码：主机代码对应于 CPU 平台，设备代码对应于 GPU 平台。CUDA 本身设计为并行计算和高性能计算，所以 CUDA 编程中需要考虑的就是如何将 GPU 中的线程利用效率最大化，CUDA 提供了两层 API 来管理 GPU 设备和组织线程，它们分别是驱动 API 和运行时 API。因为驱动 API 是底层实现的 API，所以相对来说不易实现，大多数情况下通过使用运行时 API 进行 GPU 设备的操作。

3. CUDA 基础语法

1) 函数类型

CUDA 程序和其他编程语言上的程序执行很相似，CUDA 函数也都在函数前以 cuda 开头，利于读者阅读。此外，CUDA 函数也会添加函数类型说明符，表示函数具体的操作界限。

(1) CPU 执行函数：这类函数通常在主机端执行(CPU)，主要负责主机端相应功能的实现。例如，CUDA 用于分配内存的函数 cudaMalloc，这个函数和 C 语言中的 malloc 函数功能几乎一致，通过参数指定分配一个具体大小的内存，并将内存首地址通过参数形式传递给定义的变量。

(2) 核(Kernel)函数：这类函数指的是 CUDA 设备端执行的函数，主要目的就是实现任务的并行化，以及对线程进行调度安排，以实现相应的功能。通常，在定义函数时，可以在函数返回类型前定义一个函数类型限定符，该限定符指定函数在主机上执行还是在设备上执行，以及可被主机调用还是被设备调用。CUDA 中的核函数只能访问设备内存，需要有一个 void 返回类型。例如，声明核函数的一种方式为：__global__void kernel_name (argument list)。

表 5-7 给出了函数修饰限定符的具体作用。

表 5-7　CUDA 核函数的修饰限定符

限定符	执行类型	调用	备注
__global__	在设备端执行	可从主机端调用	必须有一个 void 返回类型
__device__	在设备端执行	仅能从设备端调用	
__host__	在主机端执行	仅能从主机端调用	

2) 内存管理

CUDA 程序中，内存的合理使用是保证程序性能的重要部分。通过合理调用内存设备，可以改善工作负载和数据存储的效能。在 CUDA 程序中，CUDA 利用自身内存模型来完成不同阶段程序的数据传输和调度任务，完成程序的性能优化。CUDA 的内存主要有以下几种类型。

(1) 共享内存：共享内存是在 SM 上的线程块进行分配的。它具有高带宽、低延迟的功效，所以在传输效率上更高。但同时使用共享内存时，应注意合理分配，否则会影响 SM 中线程块的使用效率。共享内存变量可以使用如下修饰符进行定义：__shared__。

共享内存存在于线程块中，所以其生命周期伴随着这个线程块。当线程块执行完毕后，相应的共享内存也会被回收，以备其他线程块进行使用。

(2) 寄存器：如同 CPU 中的寄存器，GPU 中的寄存器是运行速度最快的内存空间。寄存器中声明的变量直接被 SM 中的活跃线程使用，可以加快操作的处理速度。利用 Nvidia 的 nvcc 编译器选项可以检查核函数使用硬件资源的情况。通过命令-Xptxas –v 可以检查寄存器中内存是否溢出，这样可以保证程序性能。

(3) 本地内存：寄存器空间中溢出的变量将会被放置于本地内存中。本地内存中的变量实质是同属于全局内存中的，这种内存具有高延迟和低带宽的特点，对于 2.0 以上的 GPU 来说，本地内存也存储于 SM 中的一级缓存和二级缓存中。

(4) 全局内存：它是 CUDA 中容量最大延迟最高的一片内存空间，在这块内存中声明的变量具有最长的生命周期，声明的变量作用域是全局的，这也是主机唯一可以访问设备内存的变量。

3) 线程管理

CUDA 中的一个优化问题就是尽可能地使线程空闲率最低，这样程序处理效率最高，所以线程组织是 CUDA 中程序优化要解决的问题。从线程组织的角度，就是将计算资源和目标与 GPU 中每一个线程块进行有效组合。所以，合理选择与计算资源相匹配的线程块和线程束(warp)的个数将会直接影响到执行效率。若将线程块的利用率达到最大化，以及让分配到每个线程束(warp)并行线程执行时尽量独立，则不会因为数据共享而影响性能。

在利用数组操作时，在 CPU 上都是通过数组下标进行访问，而在 GPU 中则是通过线程块的组织进行调用。可以将线程块看成一维、二维或三维形式。在进行索引访问时，可以根据预先定义的线程束大小来计算线程块，以及相应的索引。对于二维线程块，每个线程的索引为

$$\text{threadId}x.y * \text{blockDim}.x + \text{threadId}x.x$$

三维线程块下的线程索引：

$$\text{threadId}x.z * \text{blockDim}.y * \text{blockDim}.x + \text{threadId}x.y * \text{blockDim}.x + \text{threadId}x.x$$

4) 程序编译和调试

程序编写完毕后需要进行程序编译。CUDA 程序编译主要有两种方式，分别是 Nsight 工具和 CUDA-GDB 调试器。这里只介绍 Windows 平台下 Nsight 工具的程序编译和调试。

Windows 平台下，CUDA 程序调试工具 Nsight 集成在 Visual Studio 中，所以熟悉 Visual Studio 开发工具的读者将更容易上手。当安装了 Windows 平台下的 CUDA，那么当安装程序完毕后，会在 Visual Studio 主界面菜单中有一个 NSIGHT 图标。

值得注意的是，在进行程序编译和显示设备计算时需要两个 GPU，一个用于运行应用程序，一个用于显示。当进行程序调试时，可能 GPU 是本地端，也可能是远程。也可通过共享服务器进行远程调试。

4. CUDA 并行计算示例

以基于光线投射的体绘制为例，介绍 CUDA 如何通过并行的光线投射来加速体绘制过程。因为屏幕上的每个像素都要进行光线投射，若利用 CPU 串行实现的体绘制运算较大，耗费时间极长。而体绘制的光线投射中各光线投射相互独立，且各光线具有相同的投射过程。体绘制技术十分适合应用 GPU 硬件进行加速。下面代码中给出了 CUDA 实现每条光线的投射过程，最终获得的颜色信息存储在变量 d_output[y*imageW + x]中。

```
__global__ void
d_render(uint *d_output, uint imageW, uint imageH,
        float density, float brightness,
        float transferOffset, float transferScale)
{
    const int maxSteps = 500;
    const float tstep = 0.01f;
    const float opacityThreshold = 0.95f;
    const float3 boxMin = make_float3(-1.0f, -1.0f, -1.0f);
    const float3 boxMax = make_float3(1.0f, 1.0f, 1.0f);

    uint x = blockIdx.x*blockDim.x + threadIdx.x;
    uint y = blockIdx.y*blockDim.y + threadIdx.y;

    if ((x >= imageW) || (y >= imageH)) return;

    float u = (x / (float) imageW)*2.0f-1.0f;
    float v = (y / (float) imageH)*2.0f-1.0f;
    Ray eyeRay;
    eyeRay.o = make_float3(mul(c_invViewMatrix,
        make_float4(0.0f, 0.0f, 0.0f, 1.0f)));
    eyeRay.d = normalize(make_float3(u, v, -2.0f));
    eyeRay.d = mul(c_invViewMatrix, eyeRay.d);
    float tnear, tfar;
// 计算与立方体是否相交
```

```
// tnear 表示近平面，tfar 表示远平面
    float4 sum = make_float4(0.0f);
  int hit = intersectBox(eyeRay, boxMin, boxMax, &tnear, &tfar);
  if (hit)
  {
    if (tnear < 0.0f) tnear = 0.0f;
    float t = tnear;
    float3 pos = eyeRay.o + eyeRay.d*tnear;
    // tstep 投射步长，step 计算光线所在位置
    float3 step = eyeRay.d*tstep;

    for (int i=0; i<maxSteps; i++)
    {
      // 纹理采样
    float sample = tex3D(tex, pos.x*0.5f+0.5f,
        pos.y*0.5f+0.5f, pos.z*0.5f+0.5f);
float4 col = tex1D(transferTex, (sample-transferOffset)*transferScale);
      col.w *= density;
      col.x *= col.w;
      col.y *= col.w;
      col.z *= col.w;
      sum = sum + col*(1.0f – sum.w);
      if (sum.w > opacityThreshold)
        break;
      t += tstep;
      if (t > tfar) break;
      pos += step;
    }
  }
  sum += make_float4(1.0f) * (1.0f - sum.w);
  sum *= brightness;
  d_output[y*imageW + x] = rgbaFloatToInt(sum);
}
```

上面函数主要实现基于光线投射的累计颜色值计算，最终输出累计颜色值到 d_output 中，供最后渲染使用。

main 函数中核心代码：

```
int main(int argc, char **argv)
{
// 初始化 OpenGL
    initGL(&argc, argv);

    // 指定 CUDA 设备
```

```
    chooseCudaDevice(argc, (const char **)argv, true);
    size_t size = volumeSize.width*volumeSize.height*
volumeSize.depth*sizeof(VolumeType);
    void *h_volume = loadRawFile(path, size);
    // 初始化 CUDA 设备
    initCuda(h_volume, volumeSize);
    free(h_volume);
    // 计算格网大小
    gridSize = dim3(iDivUp(width, blockSize.x),
iDivUp(height, blockSize.y));
    // OpenGL 绘制和显示
    glutDisplayFunc(display);
    glutKeyboardFunc(keyboard);
    glutMouseFunc(mouse);
    glutMotionFunc(motion);
    glutReshapeFunc(reshape);
    glutIdleFunc(idle);
// 纹理映射
    initPixelBuffer();

    glutCloseFunc(cleanup);
    glutMainLoop();

}
```

基于上述可视化代码，体绘制运行效果如图 5-22 所示。

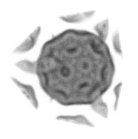

图 5-22　不同视角下的体绘制结果

5.4.3　VisIt 开源技术

　　VisIt 是 LLNL 开发的免费开源的交互式并行可视化软件，用于查看大规模科学数据和进行图形分析,包括二维几何模型、三维空间结构和非结构化格网中定义的标量场和矢量场。它既可分析太字节的科学模拟数据，也可以处理千字节的小数据集。VisIt 可运行在 UNIX(Irix, Tru64,AIX,Linux,Solaris)及 Windows 平台上，用户可根据不同平台下载相应的安装软件或源码。

　　VisIt 对二维及三维数据都可以很好地处理，它还能根据数据制作动画，使用户可据此观察数据的发展变化。VisIt 绘制和算子操作都有相应的属性，用户可以根据需要进行修改，从而达到不同的可视化效果。VisIt 支持 C++、Python 和 Java 编程接口。这一功能可用来创建复杂的动画，进行批处理，并可将可视化功能集成到用户自己的系统中。

1. VisIt 可视化机制

　　VisIt 作为开源、跨平台、分布式的软件工具，可运行于个人计算机、工作站或集群的并行环境中。作为一种重要的科学数据可视化平台，它拥有一套完整的数据显示机制和工作流程。下面重点介绍 VisIt 的主要功能模块。

　　图 5-23 是 VisIt 软件的主界面与整体结构，分为用户界面、数据库、窗口显示、数据和并行计算引擎等。图中最上面的两幅图片，左边是软件的主界面，主要用于用户交互；右边是数据可视化窗口，主要进行图形显示的后处理工作。数据库主要负责远程数据的读写，支持多种数据类型插件(以库的形式被 VisIt 调用)；并行计算引擎负责对数据进行计算与绘制。

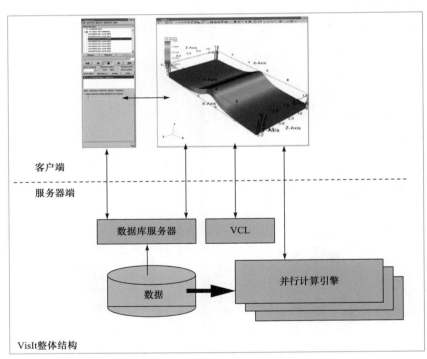

图 5-23　VisIt 主界面与整体结构图

2. VisIt 可视化功能

1) 绘图功能

　　VisIt 对于科学数据及动画的可视化支持十分丰富，并支持编程语言的扩展。对于用户的自定义数据，也可通过插件形式进行显示。下面针对 VisIt 软件的用户界面进行相应功能介绍，并通过示例来展示数据的可视化效果。VisIt 主界面如图 5-24 所示。

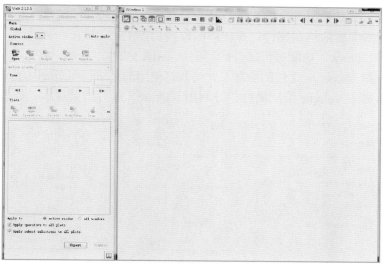

图 5-24　VisIt 的主界面图

在主界面中有很多针对不同数据集的功能，这里主要演示 Plot 绘制功能。Plot 功能是将数据库中的数据加载到并行计算引擎中进行计算，并渲染计算得到结果。VisIt 提供了很多绘制功能，如等值线、伪彩色和更多复杂的绘制功能。VisIt 还可支持用户自定义的绘制插件来完成不同的用户需求。在使用绘制功能之前，需要通过软件界面中"Sources"下的"Open"加载不同格式的数据，如图 5-25 所示。此外，如果已有一个 VisIt 识别的数据文件，那么直接双击这个文件即可。

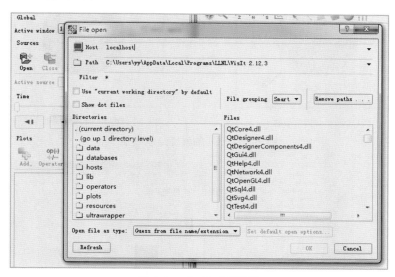

图 5-25　加载工程数据

加载相应的数据后，就可以利用用户界面下的"Plots"功能进行绘制。VisIt 针对 Plot 也设计了大量的绘制属性，可以选择这些属性来表达数据的不同含义。当确定好绘制属性后，会被加载到相应的绘制列表中，通过"Plots"下的"Draw"进行绘制效果显示。这里以官方数据为例，讲解加载一个三维球的基本步骤。

首先，加载三维球数据，这里数据路径为安装目录下 data 目录下的 globe.silo 文件；

其次，根据所需要的绘制属性选择相应的绘制功能(图 5-26)；

最后，利用"Draw"功能进行属性的绘制显示(图 5-27)。

VisIt 软件支持 shapefile 文件的加载，此处数据使用的是 data/shapefile 目录下的 states.shp 文件，加载后添加了 Volume 绘制属性，并利用"Draw"进行结果显示，如图 5-28 所示。

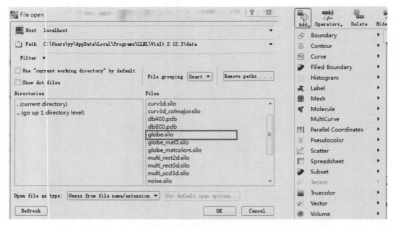

图 5-26　加载工程数据(左侧为数据加载对话框，右侧为添加相应的绘制功能)

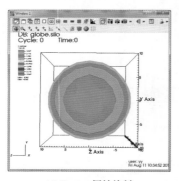

(a) Contour属性绘制

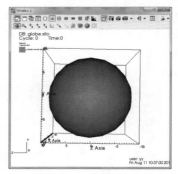

(b) Subset属性绘制

图 5-27　不同的属性绘制效果

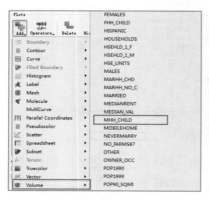

(a) 绘制属性选择

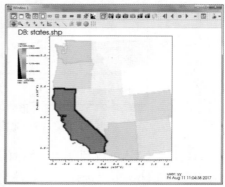

(b) 绘制效果

图 5-28　利用 Plot 绘制 shapefile 文件

2) 动画功能

VisIt 软件不仅支持相应的数据绘制，还支持相应的动画绘制，其功能在 VisIt 菜单栏的 "Control" 下的 "Animation"。这里同样使用官方数据 wave.silo，数据位于安装目录下的 data 目录下。感兴趣的读者可参考官方资料(Childs et al.，2012)进行深入学习。

5.4.4　BIM 技术

BIM 是建筑信息模型(building information modeling)的简称。它是以建筑工程项目的各项相关数据为基础，通过数字信息仿真模拟建筑物的真实状态，实现数字化加工、工程化管理等功能。BIM 不只是简单地将数字信息进行集成，而是一种数字信息应用，可以用于建筑或工程设计、建造和数字化管理。美国国家 BIM 标准认为："BIM 是一个设施(建筑项目)物理和功能特性的数字表达，因此，BIM 可以看作是共享的知识数据源，可以为项目寿命周期中所有的决策提供可靠依据"，该定义比较完整地阐述了 BIM 的内涵和作用。

1. BIM 技术特点

三维可视化表达：与传统的二维图纸信息表达不一样，BIM 可以将以往的线条式构件形成一种三维的立体实物图而展示在人们面前，这有利于决策者更好更清晰的获知建筑信息。另外，BIM 可视化能增加构件之间的互动性和反馈性，其整个过程都是可视的。所以，BIM 可视化结果不仅仅是用来展示效果的，更重要的是设计、运营以及决策都可以在可视化状态下进行。

属性表达：BIM 可以将建筑工程中所涉及的属性信息存储起来，以供决策者使用。如材料型号、材料性能指标等。这种显式的信息存储既清晰又方便。而传统的二维模式中，无法将属性信息与空间几何直观关联起来，要想详细表达还需要添加单独的表格进行说明。

虚拟现实：在 BIM 软件中，可以通过 ViewCube 来对建筑信息模型进行多角度自由观察，使得参与者能够对整个建筑模型有一个更为全面和直观的了解。

2. BIM 标准

BIM 的实施应用是建筑模型全生命期内的创建、完善与传递过程。其标准与指南对模型建立、电子文档交换、数据与信息协调十分重要，其核心内容是 IFC(数据模型标准)、IDM(流程标准)与 IFD(数据字典)。

IFC 是 BIM 最为成熟的数据标准，是 BIM 数据存储的基础。目前，IFC 模型文件有两种文件格式：".ifc" 和 ".ifcXML"。".ifc" 文件是 STEP 物理文件，其文件格式分为头文件和数据部分。头文件信息包括 IFC 版本、输出 ifc 文件的应用程序、文件输出时间与日期、用户企业等；数据部分则包含了 IFC 模型中的所有文件实例。数据部分每个对象的语法表达为：#+数字编号=IFC 对象类型+(属性 1，属性 2，…)。一个 IFC 模型文件中必须含有唯一的 IfcProject 对象，该对象定义了工程的基本信息，是整个模型的实体容器。

3. BIM 数据分类与存储

BIM 数据可按不同层次进行分类。若按工程阶段进行分类，可分为规划、设计、施工及运营阶段 BIM 数据；按文件格式或数据标准的不同，可分为非结构化数据和结构化数据；按表达方式，可分为专业软件自身文件格式与基于 IFC 标准的文件格式。由于 BIM 数据呈现多样化，需要对 BIM 数据分类进行集成化管理。

4. BIM 协同平台与框架

BIM 协同平台是一种 BIM 集成管理系统，用于维护与管理建筑资源数据库，并具备数据处理能力，其作用是为应用程序提供数据接口。该平台的功能主要体现在：数据存储、数据管理、数据共享与交换、支持技术需求、数据安全、界面设计与帮助支持等。

BIM 协同平台框架借鉴 IFC Model Server 和 EDM Model Serve 框架，在开发的基础上，结合两者优点，着重考虑服务器的整体框架组成、数据存储系统设计、数据管理设计等方面，从而逐步完成协同平台框架的搭建。

5. BIM 数据库设计

BIM 数据库一般采用关系型数据库，如 SQL Server 2008。数据库设计时考虑需求分析，采用从概念模型到逻辑模型、再到详细设计的思路。此外，考虑到 BIM 的海量数据特点，以及数据存储、数据管理和协同设计的使用需求，可将 BIM 数据库结构划分为三大模块：IFC 工程模块，工程组织模块、权限与日志模块。

IFC 工程模块：该模块是整个 BIM 服务器数据库的核心部分，存储 IFC 模型或者 IFC 构件。IFC 构件用来提供容器类资源，通过容器类的根 IFC 实体来标识。IfcModel 为完整的 IFC 工程模型，其中包含一个根 IfcProject 实体。

工程组织模块：该模型是针对多专业协同设计时，进行不同角色管理，主要处理组织、工作组、用户、工程之间的关系。组织是指企业或者部门，工作组则以专业类别进行划分，而用户则隶属于工作组，是组成工作组的个体，工程则被用户所操作和管理，与工作组是一对多的关系。在整个工程设计过程中，参与各方属于不同角色，且不同角色只能在权限限定的范围内进行操作。

权限与日志模块：该模块负责 IFC 工程模块与工程组织模块之间的关系，管理日志操作，建立用户与 IFC 模型、IFC 组件的权限联系，对于用户每一步操作都应有日志记录。其中，IFC 模型和 IFC 组件与用户是多对多的关系。

思　考　题

1. 根据 IDL 程序设计内容，编写程序实现分段函数的可视化，输入给定的 x ，计算输出 $f(x)$ 的值，其中 $f(x)$ 为

$$f(x)=\begin{cases}x, & x<-1 \\ x^3, & -1\leqslant x\leqslant 1 \\ \sqrt{x^2+3x+2}, & x>1\end{cases}$$

2. 利用 IDL 可视化功能，自行实现世界地图大陆轮廓线的可视化，以及经纬格网投影功能。

3. 比较 IDL 程序设计与其他编程语言的优缺点，并尝试 IDL 与其他语言的联合编程。

4. 基于图形变换理论及 OpenGL 模型变换技术，设计鼠标和键盘交互程序，实现三维物体的缩放、旋转及相机的移位、姿态调整和焦距调整。

5. 尝试实现顶点着色器下的冯氏光照模型(Gouraud 着色)。

6. 现实生活中有很多投光物如电灯、路灯、舞台灯光等，试利用 OpenGL 冯氏光照模型中的几种基本光照模型，实现上述投光物的投光效果。

7. 结合本章介绍的 CUDA 技术，利用 CUDA 实现矩阵运算的并行计算。

8. 尝试结合 OpenGL 和 CUDA 实现点云的快速 Splatting 绘制。

9. 根据 VisIt 可视化功能介绍，尝试利用 VisIt 开源软件实现三维模型的可视化。

10. 分析比较虚拟现实与增强现实的差异及发展趋势。

11. 尝试用多个 VRML 文件组装成一个物体。

12. 基于 BIM 模型格式，利用 OpenGL 实现某一复杂建筑综合体的 LOD 可视化。

13. 基于 VisIt 开源系统，根据力引导模型得到的布局图，实现图可视化中的交互与可视分析。

14. 基于 L 系统构建的树木枝干，通过 OpenGL 实现树木枝干及树叶的格网绘制、纹理贴图及光照，实现树木的精细可视化。

15. 通过本章介绍的 OpenGL 纹理映射技术，实现基于多重广告牌的树木可视化。

16. 结合本章介绍的 OpenGL 纹理映射和光照明技术，基于地形 LOD 格网实现地形与遥感影像、矢量数据的叠加可视化及地形晕渲。

17. 通过基于 OpenGL 的格网构建、模型变换、纹理映射和光照明技术，实现地月系统运行关系的动画。

第6章　空间数据可视化技术应用

前述章节学习了空间数据可视化基础知识、表达方法与关键技术，锻炼了可视化程序开发能力。为进一步加强空间数据可视化开发及应用服务能力，本章结合典型应用介绍空间数据可视化软件应用案例，进一步加强理解、拓宽视野、提升能力。

6.1　空间数据可视化软件

6.1.1　数字地球及平台软件

1998 年 1 月，美国副总统戈尔在加利福尼亚科学中心发表了题为"数字地球：认识二十一世纪我们所居住的星球"的演说，提出了一个与 GIS、格网、虚拟现实等高新技术密切相关的概念——"数字地球"，勾绘出了信息时代人类在地球上生存、工作、学习和生活的数字化时代特征。

"数字地球"的实质是在统一的时空框架下，对地球各类对象及其相关现象的统一描述与整体表达，是"硅质地球"。它是以计算机技术、多媒体技术和大规模存储技术为基础，以宽带格网为纽带，运用海量地球信息对地球进行多分辨率、多种类组织管理与多时空、多尺度描述表达，并利用它作为工具来支持和改善人类活动和生活质量。其核心思想是用数字化手段来处理整个地球的自然和社会活动等方面的问题，最大限度地利用信息资源，并使普通百姓能方便地获得他们所想了解的地球信息。

随着空间信息技术快速发展，计算机硬件性能和格网带宽的不断提高，越来越多的"三维数字地球"软件相继问世。目前，国外数字地球软件主要有：Google Earth、NASA World Wind、WebGL Earth、Skyline Globe、Cesium、ArcGIS Explorer 及 OpenWebGlobe 等，国内主要有 EV-Globe(国遥新天地)、LTEarth(灵图)、GeoGlobe(吉奥)、IMAGIS(适普)等。下面介绍几款常用的数字地球平台软件。

1. Google Earth

Google 地球(Google Earth)是一款由 Google 公司开发的虚拟地球软件，于 2005 年向全球推出，推出之后迅速引起广泛关注，被《PC World》评为 2005 年全球 100 种最佳新产品之一。只要有一台联网的电脑，Google Earth 就可以带你飞到地球上的任何角落，它通过将卫星影像、航空影像和 GIS 数据等整合组织在一个地球的三维模型上，让你可从不同尺度浏览不同国家、地区、城市、城镇以及街道的三维场景，观察地形地貌、山川河流、大洋峡谷，还可到外太空银河系里遨游。Google Earth 让无数人领略到了空间信息技术的魅力。图 6-1 为 Google Earth 的操作界面。

Google Earth 的影像数据量是海量的(TB 级)，来源于众多商业卫星及航拍影像，包括 DigitalGlobe 公司的 QuickBird 影像、法国的 SPOTS 卫星影像等。Google Earth 包含全球大部分地区的真彩色遥感影像，一般地区都提供了 15m 分辨率的影像，一些重要城市及地区提供了 0.6m 分辨率或 1m 分辨率影像，其中欧美部分重要城市甚至提供了更高精度的航拍影像，如柏林；全球大部分地区提供了 90m 分辨率的地形 DEM 数据。

图 6-1 Google Earth 界面

Google Earth 具备以下特点：①可显示地球表面不同分辨率的卫星或遥感影像；②功能强大而操作简单，不仅可全方位观察不同国家、地区或城市、街道的空间实体，还可进行一些简单的分析操作，如距离测量、高程测量等；③实现了结合高清影像的信息查询与地理定位，效果逼真，如图 6-2 所示，通过输入地名或地理坐标搜索长江三峡景点；④提供了用户交互功能，用户可通过 KML 自主添加点、线、面等数据实现信息共享，也可把图片叠加到 Google Earth 影像上，甚至可以添加小视频和三维模型。

图 6-2 Google Earth 查询的长江三峡景点位置

2. World Wind

World Wind 是由 NASA(美国国家航空航天局)发布的开放源代码，是一个虚拟地球的免费开源 API。World Wind 可将 Landsat 7、SRTM、MODIS、GLOBE、Landmark Set 等多颗卫星的数据及其他 WMS 服务器提供的图像展现出来。用户可通过 World Wind 体验三维地球遨游的感觉，可以通过旋转、放大、缩小等操作来浏览地球上的任一角落。在浏览地球的同时，还提供了其他一些星体如月球、火星数据，可以实现对月球、火星的虚拟巡航。World Wind 还发布了数以千兆的全球 NASA 卫星数据，这些数据包括数年来每天观测的降水量、温度、大气压数据。World Wind 还为公众提供航拍照片和地形图，以及航天飞机的雷达地形数据。通过 World Wind，人们可以查阅来自世界各地的气象信息资料，观察城市形态和地形地貌，以及跟踪车辆运动、模拟全球气温变化、监测灾难性事件等。图 6-3 为 World Wind 的操作界面。

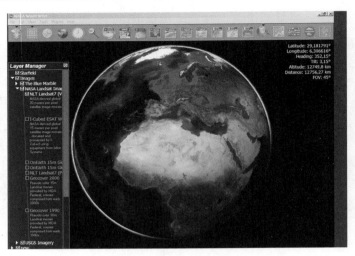

图 6-3　World Wind 界面

World Wind 的主要优点在于：①以开源代码的形式公开在网站上，可以免费使用，同时也使得用户可以根据自身需要进行改进；②可利用 Landsat7、GLOBE 等卫星数据，更新速度快；③World Wind 具有下载卫星影像数据的功能，因此可为人们提供大量可用的影像数据。

3. OSGEarth

OSGEarth 是基于 OSG(OpenSceneGraph)和 C++语言开发的开源地形生成系统，可用于实时构建、优化显示地形模型。OSGEarth 的主要目标在于：便捷地从格网服务器端读取源数据，进行地形模型和图像可视化，实现三维地理空间应用的设计与开发，以及与开放式的绘图标准、技术和数据等进行互操作。

在很多情形下，OSGEarth 可以替代离线地形数据库创建工具，实现诸多任务。例如，①快速获取基础地形地图；②访问开放式标准的地图数据服务，如 WMS 和 TMS；③将本地存储的数据与基于 Web 服务的图像进行数据集成；④在运行时合并新的地理空间数据层，不同的图层可以对应不同的数据类型；⑤处理随时间变化的数据；⑥集成商业数据资源等。

4. Skyline Globe

Skyline Globe 是美国 Skyline Soft 公司开发的一款基于格网的三维地理信息云服务平台，集数据处理、数据展示、数据分析应用及格网发布于一体。包括 TerraBuilder、TerraExplorer 和 SkylineGlobe Server 三个系列产品，分别实现三维场景创建、三维场景展示和三维数据格网发布功能。Skyline Globe 提供了从应用、工具、服务 3 个不同层面的解决方案，能够创建如同真实照片般的地理精准的三维地球模型。它可将卫星影像、航拍影像、DEM 地形以及三维建筑模型、实时通信数据、地理空间信息等海量数据组合在一个虚拟地球上，提供场景浏览规划、查询和分析等应用功能；并且支持二次开发，方便不同的用户根据自己的需求定制不同的功能。

5. EV-Globe

EV-Globe 是北京国遥新天地公司开发的具有完全自主知识产权的大型三维空间信息服务平台。EV-Globe 集成最新的地理信息技术和三维可视化技术，具有海量、多源、多类型(如 DEM、DLG、三维模型、专题行业数据等)数据一体化管理和三维快速实时漫游功能；支持三维空间查询、分析和运算；提供全球范围的基础影像资料，可与常规 GIS 软件、三维 CAD

设计成果进行无缝集成；方便快速构建三维空间信息系统，实现了地上、地表、地下、水下信息的一体化集成表达。

6.1.2　数字城市与 BIM 软件

数字城市是数字地球的重要组成部分，是数字地球技术在城市尺度上的具体应用与精细表达，可以将城市的过去、现状和未来的全部内容进行数字化表达与虚拟实现。建筑作为城市景观的重要组成部分，数字化建筑已成为三维数字城市建设的重要内容。然而，在当前的数字城市中，三维建筑模型仅仅是建筑物的表面模型，没有对建筑物内部空间进行划分，不包含建筑物自身尤其是建筑构件的属性信息，仅用于三维建筑外观显示。近年来，快速发展起来的建筑信息模型(BIM)正在成为数字城市的有益补充。为城市建筑增加更多细节信息才能让数字城市更加丰富多彩。

1. BIM 的技术特点

BIM 是随着信息技术在建筑行业的应用深入而出现的，是一种将数字化的三维建筑模型作为核心组件应用于建筑工程的规划设计、施工建造、运营管理等过程中的信息技术，支持工程建设的全部生命周期管理。BIM 以建筑工程项目的各项相关信息为数据基础，建立三维建筑模型(图 6-4)。BIM 技术将建设单位、设计单位、施工单位、监理单位等项目参与方集中在同一平台上，共享同一建筑的信息模型。BIM 具有以下几个主要技术特点。

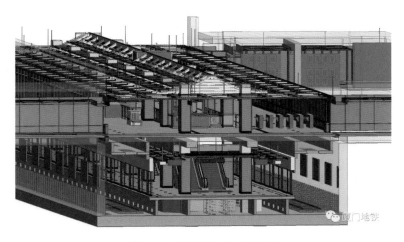

图 6-4　某地铁站的 BIM 图

(1) 可视化。BIM 技术的一切操作(如建筑设计、碰撞检测、施工模拟、避灾路线分析等)都是在可视化环境下完成的，如图 6-5 所示。对于建筑行业来说，传统的 CAD 图纸和 3D 实体模型虽然也可以提供展示设计的效果，但不能进行工程分析。特别是近几年建筑物的规模越来越大，形式各异的复杂造型不断推出，空间划分越来越复杂，人们对建筑物功能的要求也越来越高。如果这些问题没有可视化的手段，光靠人脑去想象分析是很难的。BIM 技术为实现可视化操作开辟了广阔的前景，其附带的构件信息(几何信息、关联信息、技术信息等)为可视化操作提供了有力支持。BIM 不但可以将一些比较抽象的信息如应力、温度、热舒适性用可视化方式表达出来，还可以将设施建设过程及各种相互关系动态地表现出来，为项目团队进行系列分析提供方便。

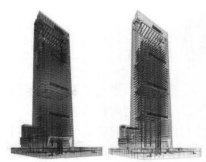

图 6-5　建筑物及其结构件 BIM 图

(2) 协调性。协调性主要体现在两个方面：一是数据之间的实时关联。对数据库中数据的任何更改，都可马上在其他关联的地方反映出来。设计师在任一视图(平面图、立面图、剖视图)上对模型进行的任何修改，就视同为对数据库的修改，都马上会在其他视图或图表上关联的地方反映出来，而且这种关联变化是实时的。这就保持了 BIM 模型的完整性和健壮性，大大提高了项目的工作效率，消除了不同视图之间的不一致现象，保证了项目的工程质量。二是各构件实体之间的关联显示与智能互动。例如，模型中的屋顶和墙相连，如果要把屋顶升高，墙的高度就会随即跟着变高。门窗都是开在墙上的，如果把模型中的墙进行平移或删除操作，墙上的门窗也会同时被平移、删除，而不会出现墙被删除了而门窗还悬在半空的不协调现象。这种关联显示、智能互动表明了 BIM 技术能够支持对模型信息进行计算和分析，并生成相应的图形及文档。

BIM 技术的协调性为建设工程带来了极大方便，不同专业的设计人员可在设计阶段应用 BIM 技术发现彼此不协调甚至引起冲突的地方，提早修正设计，避免造成返工与浪费。在施工阶段，可以通过应用 BIM 技术合理地安排施工计划，保证整个施工阶段衔接紧密、安排合理，使施工高效进行。

(3) 模拟性。采用 BIM 不仅能模拟表达建筑物实体模型，还可模拟一些在真实世界无法进行的操作。如在设计阶段，进行节能模拟、紧急疏散模拟、日照模拟、热能传导模拟、运行环境模拟等(图 6-6)；在招投标和施工阶段，进行施工过程的 4D 模拟，从而确定合理的施工方案、指导施工。同时，还可进行顾及成本的 5D 模拟，实现成本控制。在后期运营阶段，可模拟日常紧急情况的处理方式，如地震逃生模拟及消防疏散模拟等。

(4) 优化性。在 BIM 的基础上可以做更好的设计和施工过程优化，特别是对于某些复杂程度很高的工程项目，BIM 及与其配套的各种优化工具提供了对复杂项目进行优化的可能。例如，裙楼、幕墙、屋顶、大空间等异型建筑，其施工难度通常很大、问题比较多，对这些内容的设计施工方案进行优化，可带来显著的工期和造价改进。

(5) 信息互用性。BIM 模型中的所有数据只需一次性采集或输入，就可在建筑设施的全生命周期中不同专业、不同品牌的软件应用中实现共享、交换与流动。BIM 模型能够自动演化，既避免了项目参与方使用不同专业软件或不同品牌软件所产生的信息交流障碍，又充分保证了经过传输与交换以后信息的一致性。在建设项目不同阶段，无须对数据重复输入，可大大降低成本、节省时间、减少错误、提高效率。

(6) 信息完备性。BIM 模型中包含了工程对象在物理和功能方面的所有信息，既包括工程对象的 3D 几何信息和拓扑关系，还包括完整的工程信息描述，如对象名称、结构类型、建筑材料、工程性能等设计信息，施工工序、进度、成本、质量及人力、机械、材料资源等施工信息，工程安全性能、材料耐久性能等维护信息，以及对象之间的工程逻辑关系等。信息的完备性为支持可视化操作、优化分析、模拟仿真等功能提供了数据基础，如在三维可视化环境中进行各种体量分析、空间分析、采光分析、能耗分析、成本分析、优化分析、碰撞检测、虚拟施工、疏散模拟等。

图 6-6　机场运行环境的 BIM 模拟

2. BIM 商业软件

目前，BIM 的商业软件主要有五款：①Autodesk 公司的 Revit 建筑、结构和机电系列，它依靠 AutoCAD 的市场优势在我国民用建筑市场上占有很大市场份额；②Bentley 公司的建筑、结构和设备系列，在工业设计(石油、化工、电力、医药等)和市政基础设施(道路、桥梁、水利等)领域具有无可争辩的优势；③Nemetschek/Graphisoft 公司的 ArchiCAD/AllPLAN/VectorWorks 产品，出现早、具有一定的市场影响力；④Dassault 公司的 CATIA 产品，是全球最高端的机械设计制造软件，在航空、航天、汽车等领域占据垄断地位，且其建模能力、表现能力和信息管理能力，均比传统建筑类软件更具明显优势；⑤Gery Technology 公司的 Digital Project 产品，是在 CATIA 基础上开发的一个专门面向工程建设行业的应用软件。

1) Revit

Revit 是我国建筑业 BIM 体系中应用最广泛的软件之一，也是当前行业的领跑者。Revit 不仅可兼容 CAD，还可以配合其他相关软件使用，如与 Autodesk Vault Collaboration AEC 软件相结合，进而简化与建筑、工程和跨行业项目的关联数据管理。

Revit 软件的优点是界面简单、容易上手；所生成的模型、图纸具有很强的关联性，可以轻松地统一管理各个视图；具备由第三方开发的海量对象库，支持项目的参与方多用户操作模式；支持自定义参数化物件和预先定义构件属性，并且 API 为拓展外部自定义功能提供了良好支持。Revit 软件的缺点是：是一种以记忆体为主的系统，当文件超过 300M 时，运行速度会明显减慢；对于曲面建模有很大的限制，未完全提供 BIM 环境中必需的完整物件管理。

2) ArchiCAD

ArchiCAD 是历史最悠久且至今仍被应用的 BIM 建模软件。早在 20 世纪 80 年代初，Graphisoft 公司就开发了 ArchiCAD 软件，不但可在 Windows 操作平台应用，还可在 Mac 平台应用。ArchiCAD 包含了广泛的对象库供用户使用；与一系列软件均具有互用性，包括利用 Maxon 创建曲面和制作动画模拟、利用 ArchiFM 进行设备管理、利用 Sketchup 创建模型等；与一系列能耗与可持续发展软件都有互用接口，如 Ecotect、Energy+、RIUSKA 及 ARCHiPHISIK 等。

ArchiCAD 软件的优点是界面直观，相对容易学习，具有海量对象库，具有丰富多样的支持施工与设备管理的应用。缺点是 BIM 参数模型对于全局更新参数规则有局限性，采用内存记忆系统，对于大型项目的处理会遇到缩放问题，需要将其分割成小型的组件才能进行设计管理。

3) Digital Project

CATIA 软件是广泛应用于航空、航天、汽车制造等大型机械设计制造领域的建模平台，Digital Project 是 Gery Technology 公司基于 CATIA 软件为工程建设项目定做开发的应用软件，其本质还是 CATIA。

Digital Project 软件的优点是提供了强大且完整的建模功能，能直接创建大型复杂的构件。缺点是 Digital Project 软件用户界面复杂且初期投资高，需要很长的学习过程，且其对象库数量有限、建筑设计的绘画功能有缺陷。

4) Bentley 系列

Bentley 基于 MicroStation 图形平台，提供了功能强大的 BIM 模型工具，涉及工业设计和建筑与基础设施设计的方方面面，包括建筑设计、机电设计、设备设计、场地规划、地理信息系统管理、绘图、污水处理模拟与分析、厂房设备内外管理等。

Bentley 的优点是涵盖了实体、B-Spline 曲线曲面、网格面、拓扑、特征参数化、建筑关系和程序式建模等多种 3D 建模方式，完全能替代市场上各种软件的建模功能，能满足用户在方案设计阶段对各种建模方式的需求。缺点是用户操作界面复杂，不容易上手，而且 Bentley 系统各分析软件间需要配合工作，其各式各样的功能模型包含了不同的特征行为，很难短时间学习掌握；相比 Revit 软件，其对象库的数量有限，且各不同功能的系统只能单独应用，互用性差。

3. 数字城市与 BIM 结合

1) 三维城市建模

随着数字城市建设的推进与深化，对承载城市重要空间信息的建筑载体提出了更高要求，不但要实现城市宏观大场景室外三维建模及应用，还要解决建筑物内部空间及设施的三维建模与信息管理问题，实现对城市信息资源的全面感知、整合、挖掘、共享和协同，提高城市管理和服务水平，以此实现"智慧城市"的建设目标。BIM 为数字城市提供了城市建筑物详细的内部空间几何及功能语义信息(图 6-7)。通过 BIM 与三维数字城市模型的有机集成，可以轻易地获得建筑物的精确高度、外观尺寸及室内空间信息，极大降低建筑物内部空间信息的获取成本，实现建筑物室内外空间的一体化应用。

2) 市政模拟

通过 BIM 和 GIS 融合，可有效进行建筑内外效应的三维建模，可以模拟冬季供暖时热能传导路线，以检测热能对其附近管线的影响。或者是当管线出现破裂时，辅助决策者制定疏通引导方案，避免人员伤亡以及能源浪费。

3) 室内导航

室内定位是热点。大多数学者都关注定位手段，如采用 WiFi、蓝牙、LFC 或 NFC 等，而且一般室内定位底图都是建筑物平面图甚至只是示意图，难以解决楼层定位问题。如果采用 BIM 作为室内定位底图，这一问题就能够得到很好的解决。通过 BIM 提供的建筑物内部模型，配合定位技术可进行楼内三维导航。

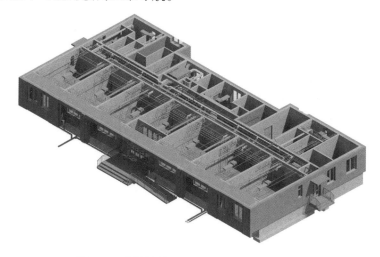

图 6-7　建筑物结构及内部管线布局 BIM 图

4) 资产管理

以 BIM 提供的精细建筑模型为载体，利用 GIS 来管理建筑对象的位置等信息，可提高资产管理的自动化水平和准确性，不会出现资产管理不明，或是位置错误等情况。

6.1.3　虚拟现实软件平台

虚拟现实技术是一种可以创建和体验虚拟世界的计算机仿真系统，它利用计算机生成一种模拟环境，并通过多种专用设备使用户"投入"到该环境中，实现用户与该环境的直接交互。虚拟现实技术可以让用户使用人的自然技能对虚拟世界中的物体进行考察或操作，同时提供视、听、摸等多种直观而又自然的实时感知。一个典型的虚拟现实技术系统主要包括以下五大组成部分：虚拟世界、计算机、虚拟现实软件、输入设备和输出设备。其中，虚拟世界是指实时动态、可以交互的虚拟环境，涉及模型构筑、动力学特征、物理约束、照明及碰撞检测等。计算机环境涉及处理器配置、I/O 通道及实时操作系统等。

虚拟现实软件负责提供实时构造和参与虚拟世界的能力，涉及建模、物理仿真等；输入和输出设备则用于观察和操纵虚拟世界，涉及跟踪系统、图像显示、声音交互、触觉反馈等。下面介绍几款常用的虚拟现实软件。

1. Virtools

Virtools 是一套具备丰富互动行为模块的实时 3D 环境虚拟实境编辑软件，可让没有编程基础的美术人员利用内置的行为模块快速制作出许多不同用途的 3D 产品，如网际格网、计算机游戏、多媒体、建筑设计、交互式电视、教育训练、仿真与产品展示等。Virtools 是元老级虚拟现实制作软件，学习资料也比较多，是 Web3D 游戏开发的首选，主页地址为：http://www.virtools.com。

2. OpenGVS

OpenGVS 是 Quantum3D 公司高级三维图形卡的捆绑软件，其前身是 GVS，用于场景图形的视景仿真实时开发。OpenGVS 是一种由组件构成的软件开发包(SDK)，易用性和重用性好，有良好的模块性、编程灵活性和可移植性，已成为世界上最强大的 3D 应用开发工具之一，支持 Windows 和 Linux 等操作系统。OpenGVS 包含了一组高层次、面向对象的 C++应用程序接口(API)，直接架构于世界领先的三维图形引擎上，包括 OpenGL、Glide 和 Direct3D。用户开发仿真应用程序时可以直接调用该软件，也可以直接调用底层绘图软件包所提供的函数，从而提高软件的执行效率。

3. Quest3D

Quest3D 是一个容易且有效的实时 3D 建构工具，所见即所得。Quest3D 能在实时编辑环境中与对象互动，并提供一个建构实时 3D 的标准方案。通过程序控制，它可应用在游戏研发、虚拟现实、影视动漫制作等众多领域。根据不同的应用层面，新版 Quest3D 分为 3 个版本，即个人开发版 Quest3D Creative、实时系统开发版 Quest3D Power Edition 和专业版 Quest3D VR Edition，后者具有与外部虚拟现实硬件的接口，从而使得开发者可以与外部硬件相连并且能对外部设备进行控制。

4. VR-Platform

VR-Platform 是由中视典数字科技公司研发的，已成功应用于桥梁设计、武器及军事仿真、企业培训、历史文物古迹复原、城市规划设计、工业模拟等领域。该软件具有操作方便简单、功能齐全、应用领域广、所见即所得等优点。它的出现一举打破该领域被国外软件所垄断的局面，以其高性价比获得国内广大客户的喜爱，已经成为目前国内市场占有率最高的一款国产虚拟现实系统开发软件。

5. Delta 3D

Delta 3D 是一款功能齐全的游戏与虚拟仿真引擎，该软件由美国海军研究院(Naval Postgraduate School)开发，并得到美国军方巨大的支持与丰厚的投资。Delta 3D 将一些著名的开源软件和引擎如 Open Scene Graph(OSG)、Open Dynamics Engine(ODE)、Character Animation Library (CAL3D)、OpenAL 融为一体，并对其进行了标准化封装设计。Delta 3D 隐藏封装了这些底层模块，并把这些底层模块整合在一起，从而形成了一个高级 API 函数库，该函数库使用更加方便，使得软件开发者能够利用底层函数进行二次开发。

更重要的是，Delta 3D 是一个开放源码的引擎，研发开始于 2002 年 4 月，荟萃现有最先进的系列开源软件，并经过全世界所有 Delta 3D 关注者的增补与完善，相对于购买一款价格很高又不开放源代码的引擎具有很大优势。使用 Delta 3D 的用户可以任意修改代码并且定制自己想要的功能，这是不开放源码的商业引擎无法做到的。

6.2　空间数据可视化应用

随着可视化软件技术及硬件性能的快速发展，近些年空间数据可视化技术也蓬勃发展，并已在人文地理、社会统计、城市空间、地形地貌、地矿空间、地球系统、海洋大气、社交媒体等复杂数据分析方面获得了大量应用。

6.2.1　社会统计可视化应用

社会统计数据是一个国家和地区最基本、最重要的信息资源，是各级政府进行宏观经济调控以及各行业部门制定未来发展规划的重要依据，也是社会公众了解国情国力、社会经济发展情况的主要信息来源。传统的统计数据分析表达主要侧重于概括性的计算分析和图表分析，表现方式主要有报表、统计图表和用文本描述统计分析(如升序、降序、最大值、最小值、平均值、中值、方差)的结果等。其中，报表以二维表格的形式表现统计分析的指标和结果，由行、列单元表格组成，内容可以是数字、文字和图片。统计图表多以点、线、面等形式表达统计数据的特点、变化趋势等，如点状统计图、折线统计图、饼状统计图、雷达统计图、直方统计图等。这些传统的统计数据表达方式仅仅反映了统计数据的时间属性和指标属性，忽略了统计信息的空间分布特征。统计数据的收集一般是以行政区划为基本单元，每个指标都有一个地理统计单元与之相对应，具有指标维、时间维和空间维 3 个维度。随着计算机技术的发展，基于地理空间数据整合多来源、多部门的统计数据资源，利用空间数据可视化技术来表达统计数据已经成为统计数据资源利用的新途径。统计数据可视化主要利用统计数据和空间数据的关联关系，用地图语言来完成统计数据到图形的转换，这一过程赋予统计数据空间分布特征，甚至还可以赋予专题感情色彩，使统计对象的相互关系、发展变化等变得清晰、易读，使数字中隐藏的信息以更加直观、简洁的形式呈现出来。

1. 人口数据的可视化分析

　　人口数据是社会经济发展、城市规划和环境保护的重要指标，可直接表征人类的活动。准确掌握区域内的人口数据及人口分布情况，对于各级政府部门的规划和决策、资源配置、灾害评估等方面具有重要意义。人口数据通常以行政区为单元，通过人口普查、人口统计等方式逐级汇总得到。图 6-8 为 2000 年和 2010 年天津市分街镇人口密度分布年度对比图。采用颜色分级表示不同的人口密度，直观清晰地展示了在一定空间地域范围内人口的集聚情况。同时，从不同年份的人口密度分布图对比，可以发现城市人口空间分布格局的时空演变特征。这对于制定城市及区域人口发展政策，引导人口在空间上合理有序分布，实现人口与资源环境协调发展具有重要意义。

　　人口研究中除了分析不同区域人口总量、密度、构成等人口自身特性及变化特征外，还需要聚焦人口流动、迁移以及人口与经济、社会、资源、环境的关系等方面。图 6-9 和图 6-10分别为天津市街镇人口密度变化图和天津市人口商度分布图。人口商度是指一个时期区域人

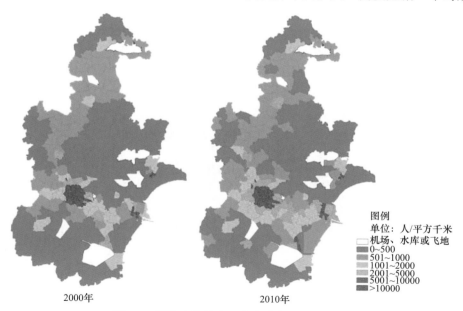

图 6-8　天津市街镇人口密度分布年度对比图

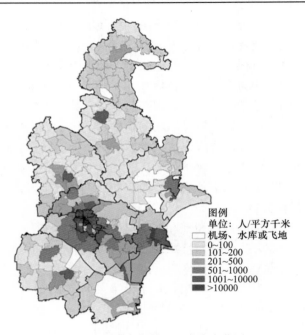

图 6-9　天津市街镇人口密度变化图

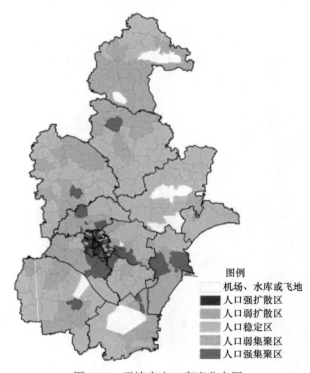

图 6-10　天津市人口商度分布图

口流入流出态势的指标，表征了区域的人口迁移流动状况。根据该指标的变化对人口的迁移
情况进行划分，并在地图上通过不同颜色标识出人口强集聚区、人口弱集聚区、人口稳定区、
人口弱扩散区和人口强扩散区，分析结果清晰直观。

2. GDP 数据的可视化分析

国内生产总值(GDP)是指一个国家或地区在一定时期内生产的全部最终产品和服务价值的总和，是衡量国家(或地区)经济状况的重要指标，可以全面反映经济规模、经济结构、经济效益以及一个国家或地区的综合经济实力。传统的 GDP 数据一般以行政区域(市、区、县)为基本单元，通过普查逐级统计得到。这种方法的优点在于易于计算，但是以行政区域为单元获取的经济数据在区域内是均匀分布的，往往很难对行政区域内部的经济状况差异进行深刻表达和分析，而且基于行政单元的 GDP 统计数据与基于自然地理单元的植被、自然灾害分布进行叠加分析时存在数据空间单元的不一致。社会经济统计数据空间化即采用相应的模型方法和指标系统，在区域范围内建立连续的统计数据表面，以反演出一定时空的统计数据空间分布特征。常用的方法有面积权重法、多源数据融合法、统计模型等。对社会经济统计数据进行空间化处理，可实现统计数据的空间化表达。在空间化表达的过程中运用可视化手段与技术，可让分析结果更加直观清晰。图 6-11 为基于四川省第二、三产业社会经济 GDP 数据，结合夜间灯光数据模拟得到的四川省 GDP 密度图。图中采用不同的色调表示 GDP 密度差异，清晰地反映了四川省经济宏观分布状况。图 6-12 为 2010 年与 2000 年网格 GDP 之差大于 1000 万的差值图像，由此可直观地看出 2000～2010 年 GDP 快速增长区域的空间分布。

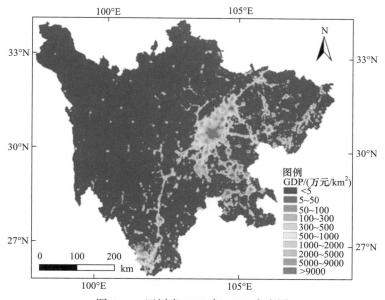

图 6-11　四川省 2010 年 GDP 密度图

3. 土地利用可视化分析

土地是人类赖以生存的基础，实时掌握土地利用现状，是政府进行土地宏观调控与微观管理的基础。土地利用是一个动态发展过程，其形成和演变过程不仅受地理自然因素影响，也越来越多地受到人类改造行为的影响。不同的社会经济环境、不同的社会需求以及不同的生产科技管理水平，不断改变并形成新的土地利用现状。土地利用变化是引起生态环境恶化、人口与资源矛盾等一系列问题的主要原因之一，研究土地利用时空演变规律及驱动力，有助于合理配置土地资源，达到经济发展与耕地保护的均衡，促进土地可持续利用及社会和谐发展。通常，土地空间数据和信息以数字形式存储在计算机中，将这些信息进行抽象，建立相应的可视化模型，可以把土地利用变化的空间信息和属性信息以可视化的方式表示出来，从而深入全面地了解土地时空变化所反映的规律知识。

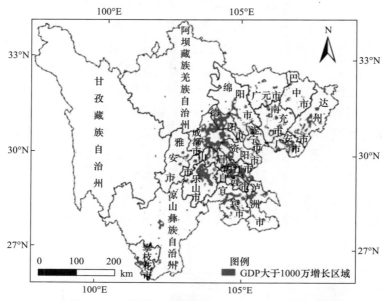

图 6-12　四川省 2010 年与 2000 年 GDP 差值图

图6-13为1995~2015年洞庭湖区土地利用类型分布及其变化图。图中不同类型的地块用不同的颜色区分，不仅在地理空间上直观地展示了土地利用变化的情况，还可据此发现更为精细的土地利用空间演变模式。

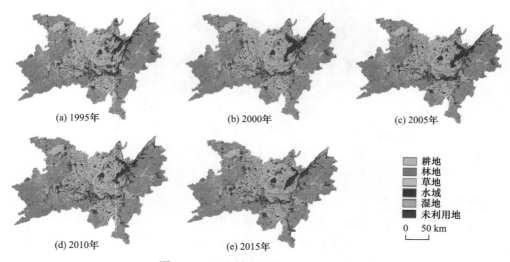

图 6-13　土地利用变化的空间可视化

4. 空气污染暴露可视化分析

空气污染作为全球十大环境污染之首，严重影响人类的生活质量与健康状况。大气细小颗粒物 PM$_{2.5}$ 是指悬浮在大气中粒径小于 2.5μm 以固态或液态存在的细颗粒物，具有形状不规则、粒径小、富集效应强的特征，能吸附大量有害物质并容易浸入肺泡。研究表明，PM$_{2.5}$ 会导致心血管和呼吸系统等疾病发病率增加。全面、准确地了解空气污染物的空间分布特征和成因，揭示其时空传输过程与变化规律，对于开展 PM$_{2.5}$ 污染特性研究，制定污染防治措施，降低人体暴露风险具有重要意义。

图 6-14 为湖南长沙、株洲、湘、潭三市 2013 年空气污染浓度与土地因子的空间分布特

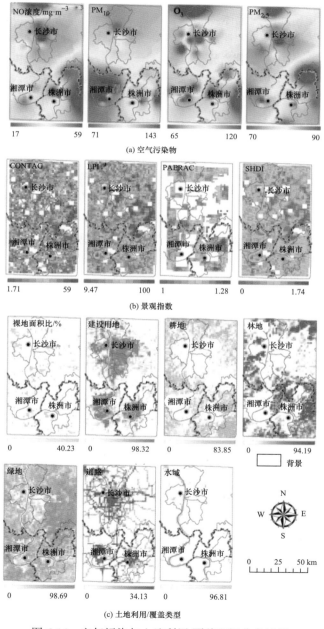

图 6-14　空气污染与土地利用/覆盖空间分布特征

征图。其中，图(a)展示了不同类型的空气污染物浓度的空间分布情况；图(b)为选取能从微观尺度上表征土地利用/覆盖要素空间配置关系的有效指标，而绘制的各景观指数的空间分异图；图(c)为土地利用类型/覆盖的空间分布图。通过可视化方法，可以展示宏观尺度土地利用/覆盖与微观尺度景观格局之间的差异，表征污染物排放空间特征，为进一步分析识别多元地理要素对空间污染的驱动机制提供依据。

6.2.2　城市空间可视化应用

城市作为人类生产生活的主要空间，是社会物质和精神财富生产、积聚和传播的中心。现实的城市空间都是三维立体的，并随着时间不断变化发展。传统的二维平面地图和三维实物模型只能提供静态、局部的视觉体验。在立体化纵深发展的现代城市，既有地上鳞次栉比的高楼大厦，又有地下密如蛛网的管线，迫切需要一个数字化的三维地理空间来实现城市的立体表达，为城市的各个领域包括政务、民生、环境、公共安全、城市服务等提供信息化的管理手段和决策支持。空间数据可视化是实现数字城市、智慧城市与人交互的窗口和工具。没有可视化技术，计算机中存储的只是一堆难以理解的数据，可视化技术将这些枯燥无味的数据转换为真实的城市要素，让城市变得可知可感。

1. 城市景观可视化

城市景观是由城市建筑物、构筑物和自然背景所组成的现实空间，是自然景观和人工景观的结合。城市景观的三维可视化以空间信息为基础，内容包括地形、建筑物、道路、地下管线以及与此相关的大量人文、社会属性等。目前，城市景观三维重建和可视化表达在城市规划、物业管理、移动通信、电子导航、水利电力等领域有着广泛应用。在城市规划中，三维景观可以模拟建筑物的重建、拆迁、道路的扩建，辅助规划方案的选择。在物业管理中，三维景观是建立数字小区的重要组成部分，可以对小区内每一栋建筑物、每一层、每一户实现数字化管理，还可以通过三维可视化分析合理布置消防、报警等设施，提高小区的管理水平，并大大降低人力、物力和财力的消耗。在移动通信领域，可用于模拟分析通信的盲点盲区，辅助对无线电发射塔等通信设施的最佳选址。另外，利用三维城市景观建立三维电子地图，与 GPS 结合可用于三维导航系统。

建筑物是城市景观三维可视化的主要内容。城市建筑物具有多样性的外观，反映了城市景观的主要风貌，包括民用住宅、商业办公建筑、厂矿企业建筑、公用建筑等，外加管线、路灯、围栏、指示标志等附属设施，以及具有独特人文价值的独立地物等。对于具有相似结构的建筑物及附属设施，可以建立标准的模型库，其几何数据按建筑物的大小和形状来确定。对于形状不规则复杂的建筑物,通常由专业的三维建模软件制作其精细的三维模型。如图 6-15 所示，精细化的建筑模型加上色彩的渲染、纹理和阴影，可以逼真地表达区域详细信息。为了让模型更加美观、逼真，主要通过对模型赋予纹理或材质来实现。一些纹理(材质)可以预先经过编辑处理，存储于纹理(材质)库中；另外可通过人工采集，从航空影像和近景摄影影像中提取具体建筑物侧面或顶面影像。城市中的树木、花草及路灯等设施，也可采用近景摄影来获取纹理数据；通过广告牌技术，按照物体的空间坐标，将物体植入城市三维景观之中，从而构造具有高度真实感的景观。此外，在构建城市三维景观的过程中，经常还需要绘制如水波、喷泉、烟雾、雪花等特殊效果，绘制方法主要有基于粒子系统的方法、基于分形造型的方法和基于过程纹理函数的方法等。

图 6-15　城市景观建筑精细建模与可视化

使用三维空间数据结构和纹理映射对城市景观建模后，将实体对象模型按其空间位置放置在相应的场景中，最后整个场景以三维图形的方式显示在计算机屏幕上。通过人机交互的方式控制场景的三维绘制，使得用户能在三维场景中实现漫游浏览，并利用加速绘制算法来改善渲染质量。这些三维景观模型不仅能提供动态鸟瞰和不同视角的街景视图，还可与城市GIS 数据库相关联，开展进一步的应用分析。例如，在三维虚拟场景中模拟建筑物的拆迁、街区改造等，通过空间操作和统计分析可评估拆迁影响的范围和成本，以及模拟城市洪涝的发生，制定疏导和救援的方案等。

2. 城市地下管线可视化

随着科技进步和社会发展，人类对于空间的概念已不限于地上，地下空间资源的开发利用已成为现代城市管理的重要内容。城市地下空间中的地下管线是重要的城市基础设施，涉及城市的给水、污水、电力、燃气、有线电视等。随着城市规模的不断增大，地下管线越来越复杂，尤其是大型城市的地下管线，管线种类多、分布范围广、附属设施众多，在地下空间形成了一张错综复杂的格网，其复杂程度很难依靠人工或传统的二维模式进行有效的运行管理。三维可视化技术可清楚地将地下管线的空间层次和位置直观地显示出来，同时还可以展现地下管线的埋深、材质、形状、走向以及工井结构和周边环境。与以往的平面图相比，以一种直观原本的视觉来展现具有复杂空间关系的管线系统，而不再是平面图上一个点或一个标注，方便了施工部门和管理部门对管线位置的查找、对空间关系的判断。通过进行各种统计分析和空间分析，还可为相关管理部门进行管网规划、管网改造等提供准确、直观、高效的参考依据。

如图 6-16 所示，对于不同用途的地下管线，如给排水、燃气、光缆等，采用不同的颜色进行区分，效果清晰明了。复杂场景的地下管线往往交错在一起，相互遮挡难以辨别其深浅关系，可视化时通过设置透明度可以揭示深浅关系，如降低较深的管线透明度或增加较浅的管线透明度。对于剖切面，通过设置不同的纹理可精确展示穿过剖切面的地下管线的深度信息。绘制隐藏的地下管线时，不需要保证其与地面场景一致的真实光照。因此可通过光照设置来提供深度感知信息，如设置一个自上而下的方向光，以清晰展现管线的形状特征；然后，在每一个竖直剖切面正上方设置一个点光源，使被其截断的管线在该剖切面上投影一个阴影，该阴影的作用在于把管线牢牢地固定在剖切面相应深度的位置上。

地下管线的三维显示不仅能够立体化、形象化、动态化地展示纷繁复杂的地下管线数据，有助于用户观察和理解三维管线的诸多空间属性信息，而且能够大大提升分析的效率和准确度，可实现城市地下管线的智慧化管理。如模拟城市施工需要开挖情况，设置开挖位置、深度、挖方面积等信息，通过三维显示可以提前预知施工对管线的影响，是否会破坏管线，距离开挖处最近的管线有哪些等，避免盲目施工对城市地下管线的破坏。对燃气管道爆炸情景、给水管道泄露情景、城市积水情景等进行模拟，提前制订出应急方案，以便能快速响应、减少损失。地下管线的三维显示还有助于管线设计，设计者可以在具有强烈立体感、真实感的环境中了解现有管线布局的情况，对旧管网进行更新改造分析，制订新管网定线以及设计管网校正方案等。

图 6-16　城市地下管网可视化图

3. 城市能源脉动可视化

城市能源管理是智慧城市建设的重要内容。城市中与居民生活息息相关的能源主要有天然气、水暖等，掌握这些能源的使用和流动情况，对于合理规划利用能源、降低能耗、节能减排具有重要意义。城市能源的脉动分析就是在对海量能耗数据进行挖掘分析的基础上，将城市能源产生、消耗及流动变化情况用可视化方法进行展示，反映城市能源从供应、使用、维护、到服务的联系贯通脉络，在可视化平台上直观展示出供能、用能和异常等情况，为城市能耗分配和管理提供信息辅助和决策支撑。

如图 6-17 所示，该图以城市行政区划图为底图，以城市辖区所属小区和各楼栋为消耗单元，分别用点标记和面标记显示，用带有方向的曲线标记显示能源的消耗路径，并辅助以相应的数值和颜色，方向代表了能源的去向，颜色代表了耗能程度。箭头端附有的数字表明该段时间供能泵站向该小区所输送的能源量，箭头端的圆圈大小对应着耗能的多少，大圆圈代表耗能较多，小圆圈代表耗能较少。这种可视化方式极大地丰富了用户的主观感受，直观地显示出了城市能源量的流向和数量，有利于城市管理部门分析能耗情况、进行科学合理的能源分配和管理。

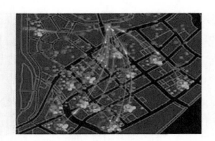

图 6-17　能源脉动可视化图

　　与之相似，在城市环境数据分析中，通过对水环境、大气环境及空气质量等数据的时空统计分析，采用可视化方法可直观呈现城市环境的实时监测指标与变化信息。如图 6-18 所示，左侧以组合柱状图展示了全国城市不同污染程度占比数量逐日变化情况，右侧则展示了不同首要污染物的城市占比数量分布情况。该图直观呈现了全国城市空间污染的整体状况及其随时间变化的图像，为全国城市空气污染防控、城际交流及城市生活提供了直观的城市大气环境现状信息。

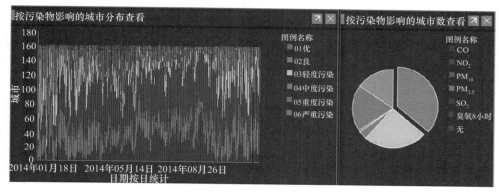

图 6-18　全国城市空气质量状况统计的可视化图

4. 城市三维导航可视化

　　随着移动智能设备的普及，人们的日常出行更加依赖于导航系统。近年来，城市三维数据已趋于实用，导航应用也正朝着三维、动态方向发展，新出现的三维导航系统已逐渐得到认可。相比于传统的二维导航可视化，三维动态导航系统展现了更为真实的地理环境，使导航信息更为直观、生动，同时也减轻了用户的记忆负荷。但是，城市三维导航可视化中，常会遇到导航路径被高大建筑物遮挡的情形，如图 6-19(a)和(c)所示。尽管借助语音提示、透明化等手段可缓解遮挡情况，但无法保证城市路径的完整可见性。因此，在城市导航可视化中，需要针对被遮挡的导航路径，采用专门的可视化方法，保证导航路径的完整可见性。

　　如图 6-19 所示，为了展现被遮挡的导航路径，通过视点升高、道路扩宽、建筑物降低、

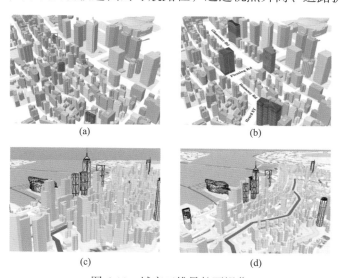

图 6-19　城市三维导航可视化

建筑物移位等类似于制图综合的方式，避免导航路径被附近建筑遮挡；同时，通过优化策略，尽可能使得这种改变了环境和视点的三维视图与原始三维视图保持相似性，以保证导航信息的直观性。

6.2.3 地形地貌可视化应用

地形是自然界最普遍也最复杂的景物，是人类社会赖以生存并从事一切实践活动的根基。在人类文明发展的历史长卷中，人类从来没有停止对自身生存环境的探索研究，一直在寻找一种方便直观的方法来表达实际的地形地貌，从而为规划建设、资源探查、农业军事等活动提供准确有效的服务。中国是世界上最早绘制并使用地形图的国家之一，这种古老且沿用至今的方式能准确描述地形地貌的形态，方便人们获得地形的起伏信息。但是从本质上来说，这种二维平面的表示方式与三维现实世界的复杂地形之间，仍然有着不可逾越的鸿沟。随着计算机科学、测绘学、现代数学、计算机图形学、制图学等相关学科的发展，给地形绘制方法带来了革命性的变革，地形绘制进入了一个高度真实感的立体绘制和三维可视化阶段。

三维地形可视化技术是指在计算机上对数字地形模型中的地形数据进行三维逼真显示、模拟简化和多分辨率表达等内容的一种特殊技术。它用直观、可视、形象、多视角、多层次的方法，快速逼真地模拟出三维地形，有助于用户对地形数据的直观理解，而且还能提供一个动态的交互式显示环境，使地形模型和用户有很好的交互性，让用户有身临其境的感觉。如果在三维地形模型上叠加各种诸如道路、河流、土地利用等矢量信息，可以很逼真地反映实际的地表情况。叠加具有高度信息的地物信息，如建筑物，并配合遥感影像数据，可建立城市的虚拟现实景观。近年来，三维可视化技术已广泛应用于战场环境模拟、娱乐与游戏、土地与城市规划、资源勘查等方面。

1. 在军事上的应用

从古至今，地形对于部队机动、观察、射击、隐蔽、通信和防护等军事行动有着极其重要的意义。地形分析在军事作战指挥上发挥着举足轻重的作用，直接制约影响着作战行动和武器系统的使用。一名指挥官可以根据地形条件和气候条件的影响，安排部署兵力并指挥部队作战。传统的地形分析都是指挥员根据相关信息在纸质地图或是沙盘模型上进行的，随着计算机技术、三维 GIS 技术的不断发展，利用计算机显示地形三维信息并进行地形可视化分析在军事上发挥着越来越重要的作用。

战场地形的三维可视化是战场可视化系统的基础，在三维地形模型加上遥感影像，可准确获取地形高度、坡度和坡向、土地覆盖等信息，并可进行距离量测、可视域分析和路径规划，既为指挥官制定战场规划、作战计划、部署防御措施、实施指挥决策提供了三维逼真环境，也为军事模拟训练提供了贴近实战的训练环境。

随着仿真技术的不断发展，军事上越来越多地运用三维虚拟战场环境来模拟真实战场。三维虚拟战场环境的构建定位于为真实战场环境建立高精度、真维、可量测、真实感强的模型，其中三维地形模型是虚拟战场环境的基本构件之一。如图 6-20 所示，借助计算机建立一个可以让人身临其境的虚拟战场地形环境，并将虚拟化的武器、人员、设施融入其中，逼真地渲染出生动的视觉、听觉和触觉效果，使士兵像在野外参加实战一样，在室内感受"真实"的战场对抗场面。同时为指挥官提供真实、全面的战场感知，指挥官根据作战地域的整体地形地貌和气象环境，在室内"实地"观察敌我双方兵力部署和战场情况与变化形势，可以更好地研究战场态势，正确地指挥决策。在三维虚拟战场环境中虚拟武器装备操作，能够有效地解决军队现阶段大型新式武器装备数量少的难题，同时又能解决部队面临的和平时期部队训练场地受限的问题。

图 6-20　战场仿真与可视化系统

2. 在城市规划中的应用

地形地貌分析是城市规划中的重要内容，在城市规划的不同时期都有非常广泛的应用，从宏观尺度的城市选址、城市布局、功能区组织到微观尺度的道路管网、景观组织无一不受地形地貌的影响。长期以来，城市规划的基础数据通常是平面的地形图，可以在其上进行简单的地形分析；近年来，GIS 技术不断融入城市规划领域，由传统的二维平面地形分析发展到了新的三维透视图和三维地形分析。相比于二维地形图，利用三维数字地形叠加遥感影像、主要建筑、道路、水系等地物数据，可以实现对规划区现状的三维环境模拟，真实形象地展现规划区的环境，如通过三维可视化可以直观地看到山谷、山脊等地形特征的存在，而不需要用等高线数据间接推断出山谷和山脊。

地形三维可视化可以辅助规划人员进行相关分析，以便根据地形特征制定科学合理的城市规划方案和决策。城市规划中经常用到的基础地形分析有：高程分析、坡度分析、坡向分析。地形可视化方法可将分析结果以不同的颜色、线条直观地展现在用户面前。如图 6-21 所示，地形等高线分析图采用分层设色策略，用户还可自行设置等高线的密度、颜色、填充等属性。此外，利用三维地形模型还可以做一些延伸的地形分析，包括地形量算、土方量分析、地形剖面分析、通视分析、光照分析、流域格网与地形特征、海潮淹没分析、海陆变迁分析等。城市规划中的光照分析主要是分析规划中的建筑物是否会严重影响周边建筑物的光照，影响区域有多大，如何调整建筑物高度才不会影响周边建筑物的采光。如图 6-22 所示，通过修改拟建设的建筑物高度，可以动态分析其阴影率面积和阴影范围的变化。在具体的规划方案设计过程中，还可以随时将设计方案与地形进行叠加(图 6-23)，对方案的整体或局部的三维形态做出直观形象的立体显示，分析不同的设计方案与地形之间的适应关系，辅助规划师对方案进行及时的优化调整。最终，还可从不同角度不同视角对设计成果进行鸟瞰、漫游等操作。

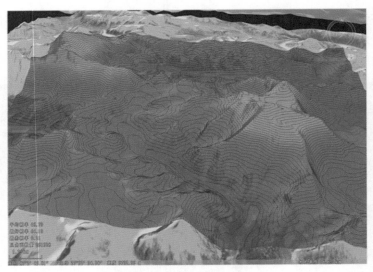

图 6-21　地形等高线分析

图 6-22　建筑物阴影可视化分析

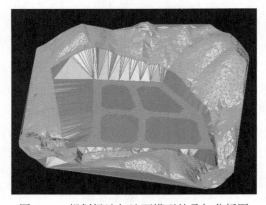

图 6-23　规划场地与地面模型的叠加分析图

3. 在矿产资源勘查中的应用

矿产资源是国家经济发展的重要基础，矿产资源勘查是矿产资源开发的前提。传统的矿产资源勘查方法是搜集大量标本后，地质学家对标本进行各种分析，结合专业知识和经验做出相应的解释和判断，然后再钻井采样。这种勘查方式不仅效率低，而且经常会因为判断失误而造成经济上的损失。三维地形可视化技术可以将地貌、岩性、地层、构造等显著特征用直观的方式表示出来，还可对所建立的三维地形模型旋转、平移、多角度进行地质解译、地貌分析。如此，为地质工作者提供了直观、形象、多视角的表示方法，对于缩短勘查周期、节约勘查成本，在靶区圈定、勘查设计方面具有很重要的意义。

现今，地质找矿的一种重要方法是遥感找矿，即根据三维地形模型并辅助二维影像进行地质解译。实践证明，各种隐伏地质体及其结构常常同地表各种因素有着一定的内在联系，利用这些通常看起来不起眼，甚至是孤立的因素进行组合、全面和综合分析，就能获得揭示地下地质规律的有价值的地质资料。因此，可利用遥感影像作为地表纹理，将 DEM 与遥感影像、地质信息进行叠置分析。根据遥感影像三维立体显示的色调、纹理特征，从三维空间角度进行研究区总体地质概况和地质构造框架解译，使人眼睛易于辨认目标和确定其空间位置；然后，利用传统的解译方法从二维和三维空间对要解译的目标信息进行详细解译，结合已有地质信息和成矿机理，逐步圈定矿靶区，预测出可能成矿点。三维地形模型具有立体感、空间感，更真实的反映了地表地貌的自然景观，突出显示了特殊岩性，可以从地层、构造两方面辅助二维影像解译工作，因此有效地降低了解译工作的难度，提高了解译精度。

此外，利用地形三维可视化技术可以辅助勘查路线的选择。勘查路线选择的好坏直接影响到工作的周期和质量，如果布设的勘查路线太密集，将增加工作量；反之，则不能满足勘查要求，增加了室内资料整理的难度。通过三维空间的宏观和"微观"分析来选择勘查路线，能完全掌握研究区主要地质体和构造形迹的空间分布，研究、分析不同地质体和地质构造的影像特征和相互关系，确定地质体划分原则及其解译标志。通过三维可视化的漫游功能，可以从总体上对研究区进行全方位的扫描，结合研究区已有地质构造分布图和地层分布图，进行综合评价，确定野外地质勘查路线部署。

在成果验收阶段，三维可视化技术是良好的工作检验和质量控制手段。地形三维可视化作为各种专题信息的载体，如将各种解译的线性构造、岩体、地层界线、物化探数据等形象地显示在三维模型上，根据验收人员的需要选取所需观测路线，进行漫游显示，可以反复地对真实、客观、信息连续的宏观地面景观进行观察，并结合已有的研究资料，分析成果的正确性与准确性，大大减少验收工作的人力和财力开支，缩短验收时间。

6.2.4　地矿空间可视化应用

随着对地球勘探工作研究的不断拓展和深入，人们拥有了海量的有关地球表面、地球内部(地下)的地质信息。其中包括：运用现代化地质、地球物理综合研究手段获得研究区的地质构造信息；通过遥感、野外地质观测等获得的地形地貌信息；通过二维和三维地震、测井、取芯化验等获得地下地质体的几何、物性信息，等等。地质勘探信息的海量性和复杂性已经远远超出地质学家的认知和理解能力。利用各种地质信息建立三维空间地质模型，利用可视化手段再现三维地质体，能够真实地重建地下各类空间对象的结构，描述各种资源的空间分布(图 6-24)，模拟各类矿产资源在开发过程中的参数变化趋势，分析地质现象的几何形态、相互关系及分布。

目前，面向过程、具有地质空间认知能力的可视化技术已成功应用于岩土工程、城市地质、区域地质、矿产和水文地质勘查、矿山和油田资源开发、矿权管理、储量估算等专业领

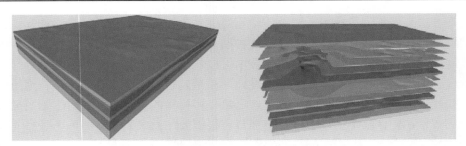

图 6-24　工程地质环境的三维建模与分层可视化

域。地矿勘查和管理人员可根据实际需要，利用三维可视化技术对指定范围内的地质体和资源进行三维表达和统计分析，可以对地质体进行任意方向、任意路线的剖切，获得各类剖面图、切面图或栅状图，可以在感兴趣的区域内任意地进行刻槽挖坑和穿洞分析。利用三维动态显示技术和虚拟现实技术提供的具有沉浸感、构想性、交互性的环境和工具，还可以开展盆地和造山带地质过程分析、工程地质条件和资源可利用性评价，开展盆地构造演化过程、层序地层生成过程、造山带构造演化过程、油气资源运移和地质灾害发生、发展、应急过程的三维动态模拟和仿真，并且从任意角度以不同分辨率来浏览模拟或仿真结果。

1. 工程地质勘查中的应用

工程地质勘查是指在工程建设过程中对各类地质问题进行调查研究，根据工程地质条件和地下工程结构来预测工程体与地质环境的相互作用并做出正确评价，为保障工程体的稳定和正常使用提供防护措施。三维空间建模及可视化技术以各种原始数据(如地形图、地质图、工程勘查数据、钻孔数据等、物探数据等)对地质体在地下空间的空间位置、几何形态、物化特征等进行三维表达，不仅可以在三维环境下对地质实体模型进行缩放、平移、叠加、属性查询、虚拟漫游等操作，还可以对三维地质模型进行任意切割分析，利用平面斜切、水平剖切、折线垂直剖切、组合剖切等操作模拟立体栅状图、模拟挖掘效果，有助于更好地理解地质层结构，制订出符合地质现象分布变化规律的地下及地表岩土工程设计与施工建造方案。

目前，许多地质三维建模可视化软件不仅包含了各种构建三维模型的核心算法，还提供了渲染功能和可视化分析工具，如构造模型的轮廓生成和虚拟挖掘，有助于地质学家更好地理解地质模型的内部结构。如图 6-25 所示的基岩地质模型的可视化分析，为了更好地显示地质体内部结构，在模型上进行了切割处理。图 6-25(a)和(b)为在传统的地质研究中常用的栅状图，图 6-25(c)和(d)展示了沿着用户定义的虚拟隧道进行挖掘的情况，可以看到隧道开挖遇到的地质体及其空间顺序与位置情况。

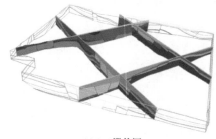

(a) 2×2栅状图

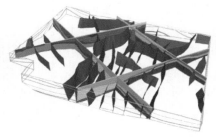

(b) 带断裂的栅状图

图 6-25　基岩地质模型的可视化分析

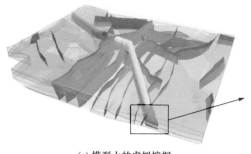 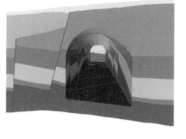

(c) 模型上的虚拟挖掘　　　　　　　　　　(d) 隧道内的地层对象

图 6-25　(续)

2. 地下水资源管理中的应用

地下水是指储存在地面以下饱和土壤孔隙、岩石裂隙及溶洞中的水。地下水是地球水循环的重要组成部分，是工农业和生活用水的重要水源。对地下水资源的不合理开采，会造成地下水污染、地面沉降、沙漠化、水资源短缺等一系列问题。由于地下水存储在地表以下，它的时空信息及变化都不为人所见。传统的地下水资源信息来自于钻孔、观测井等，表现形式多为数字和二维平面图纸。随着科学技术的发展，运用三维地质建模与可视化技术，可直观、动态地描述地下水水文地质层的空间结构及其内部物理、化学属性(即地下水的赋存环境)，地下水水位、水质等的时空分布及地下水流场的运动变化规律，地下水降落漏斗的形成与发展过程，以及地下水污染物的运移规律等。这对于科学管理地下水资源，合理进行地下水资源开发以及预防地面沉降等地质灾害提供了重要的技术手段。如图 6-26 所示为华北平原 2001

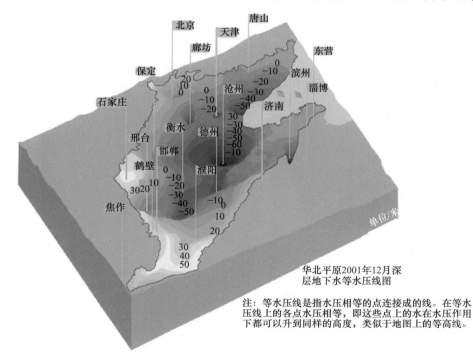

华北平原2001年12月深
层地下水等水压线图

注：等水压线是指水压相等的点连接成的线。在等水压线上的各点水压相等，即这些点上的水在水压作用下都可以升到同样的高度，类似于地图上的等高线。

图 6-26　华北平原 2001 年 12 月深层地下水等水压线图[1]

---

[1] 单之蔷. 2015. 中国国家地理. http://www.dili360.com/cng/article/p54dc5bcead6b451.htm

年 12 月的深层地下水等水压线图。等水压线是水压相等的点连接而成的线，这些点上的水在水压作用下都可以升到同样的高度，类似于地图上的等高线。根据等水压线图可以清楚地识别地下水漏斗的形成区域。

3. 能源矿产勘探中的应用

三维地质建模与可视化技术可从大量勘探或测井数据中构造出三维地质体，并以直观方式展示不规则的地质构造、矿体、勘探工程(槽探、井探、坑探、钻探)、巷道等实体和属性分布情况，进而构造出感兴趣的等值面、等值线，显示其范围及走向，并用不同的颜色标记出多种参数及其相互关系。如此，使地质工作者可在三维环境下对原始数据做出合理解释，并对矿床地质特征、矿石品位变化特征进行相关分析，从而提高矿产资源勘察过程中的找矿预测和分析判断能力。可视化技术还可对打井作业做出指导，减少无效井位，节约资金，提高找矿效率。图 6-27(a)为马鞍山某矿段的三维地质结构模型，采用钻孔数据、地质剖面图以及样品品位数据，通过三维模型直观可见矿区地形起伏变化、断层空间展布、地层及不同岩层的接触关系、厚度变化以及岩浆岩的出露形态等。据此还可计算矿体体积，通过属性模型获取矿体品位，进而计算矿体储量。图 6-27(b)为其 2 号矿体的 Fe 品位分布图，由图可以观察矿体品位在空间的分布情况。在三维可视化环境下，还可按不同品位动态圈定矿体开采边界，迅速计算所圈定矿块的平均品位、矿石量、金属量等。

在矿产资源勘探与开发中，整合多年积累的钻孔、剖面等基础数据和研究成果，建立三维地质模型、进行地质构造环境分析、矿产资源与储量估算等，具有十分重要的意义。如图 6-28所示，三维可视化技术用更加直观的方法来认识和掌握地下地质、构造和不同深度的地层、岩性变化规律，就好像给地层装了个"放大镜"，可以十分清晰地看到地层的构造形态，更加容易地发现一些二维平面图上很难判断的关系。

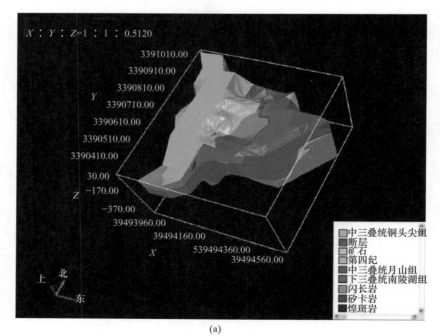

(a)

图 6-27　马鞍山某矿段的三维地质结构模型(a)和 2 号矿体 Fe 品位分布图(b)

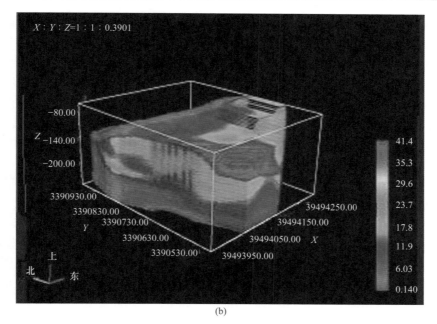

(b)

图 6-27　（续）

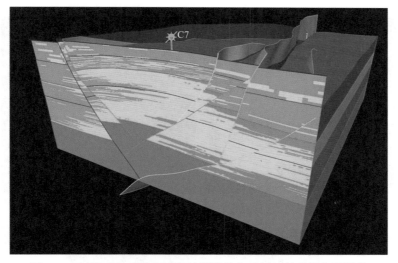

图 6-28　某地球物理勘探区的地层结构与地层属性分析与可视化

6.2.5　海洋大气可视化应用

1. 海洋水文数据可视化

　　海洋占地球表面积的 71%，是人类生存和可持续发展必不可少的空间、物质和能源，也是影响全球气候变化、生态平衡的因素。随着海洋探测技术的发展，人类获取海洋数据的能力不断提高，积累的海洋数据呈爆炸式增长，面对海洋数据具有的海量、多源、异构、时变的复杂特点，原有的二维纸质海图、电子海图的表达形式已经不能满足实际需要。快速、高效的数据模型，流畅、逼真的三维场景渲染方式，日益成为海洋环境信息表达的一种趋势。随着 GIS 技术、计算机图形学、虚拟现实等技术的发展，三维可视技术越来越完善，可真实再现海洋中的各类实体和现象，表示出二维可视化难以表达的复杂信息。特别是虚拟现实技术与可视化相结合的表达方式，可实现对海洋环境的逼真模拟，给用户提供最直观的体验和感受，为认识和了解海洋现象与变化特征提供强有力的技术手段。

海洋水文数据是构成和表征海水状态与海洋现象的基本物理要素，主要包括水温、盐度、密度、水色、透明度等海水基本属性信息，以及海流、海浪、潮汐等海洋运动及变化过程信息。借助可视化技术可以展现海洋水文数据内部隐含的科学规律，是帮助人们直观地理解、展示、分析海洋水文数据的重要手段。各海区海水特性的差异更多地体现在温度、盐度、密度的显著差异上。由于海水温度、盐度分布的不均匀性，会形成性质各异的水团以及各种跃层。在海洋学研究中，常常需要考察具体温度和盐度范围的海洋水体分布情况，这对于探究海洋生物栖息环境、洋流运动规律以及划分海洋水团等具有重要作用。但目前对于大面积深层海水体的温度场、盐度场分布研究，无论采用任何测量手段所取得的信息都是离散的，其信息量不足以形成对海洋温度场、盐度场的连续表达。三维数据场可视化技术及体绘制技术为此提供了一种有效的手段。利用离散的、数量较少的采样数据，不仅能以三维的形式直观表现出海洋水体中温度场、盐度场的分布状况，而且能针对分析需求生成不同温度值的等温面、任意垂直平面分布的剖面图。此外，还可用不同的表现途径来帮助发现一些的隐含现象，为海洋研究人员进行相关分析提供更为可靠的依据和丰富的分析手段。图 6-29 所示为全球及局部海洋温度场的体绘制可视化效果；图 6-30 为北太平洋 2010 年 6 月上旬海洋温度场分层显示效果图，图中不同的颜色表示不同的温度值。

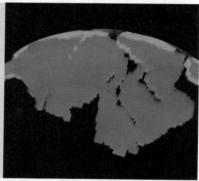

图 6-29　全球及局部海洋温度场的体绘制可视化效果

图 6-30　北太平洋 2010 年 6 月上旬海洋温度场分层显示效果图

2. 台风现象可视化

台风作为一种热带气旋，其活动过程中通常会伴随着强风、暴雨、海啸等灾难性天气，对人们的生命财产安全造成严重威胁。早期对台风的研究主要集中在台风风场模型及数值预报方面；随着计算机技术的发展，台风可视化越来越引起了人们的关注。台风可视化是台风预报应用的重要组成部分，通过逼真的三维动态模拟和可视化，将大量的气象数据转换为直观的图形或图像，在屏幕上绘制出某一时刻的台风形态及其随时间的变化状态；还可展示台风的压强、温度和风力大小等信息，使研究者能够直观地了解在某一时刻、某一地点的气象状况，进一步从可视化表达中提取特征、挖掘信息，有助于人们理解气象状况的演化规律，从而对台风做出更加精确和快速的预测。

目前，支持台风可视化的软件主要有：VAPOR、AVS/Express 和 Weather 3D 等。其中，VAPOR 和 AVS/Express 主要用于台风三维可视化，Weather 3D 则是一款实时的气象显示软件，可显示云雾的三维效果。因为海洋和气象数据的相似性，相关的海洋可视化系统也可以用于实现台风可视化。在台风可视化系统中，通过对台风云层纹理图进行真彩色映射，将得到的三维纹理进行渲染绘制，并按时间序列显示台风云层变化，可以清晰地看到台风云层随时间演变的过程，还可近距离从不同角度观察台风眼的形态变化。据此可以分析不同时刻台风压强、温度、速度分量等因子的变化情况，掌握台风的变化规律。

台风可视化常用的技术主要有粒子追踪、流线和体可视化等。将基于局部速度场粒子追踪算法扩展到三维空间，采用矢量箭头表示风场特性，箭头方向代表该点风的方向，箭头长短代表风速，用不同颜色表示风场速度。如图 6-31(a)所示为采用粒子追踪算法生成的风场可视化效果图。由于数据量巨大，很难一次表示所有的数据，图 6-32(b)、(c)、(d)分别表示第 3 层风场在不同分辨率下的可视化结果。随着视点离风场越近，风场表现内容越详细。

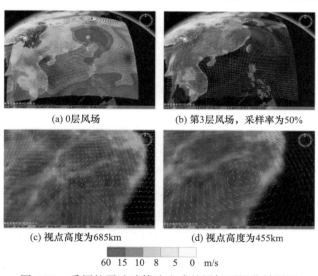

(a) 0层风场　　　　　　　　(b) 第3层风场，采样率为50%

(c) 视点高度为685km　　　　(d) 视点高度为455km

60　15　10　8　　5　0　m/s

图 6-31　采用粒子追踪算法生成的风场可视化效果图

6.2.6　地球系统可视化应用

地球系统是一个由大气圈、水圈、陆圈(岩石圈、地幔、地核)和生物圈(包括人类)组成的有机整体，是地球上所有生物生存的空间和活动的场所。长期以来，人类对自然环境及地球系统进行观测以研究和了解自己的生存空间，科学家们也通过建立各种数字模型来模拟人类的生存空间及环境变化。要将这些观测和模拟的数据进行整合和实现直观生动的表达，进而更深入地研究地球空间、自然环境、全球变化及地球系统科学问题，空间数据可视化技术是必不可少和强有力的手段。

1. 岩石圈可视化

岩石圈是地球表层最活跃的圈层，是地球动力活动(地壳隆升、海底扩张、板块运动，以及地震、火山、地热活动)最主要的场所，同时也与地球系统的其他圈层(水圈、大气圈、生物圈)密切相关。岩石圈不仅包含了大量地质过程信息，记录着地壳运动的档案，还蕴含着丰富的矿产资源。研究岩石圈构造及其三维结构对于了解大陆及海洋的形成与运动，岩石圈、软流圈的横向变化，地球深部动力过程及地幔对流至关重要，对资源勘探、地质与地震灾害防治和地球环境改善等具有重大意义。对于岩石圈的建模和表达，平面模式下的等值线和剖面图表达方式脱离了人的自然认知模式，结果不直观，而且同一对象的几何及物理参量信息被割裂成多幅等值线或剖面图，增加了对岩石圈复杂的三维结构理解的复杂性和认知难度。随着计算机技术的不断发展，三维建模与可视化技术逐渐成为研究岩石圈构造的重要手段。

球体退化八叉树格网(spheroid degenerated octree grid，SDOG)是一种在球体流形空间下递归剖分的三维空间格网，具有层次性、均匀性、非收敛、非重叠、正交、经纬一致性等特点。基于不同尺度的地壳空间数据进行三维建模，采用SDOG建模方法构建地球岩石圈真三维模型，不仅可直观地观察不同尺度下岩石圈结构，还可将地壳块体组成和岩石圈属性信息(如地震波速)等呈现出来，详见参考文献(余接情等，2012)。

2. 空间大气环境可视化

人类对空间环境的模拟和探索已从局部的陆地范围扩展到全球、空中乃至太空。空间大气环境可视化是构建陆、海、空、天一体化仿真系统的关键技术，在航空、航天、武器装备实验等活动中有着重要意义。如在航天飞行模拟训练中，需要为航天员提供一个逼真的视觉环境：地球地貌、星空、云层等。对空间环境高真实感的可视化仿真不仅可以降低航天研究的风险性和成本，而且不受时间空间限制，是对航天活动评估和分析的有效手段。通过用三维图形实时互动地显示空间环境仿真过程和仿真结果，可以帮助人们理解和感知外空间环境，进而认识并利用空间环境，同时也为不同领域专家提供了相互沟通和交流的平台。

近地空间大气环境可视化主要包括大气层、电离层、天空背景、云景以及雨雪天气的逼真模拟。地球表面的大气层是地球区别于其他行星及天体的显著特征，是地球存在生命现象的重要标志。从太空中观察地球，地球表面的大气层在地球边缘呈现出半透明效果。真实地模拟地球大气效果可提高空间环境仿真的真实感，是外层空间场景以及人造天体的真实感仿真研究的重要部分。图6-32(a)为地球大气圈模拟的可视化结果，它利用渐变色圆环模拟大气圈，

(a) 地球大气圈整体俯视效果　　　　(b) 大气层、电离层温度场局部平视效果(拉伸)

图6-32　地球大气圈模拟的可视化结果

并使用公告板技术使渐变色环始终正对用户观察视角，从而保证无论用户视角如何变化，该渐变色圆环始终套在地球的边缘。图 6-32(b)为从侧面平视地球局部区域大气层、电离层温度场的效果。可见，通过渲染技术得到的大气圈可视化结果与实际的大气圈很接近，且可以从任何想要的角度对地球大气圈进行观测和研究。

3. 地震灾害可视化

地震是地壳介质能量突然释放而造成的地面震动现象，通常是由大陆板块运动相互挤压碰撞而引起的板块破裂和错动所致。由于地震的突发性和不可预测性，极易给人类的生命造成巨大伤害。可视化技术与 GIS 空间分析技术相结合，在地震孕育环境研究、地震灾害评估等领域有重要应用。例如，剖析地震相关信息在时间和空间上的分布规律，三维可视化方法可以直观表达震源在地面以下的空间信息，以及其与周围地壳块体的空间接触关系、与地形地貌及人口分布的对应关系等。地震灾害常常引发山体滑坡，三维可视化建模不仅可以表征滑坡体的地表形态和滑动面形态，还可以利用三维空间分析功能计算滑坡体的长度、宽度、面积和体积等。

图 6-33 为日本仙台地震震源的三维显示。可视化时采用了深度分层显示的方法，用户可以清晰地看出震源离地球表面的深度信息。地震事件点用三维球体表示，球体的颜色和大小共同代表了地震震级。

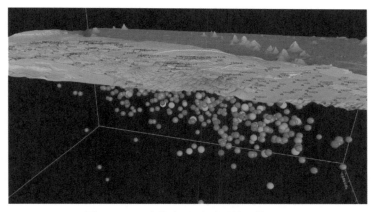

图 6-33　日本仙台地震震源的三维显示

图 6-34 展示了另一种将地震事件表示在地表之上的可视化方法。该方法以球形符号的配置高度来表示时间信息，即球的高度越高表示地震发生的时间越临近，否则越久远，即最近

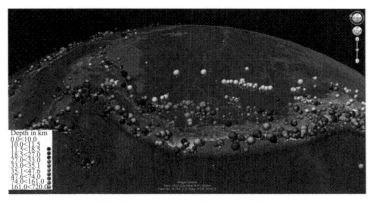

图 6-34　全球地震震级、震源深度及发震时间的可视化

发生的地震呈现在最上层表面。其中，球体的大小表示地震的震级，球体的颜色表示震源深度，颜色越深表示震源越浅。

6.2.7　社交数据可视化分析

近年来，伴随着格网信息技术的快速发展，各种在线通信工具、微博、博客、论坛、维基等社交媒体如潮涌现并迅猛发展，人类使用互联网的方式也随之产生了深刻变革——由简单的信息搜索和网页浏览转向网上社会关系的构建与维护，基于社会关系的信息创造、交流和共享，在线社交格网进入了人们社会经济生活的各个方面。

欧盟关于社会计算的研究报告中，将在线社交格网分为四类：①即时消息类应用，即一种提供在线实时通信的平台，如 MSN、QQ、飞信、微信等；②在线社交类应用，即一种提供在线社交关系的平台，如 Facebook、Google+、人人网等；③微博类应用，即一种提供双向发布短信息的平台，如 Twitter、新浪微博、腾讯微博等；④共享空间等其他类应用，即其他可以相互沟通但结合不紧密的 Web2.0 应用，如论坛、博客、视频分享、社会书签、在线购物等。

据 Adobe 公司调查显示，截至 2014 年 1 月，在全球十大社交格网中，成立满 10 周年的社交格网 Facebook 排名第一，注册用户约达 14 亿，月度活跃移动用户数达 10 亿左右，是世界"第三大人口国"。Youtube 位居第 2，拥有 10 亿多用户。中国的 QQ 空间和新浪微博分别以 6.23 亿和 5.56 亿用户排名第 3、第 4 位。紧随其后的是 Twitter、Google+、Linkedln，中国的人人网、微信则分别居第 9、第 10 位。据统计显示，截至 2014 年 6 月 30 日，中国网民达到 6.32 亿，手机网民 5.27 亿，微博账号 12 亿，新浪微博、腾讯微博日均发帖 2.3 亿条，微信日均发送 160 亿条，QQ 日均发送 60 亿条。由此可见，在线的社交媒体已经成为人们表达、交流和传播信息的主要手段。

与传统的 Web 应用及信息媒体应用相比，在线社交媒体具有更加开放的交互性，信息的发布和接收非常简便、迅速，使得社交格网产生的数据以一种无法预料的速度增长，加之社交格网中节点和联系越来越多、越来越复杂，仅用表格和文字已很难全面有效地展现社交格网的复杂性与结构性，难以满足用户对社交格网进行了解、分析、管理和决策的需求。社交格网可视化分析是一种利用可视化技术对社交格网服务中所产生的数据进行定位分析的方法，能够将复杂的社交格网所隐含的信息以一种直观易理解的方式进行呈现，帮助人们分析和研究社交格网，揭示主题的演化特性，发掘用户的个体偏好、群体特性及其演变过程。面向媒体与用户交互的可视化分析，还可依据用户个性化偏好来进行相关社交媒体匹配，提供更好的社交搜索及推荐。

1. 相关概念

一般来说，社交格网是一种由多个节点和节点之间关系构成的格网结构。在社交格网结构建模方面，主要还是采用图论方法，即由典型的 $G=\{V, E\}$ 来表示，其中 V 表示节点的集合，E 表示边的集合。社交格网的可视化就是最直观的呈现这种格网结构。图 6-35 表示某社交格网中的 57 位个体之间的社交关系图，其中每一个节点代表一位个体，每一条边表示个体之间的合作关系。

在社交格网分析中有几个重要的度量指标。

(1) 度中心性(degree)：在社交格网中，如果一个个体与其他多个个体有直接联系，表示该个体具有很高的中心地位。就好比一个人有越多的朋友，越显示出此人的重要性。节点的度中心性可以直接用该节点的度来衡量，即节点所连接的连接数。在有向图中，度中心性可分为出度中心性(out-degree)和入度中心性(in-degree)。节点的出度中心性是从该节点指向其他节点的连接数，入度中心性则从其他节点指向该节点的连接数。

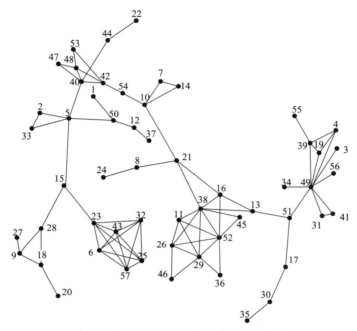

图 6-35　某社交格网中个体之间的关系图

(2) 中介中心性(betweenness centrality)：中介中心性衡量的是个体对资源信息的控制程度。如果一个节点处在多个连接的必经路径上，可以认为此节点具有重要地位，中介中心性很高。因为该节点具有控制其他联系的能力，其他的联系需要通过该节点才能进行。其计算公式为

$$C_B(x) = \frac{2\sum\limits_{j<k} g_{jk}(x)}{(n-1)(n-2)g_{jk}} \tag{6-1}$$

式中，g_{jk} 表示节点 j 与节点 k 之间最短路径条数；$g_{jk}(x)$ 表示连通节点 j 与节点 k 并经过节点 x 的最短路径条数。

(3) 接近中心性(closeness centrality)：接近中心性是衡量个体与其他所有个体之间的接近程度。当节点与其他节点越接近，则传播信息的过程越容易，不用过多依赖其他节点。其计算公式为

$$C_G(x) = \frac{N-1}{\sum\limits_{y=1}^{N} d_{xy}} \tag{6-2}$$

式中，d_{xy} 表示节点 x 到 y 的最短距离；N 为图中节点的个数。

(4) 特征向量中心性(eigenvector centrality)：特征向量中心性用来衡量一个个体的影响力。此时不仅考虑个体的连接总数，而且考虑个体与谁连接，即把与特定个体相连接的其他个体的

中心性也考虑进来。如 William 和 James 的度中心性都是 3，但 James 与第二受欢迎的 Charles 连接，而 William 却只与处于边缘的 Tom 连接，则 James 的特征向量中心性比 William 高。

(5) 聚类系数(clustering coefficient)：聚类系数用来衡量节点的邻接点之间的关系。社交格网中，一个人的朋友们彼此之间也可能是朋友，于是形成一个小团体(派系)。其计算公式为

$$C_i = \frac{E_i}{\frac{1}{2}k_i(k_i-1)} = \frac{2E_i}{k_i(k_i-1)} \tag{6-3}$$

式中，E_i 表示节点 i 的邻点之间的实际连接数；k_i 表示节点 i 的度，即节点 i 的邻接点个数，分母的含义为节点 i 的邻接点之间可能存在的最大连接边数。

例如，Joseph 有三个朋友，他们之间最多可以有三个连接，而实际上只有 Bill 和 Gary 之间有一个连接，因此，Joseph 的聚类系数是 1/3。

(6) 社团结构(community structure)：社交格网中相互之间联系比较紧密的节点所构成的小团体称为社团，不同社团间节点的连接相对稀疏。现实中很多的格网具有社团特性，如电话网，熟人之间的通话频次要高于陌生人；在引文网中，社团可能代表了不同的研究领域。社团结构是社交格网研究中的一个重要方面，研究社交格网中的社团结构是了解格网结构和功能的重要途径。

2. 基于签到数据的可视化分析

随着位置感知设备和基于位置服务技术的发展和应用,带有地理空间信息的数据越来越受到人们的关注。其中,基于地理位置的社交媒体签到数据不仅可以表示个体的历史移动轨迹,大量用户的签到数据还可以揭示人群的移动模式和生活规律。图 6-36 为江苏省新浪微博 POI 签到数据可视化的结果,其中采用 POI 签到数据 33 万多条,总签到次数 900 万次。将海量的 POI 数据基于像素进行抽稀,根据签到次数进行聚合,然后使用 Echart 进行可视化。通过对不同城市个体微博数据的可视化表达,可以清楚地看出人口的空间分布与轨迹特征,可用于研究格网群体活动的地理空间分布、聚类规模、区位、空间结构及功能区分布。

图 6-36　新浪微博签到数据可视化

　　理解城市不同功能区(如住宅区、交通区和娱乐区等)的分布是城市研究的一个基本问题。原始的社会人口资料不仅获取难度大，而且需要大量人力和时间进行跟踪调查和分析。签到数据不仅具备时间、地点等行为信息，并且隐含了大量的用户兴趣、需求信息。采用签到数据可从时间、空间两个维度上研究人的行为，动态地把握居民活动的时空规律，进而划分和优化城市活动空间。图 6-37 是根据新浪微博签到数据、城市 POI 等多源地理空间数据对重庆市渝中区进行的功能区识别。图中不同的颜色表示城市不同的功能区，如商业金融区、教育科研区、文化娱乐区等。

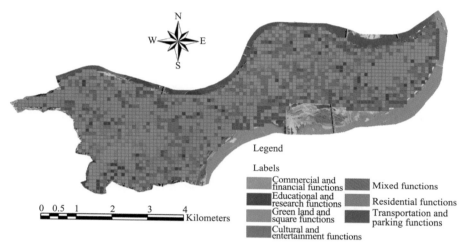

图 6-37　基于签到数据的城市功能分区可视化

　　此外，社交媒体签到数据对于挖掘城市交互模式也具有十分重要的作用。图 6-38 表现

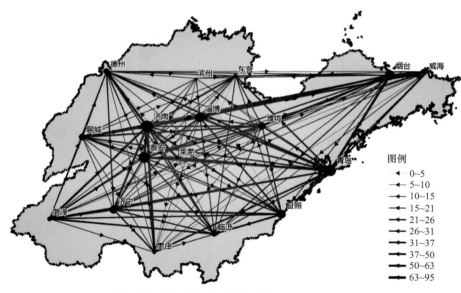

图 6-38　基于签到数据的城市交互模式可视化

了城市之间交互作用紧密程度的可视化结果。其中，一个点表示一个城市，点的大小反映了城市在格网中的等级，点越大表示节点在格网中的作用越明显，代表城市的影响力越大。边表示两个城市之间的交互程度，交互程度越强边越粗，边的方向表示了城市之间信息的流动方向。

3. 基于手机数据的可视化分析

随着智能手机、掌上电脑等移动通信设备的普及，移动信息格网成为信息化发展的大趋势。用户可以随时、随地借助多种移动通信设备与外界快速进行信息传递与交流。手机信号数据所具有的海量、实时、易获取的特点，使其越来越广泛地应用于交通、城市等领域。移动手机数据可视化分析对于研究城市人口分布密度、实施城市交通管控、优化城市公共资源配置等有重要意义。图 6-39 是利用上海市宝山区两周的手机信令数据，从个体时空行为视角分析得到的人口密度图。

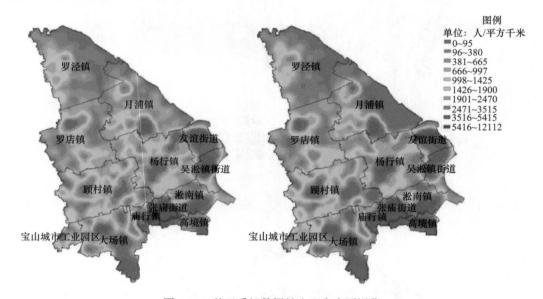

图 6-39　基于手机数据的人口密度可视化

4. 基于出租车数据的可视化分析

出租车是人们出行常用交通工具，安装了 GPS 的出租车可以实时采集车辆轨迹数据，以及乘客的上、下车地理位置、时间信息、出租车载客状态信息等。这些浮动车数据在一定程度上记录了人群移动的变化信息和城市交通状况。对出租车轨迹数据进行可视化分析，可以直观地表达交通状况，揭示城市交通运行规律，对于辅助城市交通管理、提高交通系统运行效率有重要意义。

思　考　题

1. 选择一款主流数字地球软件深入了解它的功能，并可视化表达一带一路沿线人口、民族及矿产资源分布情况。
2. 叙述 BIM 的概念及其特点，它与 CAD、GIS 有何相同和不同点。
3. 简述虚拟现实技术与增强现实技术之间的联系与区别。
4. 尝试在谷歌地球中实现本校某代表性建筑模型的三维可视化。

5. 总结城市可视化在数字城市和智慧城市建设中的作用与关键技术。

6. 下载地形及遥感影像数据，对本校所在城市地形地貌进行三维可视化。

7. 试述地矿空间可视化关键技术、典型软件及主要应用。

8. 试论述跨投影带、跨圈层的大尺度空间数据可视化的难题与解决方案。

9. 收集多个微信群数据，计算各个度量指标，并进行可视化表达。

10. 论述空间数据可视化技术未来的发展趋势。

主要参考文献

薄海光, 吴立新, 余接情, 等.2013. 基于 GPU 加速的 SDOG 并行可视化实验[J]. 地理与地理信息科学, 29(4): 72-76

常旖旎, 鲁雯, 聂生东.2012. 医学图像三维可视化技术及其应用[J]. 中国医学物理学杂志, 29(2):3254-3258

陈为, 沈则潜, 陶煜波, 等.2013. 数据可视化[M]. 北京: 电子工业出版社

丛威青, 潘懋, 吕才玉, 等.2009. 三维地质建模及可视化系统在安庆铜矿勘查中的应用[J]. 北京大学学报(自然科学版), 4(45): 633-638

崔铁军, 等.2017. 地理空间数据可视化原理[M]. 北京: 科学出版社

龚建华, 周洁萍, 张利辉.2010. 虚拟地理环境研究进展与理论框架[J]. 地球科学进展, 25(9):915-926

洪歧, 张树生, 王静, 等.2004. 体绘制技术[J]. 计算机应用研究,(16):16-18

胡章杰, 张艺.2015.BIM 在三维数字城市中的集成与应用研究[J]. 测绘通报, 6(50):196-198

胡自和, 刘坡, 龚建华, 等.2015. 基于虚拟地球的台风多维动态可视化系统的设计与实现[J]. 武汉大学学报(信息科学版), 40(10): 1299-1305

黄河燕.2015. 在线社交网络的可视化分析[J]. 中国科学院院刊, 2:229-237

李锋, 万刚, 曹学峰, 等.2013. 近地空间大气环境可视化技术研究[J]. 系统仿真学报,8(25):35-42

李清泉, 杨必胜, 史文中, 等.2003. 三维空间数据的实时获取、建模与可视化[M]. 武汉: 武汉大学出版社

李志锋, 吴立新, 薄海光, 等.2012. 基于 VisIt 的全球科学数据并行可视化——以大气温度场为例[J]. 地理与地理信息科学, 1(28):24-28

林珲, 胡明远, 陈旻.2013. 虚拟地理环境研究与展望[J]. 测绘科学技术学报, 30(4):361-368

林珲, 徐丙立.2007. 关于虚拟地理环境研究的几点思考[J]. 地理与地理信息科学,23(2):1-7

刘爱华, 邹哲.2016. 特大城市人口空间分布格局演变与优化策略——以天津市为例. 规划师, 32(10): 103-108

彭玲, 李祥, 徐逸之, 等.2016.基于时空大数据的城市脉动分析研究[J]. 地理信息世界, 3(23):5-13

齐建超, 刘慧平, 高啸峰.2017. 基于自组织映射法的时间序列土地利用变化的时空可视化[J]. 地球信息科学学报, 19 (6): 792-799

秦绪佳, 张勤锋, 陈坚, 等.2012.GPU 加速的台风可视化方法[J]. 中国图象图形学报, 2(17):293-300

芮小平, 于雪涛.2016. 地学空间信息建模与可视化[M]. 北京: 电子工业出版社

沈静波, 钟权, 李帅.2015. 雷达三维场景显示中的地球大气圈渲染方法[J]. 空军预警学院学报, 3: 166-168

石教英, 蔡文立.1996. 科学计算可视化算法与系统[M]. 北京: 科学出版社

史文中, 吴立新, 李清泉, 等.2007. 三维空间信息系统模型与算法[M]. 北京: 电子工业出版社

史忠植.2008. 认知科学[M]. 合肥: 中国科学技术大学出版社

孙家广, 胡事民.2011. 计算机图形学基础教程(第 2 版)[M]. 北京: 清华大学出版社

谭海.2014.全球海洋水体三维建模理论与技术研究[D]. 郑州: 解放军信息工程大学博士学位论文

汤国安, 刘学军, 闾国年, 等.2007. 地理信息系统教程[M]. 北京: 高等教育出版社

王家耀.2017. 时空大数据时代的地图学[J]. 测绘学报, 46(10): 1226-1237

王建华.2001. 空间信息可视化[M]. 北京: 测绘出版社

王俊华, 张廷斌, 易桂花, 等.2019.DMSP/OLS 夜间灯光数据的四川省 GDP 空间化分析[J]. 测绘科学, 44(8): 50-60

王明孝, 张志华, 杨维芳.2012. 地理空间数据可视化[M]. 北京: 科学出版社

王育坚, 鲍泓, 袁家政, 等.2011. 图像处理与三维可视化[M]. 北京: 北京邮电大学出版社

邬伦, 刘瑜, 张晶, 等.2001. 地理信息系统——原理、方法和应用[M]. 北京: 科学出版社

吴立新, 史文中, Christopher G.2003.3D GIS 与 3D GMS 中的空间构模技术[J]. 地理与地理信息科学, 19(1):5-11

吴立新, 史文中.2005. 论三维地学空间建模[J]. 地理与地理信息科学, 21(1): 1-4

吴立新，余接情. 2012. 基于球体退化八叉树的全球三维网格与变形特征[J]. 地理与地理信息科学, 25(1):1-4

吴立新，张瑞新，戚宜欣，等. 2002. 三维地学模拟与虚拟矿山系统[J]. 测绘学报, 31(1): 28-33

武强，徐华. 2004. 三维地质建模与可视化方法研究[J]. 中国科学(D 辑: 地球科学), 34(1): 54-60

薛庆文，辛允东. 2012. 虚拟现实 VRML 程序设计与实例[M]. 北京：清华大学出版社

余接情，吴立新，訾国杰，等. 2012. 基于 SDOG 的岩石圈多尺度三维建模与可视化方法[J]. 中国科学(D 辑:
    地球科学), 5(42): 755-763

张兵强，张立民，艾祖亮,等. 2012. 屏幕空间自适应的地形 Tessellation 绘制[J]. 中国图象图形学报,
    17(11):1431-1438

张立强，谭玉敏，康志忠，等. 2009. 一种地质体三维建模与可视化的方法研究[J]. 中国科学(D 辑: 地球科学),
    (11):1625-1632

张永生，贲进，童晓冲. 2007. 地球空间信息球面离散网格——理论、算法及应用[M]. 北京：科学出版社

赵学胜，王磊，王洪彬，等. 2012. 全球离散格网的建模方法及基本问题[J]. 地理与地理信息科学, 28(1): 29-34

钟世涛. 2003. 数字化虚拟人体研究现状和展望[J]. 解放军医学杂志, 5(28):385-388

邹滨，许珊，张静. 2017. 土地利用视角空气污染空间分异的地理分析[J]. 武汉大学学报(信息科学版), 42(2):
    216-222

Alexandre C T. 2014. Data Visualization: Principles and Practice[M]. The 2nd edition. Boca Raton: CRC Press

Anders K H. 2005. Level of detail generation of 3D building groups by aggregation and typification[C]. 22nd
    International Cartographic Conference. La Coruña, Spain

Andrienko G, Andrienko N, Bak P, et al. 2013. Visual Analytics of Movement[M]. Berlin: Springer

Asirvatham A, Hoppe H. 2005. Terrain rendering using GPU-based geometry clipmaps[J]. GPU GEMS., 2(2): 27-46

Bajaj C, Krishnamurthy B. 1999. Data Visualization Techniques[M]. New York : Wiley

Bloomenthal J. 1985. Modeling the mighty maple[J].ACM SIGGRAPH Computer Graphics, 19(3): 305-311

Borruso G. 2008. Network density estimation: A GIS approach for analysing point patterns in a network space[J].
    Transactions in GIS, 12(3): 377-402

Bosch H, Thom D, Heimerl F, et al. 2013. ScatterBlogs2: Real-time monitoring of microblog messages through user-
    guided filtering[J]. IEEE Transactions on Visualization & Computer Graphics,19(12):2022-2031

Cao N, Lin Y R, Sun X, et al. 2012. Whisper: Tracing the spatiotemporal process of information diffusion in real
    time[J]. IEEE Transactions on Visualization & Computer Graphics, 18(12): 2649-2658

Chae J, Thom D, Jang Y, et al. 2014. Special section on visual analytics: Public behavior response analysis in disaster
    events utilizing visual analytics of microblog data[J]. Computers & Graphics, 38(1): 51-60

Chen S, Wang Z, et al. 2016. D-Map: Visual analysis of ego-centric information diffusion patterns in social media[C].
    IEEE Visual Analytics Science and Technology. Baltimore, USA

Childs H,Brugger E, Whitlock B, et al. 2012. VisIt: An End-User Tool For Visualizing and Analyzing Very Large
    Data[M]. Boca Raton: CRC Press

Christiansen H N, Sederberg T W. 1978. Conversion of complex contour line definitions into polygonal element
    mosaics[J]. ACM Siggraph Computer Graphics, 12(3): 187-192

Cignoni P, Ganovelli F, Gobbetti E, et al. 2003. BDAM—Batched dynamic adaptive meshes for high performance
    terrain visualization[J]. Computer Graphics Forum, 22(3): 505-514

Cook S. 2014. CUDA 并行程序设计——GPU 编程指南[M]. 苏统华, 李东, 李松泽, 等译 北京：机械工业出
    版社

Deng H, Zhang L, Mao X, et al. 2016. Interactive urban context-aware visualization via multiple disocclusion
    operators[J]. IEEE Transactions on Visualization & Computer Graphics, 22(7): 1862-1874

Deville P, Linard C, Martin S, et al. 2014. Dynamic population mapping using mobile phone data[J]. Proceedings of
    the National Academy of Sciences of the United States of America, 111(45):15888-15893

Dhont D, Luxey P, Chorowicz J. 2005. 3-D modeling of geologic maps from surface data[J]. Aapg Bulletin, 89(11):
    1465-1474

Duchaineau M, Wolinsky M, Sigeti D E, et al. 1997. ROAMing terrain: Real-time optimally adapting meshes[C]. Proceedings of the 8th IEEE Conference on Visualization.Phoneix, USA

Elseberg J, Borrmann D, Nüchter A. 2013. One billion points in the cloud: An octree for efficient processing of 3D laser scans[J]. ISPRS Journal of Photogrammetry & Remote Sensing, 76(1):76-88

Falby J S, Zyda M J, Pratt D R, et al. 1993. NPSNET: Hierarchical data structures for real-time three-dimensional visual simulation[J]. Computers & Graphics, 17(1):65-69

Ferreira N, Poco J, Vo H T, et al. 2013.Visual exploration of big spatio-temporal urban data: A study of New York city taxi trips[J]. IEEE Transactions on Visualization & Computer Graphics, 19(12):2149-2158

Forberg A. 2004. Generalization of 3D building data based on a scale-space approach[J]. The International Archives of the Photogrammetry, Remote Sensing and Spatial Information Sciences, XXXV(Part B): 194-199

Fruchterman T M J, Reingold E M. 1991. Graph drawing by force: Directed placement[J]. Software: Practice and experience, 21(11): 1129-1164

Fuchs H. 1977. Optimal surface reconstruction from planar contours[J]. Communications of the ACM, 20(2):693-702

Gibson H, Faith J, Vickers P. 2013. A Survey of two-dimensional graph layout techniques for information visualization[J]. Information Visualization, 12(3-4):324-357

Glander T, Döllner J. 2009. Abstract representations for interactive visualization of virtual 3D city models[J]. Computers, Environment and Urban Systems, 33(5): 375-387

Gorban A N, Kégl B, Zinovyev A. 2008. Principal Manifolds for Data Visualization and Dimension Reduction[M]. Berlin: Springer

Guo D, Zhu X. 2014. Origin-destination flow data smoothing and mapping[J]. IEEE Transactions on Visualization & Computer Graphics, 20(12):2043-2052

Harrower M, Brewer C A. 2003. ColorBrewer.org: An online tool for selecting colour schemes for maps[J]. Cartographic Journal, 40(1): 27-37

Heer J, Boyd D. 2005. Vizster: visualizing online social networks[C]. Proceedings of the 2005 IEEE Symposium on Information Visualization. Minneapolis, USA

Henry N, Fekete J D. 2006. Matrixexplorer: A dual-representation system to explore social networks[J]. IEEE Transaction on visualization & Computer Graphics, 12(5): 677-684

Henry N, Fekete J D. 2007. MatLink: enhanced matrix visualization for analyzing social networks[C]. IFIP Conference on Human-Computer Interaction. Springer, Berlin, Heidelberg

Hoppe H. 1996. Progressive meshes[C]. ACM Proceedings of the 23rd Annual Conference on Computer Graphics and Interactive Techniques. New Orleans, USA

Hoppe H. 1997. View-dependent refinement of progressive meshes[C]. ACM Proceedings of the 24th Annual Conference on Computer Graphics and Interactive Techniques. Los Angeles, USA

Hoppe H. 1998. Smooth view-dependent level-of-detail control and its application to terrain rendering[C]. IEEE Proceedings Visualization'98. Research Triangle Park, USA

Jadwiga R Z, Reuben R. 2016. Geological and hydrological visualization models for Digital Earth representation[J]. Computers & Geosciences, 24:31-39

Kageyama S. 2004. The YinYang Grid: An overset grid in spherical geometry[J]. Geochemistry Geographics Geosystems, 9(5):1-15

Kamada T. 1989. An algorithm for drawing general undirected graphs[J]. Information Processing Letters, 31(1):7-15

Kang H Y, Jang H, Cho C S, et al. 2015. Multi-resolution terrain rendering with GPU tessellation[J]. Visual Computer, 31(4):455-469

Kapler T, Wright W. 2005. GeoTime information visualization[J]. Information Visualization, 4(2): 136-146

Katz S, Tal A, Basri R. 2007. Direct visibility of point sets[J]. ACM Transactions on Graphics (TOG), 26(3): 24

Keller R, Eckert C M, Clarkson P J. 2006. Matrices or node-link diagrams: which visual representation is better for visualising connectivity models ?[J]. Information Visualization, 5(1):62-76

Kessenich J, Sellers G, Shreiner D. 2017. OpenGL 编程指南(原书第 9 版)[M]. 王锐, 等译, 北京：机械工业出版社

Kevin S, White D, Kimerling A J. 2003. Geodesic discrete global grid systems[J]. Cartography and Geographic Information Science, 30(2): 121-134

Kraak M J, Ormeling F. 2014. 地图学:空间数据可视化[M]. 张锦明, 王丽娜, 游雄译. 北京: 科学出版社

Lin H, Chen M, Lu GN, et al. 2013. Virtual Geographic Environments (VGEs): A new generation of geographic analysis tool[J]. Earth-Science Reviews,126: 74-84

Lindstrom P, Koller D, Ribarsky W, et al. 1996. Real-time, continuous level of detail rendering of height fields[C]. Proceedings of the 23rd Annual Conference on Computer Graphics and Interactive Techniques. New Orleans, USA

Liu S, Liu Y, Ni L, et al. 2013. Detecting crowdedness spot in city transportation[J]. IEEE Transactions on Vehicular Technology, 62(4): 1527-1539

Livny Y, Kogan Z, El-Sana J. 2009. Seamless patches for GPU-based terrain rendering[J]. The Visual Computer, 25(3): 197-208

Losasso F, Hoppe H. 2004. Geometry clipmaps: terrain rendering using nested regular grids[J]. ACM Transactions on Graphics (TOG), 23(3): 769-776

Martin D, Mary M, Martin T. 2015. 地理可视化: 概念、工具与应用[M]. 张锦明, 陈卓, 龚建华, 等译. 北京: 电子工业出版社

Meyers D, Skinner S, Sloan K. 1992. Surfaces from contours[J]. ACM Transactions on Graphics, 11(3):228-258

Ming J, Pan M, Qu H, et al. 2010. GSIS: A 3D geological multi-body modeling system from netty cross-sections with topology[J]. Computers & Geosciences, 36(6): 756-767

Oelke D, Hao M, Rohrdantz C, et al. 2009. Visual opinion analysis of customer feedback data[C]. IEEE Symposium on Visual Analytics Science and Technology. Atlantic City, USA

Phan D, Xiao L, Yeh R, et al. 2005. Flow Map Layout[C]. Proceedings of the 2005 IEEE Symposium on Information Visualization. Minneapolis, USA

Pu J, Liu S, Ding Y, et al. 2013. T-watcher: A new visual analytic system for effective traffic surveillance[C]. IEEE International Conference on Mobile Data Management. Milan, Italy

Qu H, Wang H, Cui W, et al. 2009. Focus+context route zooming and information overlay in 3D urban environments[J]. IEEE Transactions on Visualization & Computer Graphics, 15(6): 1547-1554

Reeves W T. 1983. Particle systems: A technique for modeling a class of fuzzy objects [J]. ACM Transactions on Graphics (TOG), 2(2): 91-108

Reeves W T, Blau R. 1985. Approximate and probabilistic algorithms for shading and rendering structured particle systems[C]. ACM SIGGRAPH Computer Graphics. San Francisco, USA

Rusinkiewicz S, Levoy M. 2000. QSplat: A multiresolution point rendering system for large meshes[C]. Proceedings of the 27th Annual Conference on Computer Graphics and Interactive Techniques. New Orleans, USA

Scheepens R, Willems N, van de Wetering H, et al. 2011. Interactive visualization of multivariate trajectory data with density maps[C]. Visualization Symposium (PacificVis), IEEE Pacific. Hongkong, China

Schnabel R, Klein R. 2006. Octree-based Point-Cloud Compression[C]. In Eurographics Symposium on Point-Based Graphics. Prague, Czech Republic

Schneider J W. 2006. GPU-friendly high-quality terrain rendering[J]. Journal of WSCG, 14: 75-85

Smith A R. 1984. Plants, fractals, and formal languages[C]. ACM SIGGRAPH Computer Graphics. Minneapolis, USA

Sun G, Liang R, Qu H, et al. 2017. Embedding spatio-temporal information into maps by route-zooming[J]. IEEE Transactions on Visualization and Computer Graphics, 23(5):1506-1519

Tao S B, Wang X R, Huang W J, et al. 2017. From citation network to study map: a novel model to reorganize academic literatures[C]. Proceedings of the 26th International Conference on World Wide Web Companion. Perth,

Australia

Tominski C, Schumann H, Andrienko G, et al. 2012. Stacking-based visualization of trajectory attribute data[J]. IEEE Transactions on visualization & Computer Graphics, 18(12): 2565-2574

Viégas F B, Wattenberg M. 2008. TIMELINES: Tag clouds and the case for vernacular visualization[J]. Interactions, 15(4):49-52

Viégas F, Wattenberg M, Hebert J, et al. 2013. Google+Ripples:a native visualization of information flow[C]. Proceedings of 22nd International Conference on World Wide Web Companion. de Saneiro, Brazil

Von Herzen B, Barr A H. 1987. Accurate triangulations of deformed, intersecting surfaces[C]. ACM SIGGRAPH Computer Graphics. San Francisco, USA

Wang J X. Lu F N. 2010. Conceptual framework of SIMG spatial data model extension[C]. Proceeding of 2010 International Conference on Remote Sensing. Iwate, Japan

Wang Z, Lu M, Yuan X, et al. 2013. Visual traffic jam analysis based on trajectory data[J]. IEEE Transactions on Visualization & Computer Graphics, 19(12): 2159-2168

Wu S, Hoffman J M, Mason WA, et al. 2011. Who says what to whom on twitter[C]. Proceedings of 20th International Conference on World Wide Web Companion. Hyderabad, India

Xie Z, Yan J. 2008. Kernel Density Estimation of traffic accidents in a network space[J]. Computers Environment & Urban Systems, 32(5):396-406

Yu J Q, Wu L X, Li Z F, et al. 2012. An SDOG-based intrinsic method for three-dimensional modelling of large-scale spatial objects[J]. Annals of GIS, 18(4): 267-278

Yusov E, Shevtsov M, 2011. High-performance terrain rendering using hardware tessellation[J]. Journal of WSCG, 19(1): 85-92

Zeng W, Fu C W, Arisona S M, et al. 2013. Visualizing interchange patterns in massive movement data[J]. Computer Graphics Forum, 32: 271-280

Zeng W, Fu C W, Arisona S M, et al. 2014. Visualizing mobility of public transportation system[J]. IEEE Transactions on Visualization & Computer Graphics, 20(12):1833-1842

Zhang C, Liu Y, Wang C. 2013. Time-space varying visual analysis of micro-blog sentiment[C]. International Symposium on Visual Information Communication and Interaction. Tianjin, China

Zhi Y, Li H, Wang D, et al. 2016. Latent spatio-temporal activity structures: a new approach to inferring intra-urban functional regions via social media check-in data[J]. 地球空间信息科学学报(英文版), 19(2):94-105

Ziolkowska J R, Reyes R. 2016. Geological and hydrological visualization models for digital earth representation[J]. Computers & Geosciences, 94: 31-39

附　　录

1. IDL 开发实验

代码 1：PLOT 函数使用

```
1. t = FINDGEN(4001) / 100
2. x = COS(t) * (1 + t / 10)
3. y = SIN(t) * (1 + t / 10)
4. z = SIN(2 * t)
5.
6. p = PLOT3D(x, y, z, 'o', /SYM_FILLED, $
7. XRANGE=[-6, 6], YRANGE=[-6, 6], $
8. ZRANGE=[-1.4, 1.4],$
9. AXIS_STYLE=2, MARGIN=[0.2, 0.3, 0.1, 0], $
10. XMINOR=0, YMINOR=0, ZMINOR=0, $
11. DEPTH_CUE=[0, 2], /PERSPECTIVE, $
12. RGB_TABLE=33, VERT_COLORS=BYTSCL(t), $
13. SHADOW_COLOR="deep sky blue", $
14. XY_SHADOW=1, YZ_SHADOW=1, XZ_SHADOW=1, $
15. XTITLE='x', YTITLE='y'
16. ; 隐藏前面的三个轴
17. ax = p.AXES
18. ax[2].HIDE = 1
19. ax[6].HIDE = 1
20. ax[7].HIDE = 1
```

代码 2：SURFACE 函数使用

```
1. RESTORE, FILEPATH('marbells.dat', $
2. SUBDIRECTORY=['examples', 'data'])
3. s = SURFACE(elev, COLOR='burlywood')
```

代码 3：绘制带有等值线数据的地形图

```
1. ; 定义高程数据
2. RESTORE, FILEPATH('marbells.dat', $
3. SUBDIRECTORY=['examples', 'data'])
4. ; Display the elevation surface.
5. mySurface = SURFACE(elev, TITLE=  $
6. 'Maroon Bells Elevation Data')
7.
8. ;重叠高程数据
```

9. /ZVALUE, PLANAR=0, /OVERPLOT

代码 4：地图等值线绘制

1. ; 读取 IDL 中的图像获取数据,
2. ; 创建地图数据
3. READ_JPEG, FILEPATH('Day.jpg', $
4. SUBDIR=['examples','data']), daymap
5.
6. ; 定义经纬度数据
7. longitude = FINDGEN(360) - 180
8. latitude = FINDGEN(180) - 90
9. cntrdata = SIN(longitude/30) # COS(latitude/30)
10.
11. ; 显示全局地图
12. map2 = IMAGE(daymap, $
13. LIMIT=[-90,-180,90,180], GRID_UNITS=2, $
14. IMAGE_LOCATION=[-180, $
15. -90], IMAGE_DIMENSIONS=[360,180],$
16. MAP_PROJECTION='Mollweide')
17.
18. ; 在地图上绘制等值线.
19. cntr2 = CONTOUR(cntrdata, longitude, latitude, $
20. GRID_UNITS=2, N_LEVELS=10, RGB_TABLE=34, /OVERPLOT)

代码 5：地图投影

1. ;主函数。创建带有投影的格网
2. PRO Map_Proj_Forward_doc
3.
4. ;创建包含投影的地图数据结构
5. sMap = MAP_PROJ_INIT('Goodes Homolosine')
6. oModel = OBJ_NEW('IDLgrModel')
7. oContainer = OBJ_NEW('IDL_Container')
8. oFont = OBJ_NEW('IDLgrFont', SIZE = 4)
9. oContainer->Add, oFont
10. deg = STRING(176b) ; degrees symbol in Truetype
11.
12. ; 经线
13. gridLon = DINDGEN(361) - 180
14. latitude = 15*(INDGEN(11) - 5)
15. FOR i = 0,(N_ELEMENTS(latitude) - 1) DO BEGIN
16. lat = latitude[i]
17. gridLat = REPLICATE(lat, 361)

18.
19.　; 创建经度标签
20.　label = (lat EQ 0) ? 'Equ' : $
21.　STRTRIM(ABS(lat),2) + deg + (['N','S'])[lat LT 0]
22.　Map_Addpolyline, label, gridLon, gridLat, $
23.　sMap, oModel, oContainer, oFont
24. ENDFOR
25.
26. ; 纬度线
27. gridLat = DINDGEN(181) - 90
28.
29. longitude = [20*(DINDGEN(18) - 9), $
30.　-179.999d, -20.001d, -100.001d, -40.001d, 80.001d]
31.
32. FOR i = 0,N_ELEMENTS(longitude) - 1 DO BEGIN
33.　lon = longitude[i]
34.　gridLon = REPLICATE(lon, 181)
35.
36.　; 创建纬度标签
37.　label = STRTRIM(ROUND(ABS(lon)),2) + deg
38.　IF ((lon mod 180) NE 0) THEN $
39.　labellabellabel = label + (['E','W'])[lon LT 0]
40.　IF (lon NE FIX(lon)) THEN label = "
41.
42.　Map_Addpolyline, label, gridLon, gridLat, $
43.　sMap, oModel, oContainer, oFont, /LONGITUDE
44. ENDFOR
45.
46. ; 可视化地图投影
47. XOBJVIEW, oModel, SCALE = 0.9, /BLOCK
48.
49. ; Clean up our objects.
50. OBJ_DESTROY, [oModel, oContainer]
51. END

2. OpenGL 开发实验

代码 6：着色器简介

(1) 顶点着色器

```
1. #version 330 core
2. layout (location = 0) in vec3 position;
3. layout (location = 2) in vec2 texCoord;
```

4.

5. out vec2 TexCoord;

6. uniform mat4 model;

7. uniform mat4 view;

8. uniform mat4 projection;

9.

10. void main()

11. {

12.　　gl_Position = projection * view * model *

13.　　　　　　　　　　vec4(position, 1.0f);

14.　　TexCoord = vec2(texCoord.x, 1.0 - texCoord.y);

15. }

(2) 片段着色器

1. #version 330 core

2. in vec2 TexCoord;

3. out vec4 color;

4.

5. uniform sampler2D ourTexture1;

6. uniform sampler2D ourTexture2;

7.

8. **void** main()

9. {

10.　　color = mix(texture(ourTexture1, TexCoord),

11.　　　　　　　　texture(ourTexture2, TexCoord), 0.2);

12. }

代码 7: OpenGL 图元绘制

a. 着色器

(1) 顶点着色器

1. #version 330 core

2. layout (location = 0) in vec3 aPos;

3. layout (location = 1) in vec3 aNormal;

4.

5. uniform mat4 model;

6. uniform mat4 view;

7. uniform mat4 projection;

8.

9. **void** main()

10. {

11.　　gl_Position = projection * view * model *

12.　　　　　　　　　　vec4(aPos, 1.0);

13. }

(2) 片段着色器

1. #version 330 core

2. out vec4 FragColor;

3.

4. **void** main()

5. {

6. 　　//白色 RGB(1.0f, 1.0f, 1.0f)

7. 　　FragColor = vec4(1.0f, 1.0f, 1.0f, 1.0f);

8. }

b. 主函数

1. //定义、编译、链接着色器

2. Shader ourShader("2.model_loading.vs",

3. 　　　　　　　　　　　　"2.model_loading.ft");

4.

5. // 加载模型

6. **const char*** modelpath = "ECC_HighLOD.stl";

7. Model ourModel(modelpath);

8.

9.

10. // 绘制线框模型

11. glPolygonMode(GL_FRONT_AND_BACK, GL_LINE);

12. // 主循环

13. **while** (!glfwWindowShouldClose(window))

14. {

15. 　　processInput(window);

16.

17.

18. 　　glClearColor(0.5f, 0.5f, 0.5f, 1.0f);

19. 　　glClear(GL_COLOR_BUFFER_BIT | GL_DEPTH_BUFFER_BIT);

20.

21. 　　// 使用着色器

22. 　　ourShader.use();

23.

24. 　　// 设置坐标矩阵

25. 　　glm::mat4 projection = glm::perspective(

26. 　　　　　　　　　　　　glm::radians(camera.Zoom),

27. 　　　　　　　　　　**(float)**SCR_WIDTH / **(float)**SCR_HEIGHT,

28. 　　　　　　　　　0.1f, 100.0f);

29. 　　glm::mat4 view = camera.GetViewMatrix();

30.　　ourShader.setMat4("projection", projection);

31.　　ourShader.setMat4("view", view);

32.　　glm::mat4 model;

33.　　model = glm::translate(model,

34.　　　　　　　　　　　　glm::vec3(0.0f, -1.75f, 0.0f));

35.　　ourShader.setMat4("model", model);

36.　　 // 绘制模型

37.　　ourModel.Draw(ourShader);

38.

39.　　glfwSwapBuffers(window);

40.　　glfwPollEvents();

41.　　}

42.

43.　　glfwTerminate();

44.　　**return** 0;

45. }

代码 8：OpenGL 颜色展示

(1) 顶点着色器

1. #version 330 core

2. layout (location = 0) in vec3 aPos;

3.

4. uniform mat4 model;

5. uniform mat4 view;

6. uniform mat4 projection;

7.

8. **void** main()

9. {

10.　　gl_Position = projection * view * model *

11.　　　　　　　　　　　vec4(aPos, 1.0);

12. }

(2) 片段着色器

1. #version 330 core

2. out vec4 FragColor;

3.

4. uniform vec3 objectColor; //通过着色器程序设置具体颜色值

5. uniform vec3 lightColor; //通过着色器程序设置具体颜色值

6.

7. **void** main()

8. {

9. //物体的颜色与光源的颜色相乘即为所看到的颜色

10.　　FragColor = vec4(lightColor * objectColor, 1.0);

11. }

（3）光源顶点着色器

1. #version 330 core

2. layout (location = 0) in vec3 aPos;

3.

4. uniform mat4 model;

5. uniform mat4 view;

6. uniform mat4 projection;

7.

8. **void** main()

9. {

10.　　gl_Position = projection * view * model *

11.　　　　　　　　　　vec4(aPos, 1.0);

12. }

（4）光源片段着色器

1. #version 330 core

2. out vec4 FragColor;

3.

4. **void** main()

5. {

6.　　// 设置颜色分量值为 1，即为白色

7.　　FragColor = vec4(1.0);

8. }

代码 9：OpenGL 纹理相关实验

a. 主函数

1. // 定义、编译和链接着色器

2. Shader ourShader("1.model_loading.vs",

3.　　　　　　　　　　"1.model_loading.ft");

4.

5. // 加载模型

6. **const char*** modelpath = "DeutcheBank/DeutcheBank.obj";

7. Model ourModel(modelpath);

8.

9. // 主循环

10. **while** (!glfwWindowShouldClose(window))

11. {

12.

13.

14.　　//处理键盘输入

```
15.    // -----
16.    processInput(window);
17.
18.    // 绘制
19.    // ------
20.    glClearColor(0.5f, 0.5f, 0.5f, 1.0f);
21.    glClear(GL_COLOR_BUFFER_BIT | GL_DEPTH_BUFFER_BIT);
22.
23.    // 使用着色器
24.    ourShader.use();
25.    ourShader.setVec3("light.position",
26.                              camera.Position);
27.    ourShader.setVec3("viewPos", camera.Position);
28.
29.    // 光照属性
30.    ourShader.setVec3("light.ambient",
31.                            0.2f, 0.2f, 0.2f);
32.    ourShader.setVec3("light.diffuse",
33.                            0.5f, 0.5f, 0.5f);
34.    ourShader.setVec3("light.specular",
35.                            1.0f, 1.0f, 1.0f);
36.
37.    // 材质属性
38.    ourShader.setFloat("material.shininess", 64.0f);
39.
40.
41.    // 设置坐标转换矩阵
42.    glm::mat4 projection = glm::perspective(glm::radians(camera.Zoom), (float)SCR_WIDTH / (float)SCR_HEIGHT, 0.1f, 100.0f);
43.    glm::mat4 view = camera.GetViewMatrix();
44.    ourShader.setMat4("projection", projection);
45.    ourShader.setMat4("view", view);
46.
47.    // 绘制模型
48.    glm::mat4 model;
49.      // 保证物体在窗体中心
50.    model = glm::translate(model,
51.               glm::vec3(0.0f, -1.75f, 0.0f));
52.      //由于模型较大，缩放模型
53.    model = glm::scale(model,
```

54.　　　　　　　glm::vec3(0.1f, 0.1f, 0.1f));

55.　　ourShader.setMat4("model", model);

56.　　ourModel.Draw(ourShader);

57.

58.　　glfwSwapBuffers(window);

59.　　glfwPollEvents();

60. }

b. 着色器

(1) 顶点着色器

1. #version 330 core

2. layout (location = 0) in vec3 aPos;

3. layout (location = 1) in vec3 aNormal;

4. layout (location = 2) in vec2 aTexCoords;

5.

6.

7. out vec3 FragPos;

8. out vec3 Normal;

9.

10.

11. uniform mat4 model;

12. uniform mat4 view;

13. uniform mat4 projection;

14.

15. **void** main()

16. {

17.　　TexCoords = aTexCoords;

18.　　FragPos = vec3(model * vec4(aPos, 1.0));

19.　　Normal = mat3(transpose(inverse(model))) * aNormal;

20.　　gl_Position = projection * view * model *

21.　　　　　　　　　vec4(FragPos, 1.0);

22. }

(2) 片段着色器

1. #version 330 core

2. out vec4 FragColor;

3.

4. **struct** Material {

5.　　**float** shininess;

6. };

7.

8. **struct** Light {

```
9.    vec3 position;
10.    vec3 ambient;
11.    vec3 diffuse;
12.    vec3 specular;
13. };
14.
15. in vec3 FragPos;
16. in vec3 Normal;
17. in vec2 TexCoords;
18.
19. uniform vec3 viewPos;
20. uniform Material material;
21. uniform Light light;
22.
23. uniform sampler2D texture_diffuse1;
24. uniform sampler2D texture_specular1;
25.
26. void main()
27. {
28.    // 环境光
29.    vec3 ambient = light.ambient * texture(
30.                        texture_diffuse1, TexCoords).rgb;
31.
32.    // 漫反射光
33.    vec3 norm = normalize(Normal);
34.    vec3 lightDir = normalize(light.position - FragPos);
35.    float diff = max(dot(norm, lightDir), 0.0);
36.    vec3 diffuse = light.diffuse * diff * texture(
37.                        texture_diffuse1, TexCoords).rgb;
38.
39.    // 镜面光
40.    vec3 viewDir = normalize(viewPos - FragPos);
41.    vec3 reflectDir = reflect(-lightDir, norm);
42.    float spec = pow(max(dot(viewDir, reflectDir), 0.0),
                            material.shininess);
43.    vec3 specular = light.specular * spec * texture(
44.                        texture_specular1, TexCoords).rgb;
45.    //融合上述三种光照
46.    vec3 result = ambient + diffuse + specular;
47.    FragColor = vec4(result, 1.0);
```

48. }

代码 10：冯氏光照模型实验

a. 主函数

```
1.  while (!glfwWindowShouldClose(window))
2.  {
3.      float currentFrame = glfwGetTime();
4.      deltaTime = currentFrame - lastFrame;
5.      lastFrame = currentFrame;
6.      // 确保启用着色器
7.      lightingShader.use();
8.      lightingShader.setVec3("objectColor", 1.0f,
9.                              0.5f, 0.31f);
10.     lightingShader.setVec3("lightColor", 1.0f,
11.                              1.0f, 1.0f);
12.     lightingShader.setVec3("lightPos", lightPos);
13.     lightingShader.setVec3("viewPos", camera.Position);
14.     // 投影视图转换
15.     glm::mat4 projection = glm::perspective(
16.                              glm::radians(camera.Zoom),
17.     (float)SCR_WIDTH /(float)SCR_HEIGHT, 0.1f, 100.0f);
18.     glm::mat4 view = camera.GetViewMatrix();
19.     lightingShader.setMat4("projection", projection);
20.     lightingShader.setMat4("view", view);
21.
22.     // 坐标旋转
23.     glm::mat4 model;
24.     lightingShader.setMat4("model", model);
25.
26.     // 绘制立方体
27.     glBindVertexArray(cubeVAO);
28.     glDrawArrays(GL_TRIANGLES, 0, 36);
29.     // 绘制光源对象
30.     lampShader.use();
31.     lampShader.setMat4("projection", projection);
32.     lampShader.setMat4("view", view);
33.     model = glm::mat4();
34.     model = glm::translate(model, lightPos);
35.     model = glm::scale(model, glm::vec3(0.2f));
36.     lampShader.setMat4("model", model);
37.
```

38.　　glBindVertexArray(lightVAO);

39.　　glDrawArrays(GL_TRIANGLES, 0, 36);

40.　　glfwSwapBuffers(window);

41.　　glfwPollEvents();

42. }

b. 着色器

(1) 顶点着色器

① 物体

1. #version 330 core

2. layout (location = 0) in vec3 aPos;

3. layout (location = 1) in vec3 aNormal;

4.

5. out vec3 FragPos;// 物体表面位置

6. out vec3 Normal;// 物体表面法向量

7.

8. uniform mat4 model;

9. uniform mat4 view;

10. uniform mat4 projection;

11.

12. **void** main()

13. {

14.　　FragPos = vec3(model * vec4(aPos, 1.0));

15.　　Normal = mat3(transpose(inverse(model))) * aNormal;

16.

17.　　gl_Position = projection * view *

18.　　　　　　　　　　vec4(FragPos, 1.0);

19. }

② 光源

1. #version 330 core

2. layout (location = 0) in vec3 aPos;

3.

4. uniform mat4 model;

5. uniform mat4 view;

6. uniform mat4 projection;

7.

8. **void** main()

9. {

10.　　gl_Position = projection * view * model *

11.　　　　　　　　　　vec4(aPos, 1.0);

12. }

(2) 片段着色器
① 物体
1. #version 330 core
2. out vec4 FragColor;
3.
4. in vec3 Normal;
5. in vec3 FragPos;
6.
7. uniform vec3 lightPos;
8. uniform vec3 viewPos;
9. uniform vec3 lightColor;
10. uniform vec3 objectColor;
11.
12. **void** main()
13. {
14.   // 环境光
15.   **float** ambientStrength = 0.1;
16.   vec3 ambient = ambientStrength * lightColor;
17.
18.   // 漫反射光
19.   vec3 norm = normalize(Normal);
20.   vec3 lightDir = normalize(lightPos - FragPos);
21.   **float** diff = max(dot(norm, lightDir), 0.0);
22.   vec3 diffuse = diff * lightColor;
23.
24.   // 镜面光
25.   **float** specularStrength = 0.5;
26.   vec3 viewDir = normalize(viewPos - FragPos);
27.   vec3 reflectDir = reflect(-lightDir, norm);
28.   **float** spec = pow(max(dot(viewDir, reflectDir),
29.   0.0), 32);
30.   vec3 specular = specularStrength *
31.   spec * lightColor;
32.   vec3 result = (ambient + diffuse + specular) *
33.   objectColor;
34.   FragColor = vec4(result, 1.0);
35. }
② 光源
1. #version 330 core
2. out vec4 FragColor;

```
3.
4. void main()
5. {
6.    // 将向量的四个分量全部设置为 1.0，即为白光
7.       FragColor = vec4(1.0);
8. }
```